Quasi-Complementary Sequences for Wireless Communications

无线通信中的准互补序列

李旭东 著

人 民 邮 电 出 版 社

北 京

图书在版编目（CIP）数据

无线通信中的准互补序列 / 李旭东著. -- 北京 ：
人民邮电出版社，2022.9
ISBN 978-7-115-59997-1

Ⅰ. ①无… Ⅱ. ①李… Ⅲ. ①无线电通信－研究
Ⅳ. ①TN92

中国版本图书馆CIP数据核字(2022)第165687号

内 容 提 要

准互补序列的相关特性（包括周期/非周期相关特性和自相关/互相关特性）主要决定了无线通信系统的抗多址干扰、多径干扰和邻小区干扰的能力，从而对系统性能和容量产生直接影响。本书论证了准互补序列的相关理论界，系统地阐述了二进制、四相、四电平和三进制非周期零相关区互补序列，以及二值周期互补序列和零相关区交叉互补对。本书观点新颖，技术创新，主要内容基于作者和英国埃塞克斯大学（University of Essex）刘子龙博士的原创科研成果，对无线通信技术的发展具有一定的理论价值和应用价值。

本书的读者对象主要是通信与信息系统、通信工程和应用数学等相关专业的研究和技术人员。本书也可以作为大专院校相关专业师生的参考书。

◆ 著　　　　李旭东
　责任编辑　王　夏
　责任印制　马振武
◆ 人民邮电出版社出版发行　　北京市丰台区成寿寺路 11 号
　邮编　100164　　电子邮件　315@ptpress.com.cn
　网址　https://www.ptpress.com.cn
　固安县铭成印刷有限公司印刷
◆ 开本：700×1000　1/16
　印张：12　　　　2022 年 9 月第 1 版
　字数：235 千字　　2022 年 9 月河北第 1 次印刷

定价：119.80 元

读者服务热线：(010)81055493　印装质量热线：(010)81055316
反盗版热线：(010)81055315
广告经营许可证：京东市监广登字 20170147 号

前　言

扩频序列在无线通信系统中不仅有扩展频谱的作用，而且是无线通信系统的多址之源，但其也是导致无线通信系统多址干扰的根源。扩频序列的相关特性（包括周期/非周期相关特性和自相关/互相关相关特性）主要决定了无线通信系统的抗多址干扰、多径干扰和邻小区干扰的能力，从而对该系统的性能和容量产生直接影响。扩频序列在3G/4G系统中发挥了重要作用，作为一种新型扩频序列，准互补序列已经或即将在无线通信系统中产生重要作用。

本书应无线通信系统对准互补序列的理论、设计和分析的迫切需求而撰写，反映了近十几年来准互补序列的研究现状，书中包含了许多以往国内同类专著未涉及的准互补序列设计方法、思路和结果。本书中许多内容在国内首次与广大读者见面。

本书作者在综合分析和整理国内外大量最新文献的基础上，精心遴选素材，并结合自身和英国埃塞克斯大学刘子龙博士近十几年来在准互补序列方面的研究成果撰写而成，力图比较全面、深入和系统地阐述准互补序列相关理论界、设计和分析的基本思想、方法和最新研究成果。全书共分8章。第1章绪论，简明地阐述了准互补序列在无线通信中的地位、研究现状和应用现状。第2章预备知识，主要介绍了序列的相关函数及其性质、零相关区互补序列、准互补序列集、差族和几乎差族，这些知识都是后文内容的基础。第3章准互补序列的相关下界，它是准互补序列设计与分析的指南。第4章二进制零相关区互补序列，主要阐述了各种二进制非周期Z-互补对及其伴的构造，证明了二进制非周期Z-互补对的零相关区长度的上界，讨论了二进制非周期Z-互补对存在性。第5章四相零相关区互补序列，主要阐述了四相非周期Z-互补对的初等变换，讨论了四相非周期Z-互补对存在性，介绍了四相非周期Z-互补对及其伴的构造和四相非周期Z-互补集及其伴的构造，以及四相非周期Z-互补对的线性构造。第6章四电平和三进制零相关区互补序列，主要介绍了四电平和三进制非周期Z-互补序列。第7章二值周期互补序列，主要阐述了从某些差族中产生二值周期互补集的变换，这种变换是1992年提出的Golomb变换的推广。第8章零相关区交叉互补对，主要阐述了零相关区交叉互补对的概念、性质及其构造，它是一类新的序列对。

本书力求系统性强，比较全面地介绍了准互补序列的脉络；力求可读性强，站在读者角度考虑写作思路，书中增加适当注解和适当冗余，方便读者阅读；力求题材新，以反映准互补序列的最新研究成果为根本目的。作者希望通过本书抛砖引玉，使更多读者重视准互补序列这个研究领域，为祖国的无线通信事业的发展添砖加瓦。

本书内容是在作者和刘子龙博士发表的学术论文基础上整理完成的。本书由西华大学李旭东撰写，但是刘子龙博士也付出了辛苦的汗水，在第3章、4.4节、4.5节和第8章的撰写过程中得到了刘子龙博士悉心指导，在此特别感谢刘子龙博士。此外，感谢我的博士生导师西南交通大学范平志教授，书中很多研究成果都是在他的指导或帮助下得到的。在本书的撰写和出版过程中，得到西华大学理学院的大力支持，在此表示衷心的感谢。

最后，由于时间仓促和作者水平有限，文中遗漏和不妥之处在所难免，还望读者批评指正！

作　者
2022年4月

目　录

第1章 绪论

无线通信技术在人们生产生活的各个领域具有广泛的应用。无线通信技术通过电磁波传输信号，具有及时性和时空自由性等优点，但是信号传输过程中容易受到各种各样的来自外界的干扰，影响信号传输的准确性和高效性。直接序列（Direct Sequence，DS）扩频技术产生于20世纪50年代，作为主要抗干扰技术之一，其已经广泛应用于多个领域，如码分多址（Code Division Multiple Access，CDMA）通信、编码、雷达、密码学、声呐等领域。扩频序列（Spread Spectrum Sequence）也称为扩频码，一般采用伪随机序列。扩频序列的相关特性（包括周期/非周期相关特性和自相关/互相关特性）主要决定了CDMA通信系统的抗多址干扰（Multiple Access Interference，MAI）、多径干扰（Multipath Interference，MI）和邻小区干扰（Adjacent Cell Interference，ACI）的能力，从而对该系统的性能和容量产生直接影响。设计具有良好随机性（如低相关性、平衡性和大线性复杂度等）的序列一直是一个很有意义的研究课题。扩频序列已经在3G/4G系统中发挥了重要作用，作为一种新型扩频序列，准互补序列（Quasi-Complementary Sequence）将在无线通信系统中产生重要作用。例如，零相关区（Zero Correlation Zone，ZCZ）互补序列可以作为多输入多输出（Multiple-Input Multiple-Output，MIMO）空时分组码（Space-Time Block- Coding，STBC）通信系统中信道估计的最优训练序列。零相关区交叉互补对用于宽带空间调制系统中的训练序列设计。

本章首先介绍扩频通信（Spread Spectrum Communication）与多址接入技术；然后，阐述扩频序列及其研究现状，特别是准互补序列的研究和应用现状；最后，简单说明本书章节内容组织和常用符号。

1.1 扩频通信与多址接入技术

在扩频通信中，发送信号占用带宽远远大于传输原始信号需要的最小带宽，通过一个独立的扩频序列来扩展频谱，这个扩频序列与原始信号无关，在接收端使用相同扩频序列对接收信号进行相关同步接收、解扩，从而恢复出原始信号[1]。扩频通信、卫星通信和光纤通信是信息时代的三大通信传输方式。扩频通信与常规的窄带通信相比，具有两个显著特点：一是用宽带传输频谱扩展后的信号；二是相关处理后恢复成窄带信号。因此，扩频通信具有以下主要优点。

（1）抗干扰性能强，误码率低

扩频通信在空间传输中所占用的带宽相对较宽，在发送端使用速率较高的扩频序列调制速率较低的窄带信号，在接收端使用与发送端相同的扩频序列，采用相关检测的办法来解扩，从而恢复原始窄带信号，最后通过窄带滤波技术提取有用的信号。这样，信噪比很高，能够对抗人为宽带干扰、窄带瞄准式干扰、中继转发式干扰等。如果采用自适应技术（如自适应天线、自适应滤波）和分集接收技术，利用扩频码的自相关特性，在接收端从多径信号中提取和分离出最强的有用信号，还可以消除多径干扰。

（2）隐蔽性强，对各种窄带通信系统的干扰很小

因为扩频信号在很宽的频谱上被扩展，单位频谱上的功率很小，即信号功率谱密度很低，扩频信号淹没在噪声之中，一般不容易被发现，攻击者难以捕获有用信号。因此，扩频通信的隐蔽性好。扩频通信把被传送的窄带信号的带宽展宽，从而降低了系统在单位频谱内的电波“通量密度”，这有利于空间通信。

（3）易于实现码分多址

在扩频通信系统中，当许多用户在同一时间、同一频段内共享同一带宽时，需要把不同码型的扩频序列分配给不同用户。区分各个用户依靠各个扩频序列的自相关和互相关函数值，因此要求扩频序列具有良好的自相关和互相关特性。在接收端可以利用相关检测技术进行解扩，每个用户根据自己独特的扩频序列提取有用信号。这样就可以实现在同一带宽上许多对用户同时通信而互不干扰。

（4）精确定时和测距

电磁波在空间中以光速进行传播，如果能精确测量电磁波在两个物体之间的传播时间，就可以得到两个物体之间的距离。如果在扩频通信中扩展频谱很宽，则意味着所采用的扩频码速率很高，每个码片占用的时间就很短。首先，从物体A发射扩频信号到达物体B并被反射回来，在A接收反射信号并解调出扩频码；然后，比较收发扩频码相位之差，就可以精确测量出扩频信号的往返时间，从而计算出A、B之间的距离。测量的精度决定于码片的宽度，也就是扩展频谱的宽度。码片越窄，扩展的频谱越宽，精度越高。

扩频通信提高了通信系统的性能，同时占用了宽带频谱资源。在扩频通信系统中，允许多个用户共享同一带宽，使带宽得到充分利用，从而提高了频谱利用率，这种允许多个用户共享有限的无线频谱的接入方式被称为多址接入。移动通

信中常用的基本多址接入有以下 3 种[2]。

（1）频分多址（Frequency Division Multiple Access，FDMA）

在 FDMA 系统中，总频段被划分为若干等间隔且互不相交的频谱（即子频谱），每个子频谱被分配给一个用户专门使用，从而实现多址通信。通常在子频谱之间插入保护频谱，从而保证用户信号之间彼此正交。美国的高级移动电话系统（Advanced Mobile Phone System，AMPS）和英国的全接入通信系统（Total Access Communication System，TACS）等都属于基于 FDMA 的蜂窝移动通信标准，其信道带宽为 25～30 kHz。这些系统说明 FDMA 是应用最早的一种多址技术，并且它在第一代移动通信系统中得到了广泛应用。但是，FDMA 的每一个子频谱每次只能承载一路信息业务，即使子频谱空闲时，其他用户也不能共享它，因此频谱利用率比较低，该系统容量比较小。

（2）时分多址（Time Division Multiple Access，TDMA）

在 TDMA 系统中，使用频谱的时间根据时隙划分并分配给每个用户，在每个时隙中至多允许一个用户发射或者接收信号，并且在数据时隙之间插入保护时隙，从而保证用户信号之间彼此正交。TDMA 技术在第二代移动通信系统中得到了广泛应用，例如，20 世纪 90 年代欧洲提出全球移动通信系统，并且迅速商用，其信道带宽为 25～200 kHz。TDMA 系统中的不同用户仅仅在分配给它的时隙中工作，但不同用户可以分享频谱资源，因此 TDMA 系统的频谱利用率较高，该系统容量较大。

虽然 TDMA 技术比 FDMA 复杂，而且用于同步控制的系统开销较大，但是随着现代通信技术的发展、大规模集成电路的应用，所需费用将会大幅下降。

（3）码分多址

宽带 CDMA 是第三代移动通信系统的主要技术。CDMA 是采用扩频通信技术的宽带多址方式，是一种先进的大容量无线通信技术。在 CDMA 系统中，不同用户传输信息所用的信号划分信道，既不是根据频率不同，也不是根据时隙不同，而是根据特征地址码（也称为扩频码或扩频序列）来实现信道的划分。给每个用户分配唯一扩频序列，用户的识别就是通过不同的扩频序列来实现的。通过分配的扩频序列进行扩频，从而实现多址传输[3]。扩频信号的码片速率比原始信息的数据速率高出许多个数量级。一个用户可以利用系统提供的所有频谱和时隙进行通信的原因是：它的扩频信号与其他用户的扩频信号几乎是正交的。在实际 CDMA 系统中，通常要求扩频序列的互相关性很弱，但自相关性很强；要求扩频序列集中扩频序列数目足够多，从而使该系统容量足够大；在隐蔽性要求较高的通信场景中，要求扩频序列类似白噪声；有时要求扩频序列的周期足够长，以便提高处理增益。

CDMA 通信系统由移动终端、基站收发信机、基站控制器、移动交换机、分组控制功能及分组数据服务节点等组成。在CDMA通信系统中，扩频序列的选取是由信道之间的同步方式直接决定的，同时，扩频序列的选择直接影响CDMA系统的容量、抗干扰能力、接入和切换锁定等性能。根据多个用户信号到达接收端的相对时延的大小，CDMA通信系统通常分为同步CDMA[4]（Synchronous CDMA，S-CDMA）、异步CDMA[3]（Asynchronous CDMA，A-CDMA）和准同步CDMA[5]（Quasi-Synchronous CDMA，QS-CDMA）。

在S-CDMA通信系统中，同一个时隙的不同用户信号在同一时刻到达基站接收机，可以最大限度地保持扩频序列正交性，从而降低系统MAI，大幅提高了系统容量。实质上扩频序列在零时延的相关函数值决定了MAI，因此S-CDMA通信系统一般采用正交序列，如Walsh序列或者正交可变扩频因子（Orthogonal Variable Spreading Factor，OVSF）序列，作为该系统的扩频序列。

在A-CDMA通信系统中，当需要发生切换的时候，移动台和新基站必须同时计算新的时间提前量，并且在移动台的切换请求进入新基站时，由新基站把提前量发送给移动台。在整个扩频序列周期内，各个用户随机接入CDMA通信系统，其相对时延表现为随机分布，因此它们的发射机之间不需要同步，从而简化了A-CDMA通信系统的通信设备，降低了通信成本。由于A-CDMA通信系统内的各个用户不需要互相校准，因此失去了正交性，从而使用户信号间的MAI比较大，导致误码率性能比S-CDMA差，降低了A-CDMA通信系统的容量。

QS-CDMA技术是近几十年被提出的。在QS-CDMA通信系统中，到达接收端的各个用户信号之间的相对时延被限制在一个或几个码片之内[6]。QS-CDMA通信系统不仅保留了S-CDMA系统的良好性能，而且不需要各个用户之间精确同步，极大地降低了同步设备的复杂性，因此越来越多的学者重视这个研究领域[5-11]，QS-CDMA通信系统的研究已经成为通信领域的研究热点。最初QS-CDMA系统描述同步误差在一个码片之内的CDMA系统，随后被推广为具有几个码片间隔同步误差的广义QS-CDMA系统[11]。

根据扩展频谱方式不同，CDMA通信系统最常用的扩频工作方式可分为直接序列扩频和跳频（Frequency Hopping，FH）扩频[12]。

在直接序列扩频系统中使用的伪随机序列为直接扩频序列，简称扩频序列。采用二进制相移键控（Binary Phase Shift Keying，BPSK）调制的直接序列扩频CDMA（DS-CDMA）通信系统模型如图1-1所示[10]。在DS-CDMA通信系统中，速率很高的扩频序列与所传输的速率很低的信号是无关的，也就是说它不会影响信号传输的透明性，仅仅起到扩展信号频谱的作用。在发送端，用扩频序列调制速率较低的原始数据信号，再把已调信号发送出去；在接收端，首先对接收信号进行BPSK解调，随后经过滤波器再进入相关解扩器，与本地解扩序列相乘后在比特周期间隔内积分，输出即每个比特的判决变量。

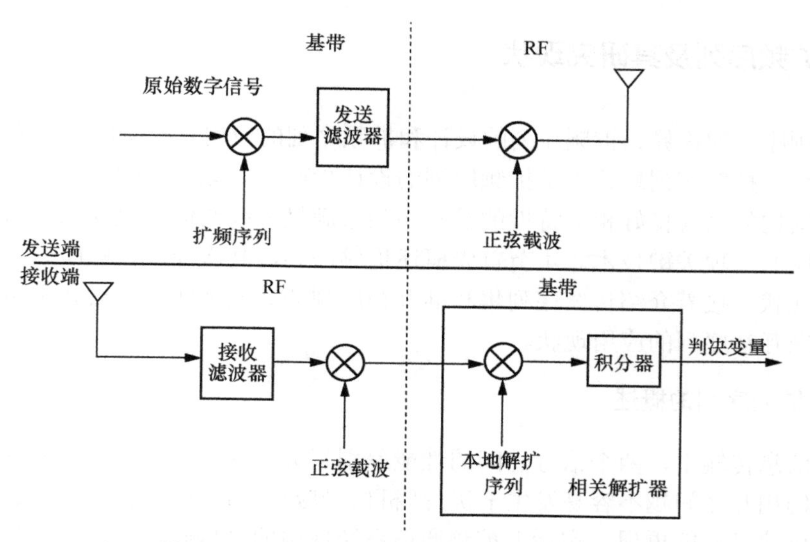

图 1-1 BPSK 调制的 DS-CDMA 通信系统模型

图 1-1 表明，若接收端的本地解扩序列与发送端的扩频序列相同且完全同步，相关解扩器的输出为最大值；若接收端的本地解扩序列与发送端的扩频序列相同但不同步，相关解扩器输出的大小由该扩频序列的自相关特性决定；若接收端的本地解扩序列与发送端的扩频序列不同，相关解扩器输出的大小由这两个扩频序列的互相关特性决定。因此扩频序列的相关特性直接影响系统性能，在扩频序列设计中，具有良好的自相关和互相关特性的扩频序列是序列设计者追求的目标[13-14]。

频率跳变简称跳频。在跳频序列扩频系统中使用的伪随机序列称为跳频扩频序列，简称跳频序列（也称为跳频码）。对于一个伪随机序列控制跳频的载频，根据这个伪随机序列的规律，频率合成器不断改变跳频系统的载频。与 DS-CDMA 通信系统不同，在跳频系统中使用伪随机序列选择信道，而不直接传输这个伪随机序列。跳频通信具有抗干扰、抗截获的能力，并能实现频谱资源共享。目前，跳频通信已经显示出巨大的优越性。

除了直接序列扩频和跳频序列之外，CDMA 通信系统扩频工作方式还有跳时扩频、宽带线性调频等。

除了 TDMA、FDMA 和 CDMA 之外，其他的多址接入包括织分多址（Interleave Division Multiple Access）[15]、空分多址（Space Division Multiple Access）[1]、正交频分多址（Orthogonal Frequency Division Multiple Access，OFDMA）[16-17]。最近，大部分多址技术研究集中于新的混合接入方式，其目的是提高系统自由度，灵活适应各种业务需求。

1.2 扩频序列及其研究现状

扩频序列理论界、扩频序列的设计和扩频序列的应用是扩频序列研究的3个主要内容。扩频序列理论界是扩频序列的设计指南。扩频序列的设计目的是构造出不同结构的具有良好相关特性的扩频序列来满足无线通信系统要求，它是无线通信系统的一项关键技术。本节首先概述扩频序列，其次介绍扩频序列理论界及其研究现状，接着介绍传统序列集和准互补序列的研究现状，最后介绍传统扩频序列和准互补序列的应用现状。

1.2.1 扩频序列的概述

在信息传输中，两个信号之间的性能差别越大，这两个信号越不容易混淆，从而它们相互之间越不容易发生干扰。随机信号应该是传输信息的理想信号形式，但是随机信号不能再现。实际上扩频通信系统使用的是伪随机序列（也称为扩频序列），这类序列最重要的特性是具有近似于随机信号的性能。

理想无线通信系统使用的扩频序列集应该具有理想的自相关和互相关特性[8]，具体如下。

（1）扩频序列集中每个扩频序列的自相关函数（Auto-Correlation Function，ACF）除零时延外，其函数值处处为零。

（2）扩频序列集中任意两个不同扩频序列之间的互相关函数（Cross-Correlation Function，CCF）值处处为零。

从物理意义上讲，自相关函数逼近一个脉冲函数的主要目的是使我们能够很容易地将扩频序列与它的时延序列区分开，互相关函数处处为零的主要目的是使我们能够很容易地将一个扩频序列与另一扩频序列或它的时延序列区分开。但是，根据序列设计的Welch界[18]、Sarwate界[19]和Levenshtein界[20]等，对于给定的序列长度与序列数目，具有上述理想相关特性的序列集是不存在的。

扩频序列种类很多。根据一个用户使用扩频序列多少，扩频序列集可以分为传统序列集（也称为单码集）和互补序列集。传统序列集被用于CDMA通信系统时，一个用户仅使用一个扩频序列。互补序列集被用于CDMA通信系统时，一个用户仅使用一个互补序列，但一个互补序列由P个子序列组成，这P个子序列的非周期异相自相关函数和处处为零。根据扩频序列相关函数定义的不同，扩频序列集可以分为周期相关扩频序列集和非周期相关扩频序列集，从而互补序列集也分为非周期互补序列集（Aperiodic Complementary Sequence Set）和周期互补序列集（Periodic Complementary Sequence Set）。根据扩频序列中分量取值不同，扩频序列集可分为二进制序列集、三进制序列集、四相序列集、多相序列集和多电平序列集。

为了充分发挥扩频通信的突出优点和应用潜力，对扩频序列有以下基本要求[8]。

（1）扩频序列具有良好的相关性；

（2）扩频序列的周期尽可能长；

（3）扩频序列的线性复杂度尽可能高；

（4）扩频序列集中序列数目尽可能多；

（5）扩频序列具有良好的随机性；

（6）用尽可能容易的方法产生扩频序列。

总之，在无线通信系统中，扩频序列的相关性、周期、线性复杂度和伪随机性等直接影响该系统各方面的性能。

1.2.2　扩频序列理论界的研究现状

建立扩频序列集的全部或者部分参数之间的关系式是扩频序列理论界的主要研究内容。优良的扩频序列理论界能够指导扩频序列的设计，也能作为扩频序列性能好坏的判定标准。有学者认为，扩频序列理论界的研究突破将极大地促进扩频通信技术的发展。20 世纪 70 年代，学者们研究的扩频序列理论界有 Welch 界[18]和 Sarwate 界[19]，20 世纪 90 年代，学者们研究的扩频序列理论界有 Levenshtein 界[20]和 Kumar-Liu 界[21]。针对 QS-CDMA 系统，ZCZ[7,22-23]和低相关区[24-25]（Low Correlation Zone，LCZ）扩频序列的概念被提出。ZCZ 扩频序列集的 3 个主要参数是序列数目 M、序列长度 N 和零相关区长度 Z。LCZ 扩频序列集的 4 个主要参数是序列数目 M、序列长度 N、低相关区长度 L 以及在 LCZ 之内扩频序列最大相关值$\pm\alpha$（α 是很小的正整数）。ZCZ 扩频序列和 LCZ 扩频序列联合起来，被称为广义正交（Generalized Orthogonal，GO）扩频序列。GO 扩频序列理论界有 Tang-Fan 界[26-27]、Peng-Fan 界[28-29]和 GO 扩频序列的部分相关理论界[30]。Tang 等[26]基于 Welch 内积定理推导了 GO 扩频序列理论界，这个 GO 扩频序列理论界已经成为 GO 扩频序列集设计优劣的判别标准。参数能够达到这个理论界的 GO 扩频序列集被称为最优的。2011 年，Liu 等[31]提出并证明了 LCZ 互补序列集中准互补序列个数的上界和 LCZ 互补序列的相关下界，这个相关下界被视为 Tang-Fan-Matsufuji 相关界[26-27]的扩展。他们首先借助 Welch 的内积定理推导出非周期 LCZ 互补序列集的相关下界，然后分别推导出周期和奇周期 LCZ 互补序列集的相关下界，还分别获得了非周期、周期和奇周期 LCZ 互补序列集中的准互补序列个数的上界。2014 年，Liu 等[32]推导了在单位复根上的非周期低相关互补序列集（Low-Correlation Complementary Sequence Set，LC-CSS）的相关下界，这个下界称为广义 Levenshtein 界，当低相关互补序列集中互补序列的个数大于某个值时，广义 Levenshtein 界比 Welch 界更紧。2017 年，为了实现更严格的广义 Levenshtein

界，Liu 等[33]分析优化了非凸的广义 Levenshtein 界，应用循环矩阵的频域分解将非凸问题转换为凸问题，按照这种优化方法，推导出了一个满足上述目标的新权重向量。2019 年，Liu 等[34]推导出 LCZ 互补序列集的下界，在某些条件下，所提出的相关下界比文献[31]中的 LCZ 互补序列集相关下界更紧。

1.2.3 传统序列集的研究现状

扩频序列设计的主要目标就是设计出具有良好相关特性和随机性的扩频序列，从而满足扩频通信系统要求（如码分多址能力、抗干扰、抗多径衰落、抗截获、保密、同步实现等）。1968 年，Gold[35]构造出能够达到 Sidelnikov 界的著名的 Gold 序列集。1980 年，Sarwate 等[36]详细阐述了 m 序列及其相关特性。1993 年，Rothaus[37]改进了 Gold 序列，设计出 modified Gold 序列集。2006 年，Yu 等[38]构造出线性复杂度很大的 LCZ 二进制序列集。此外，还有许多性能优良的序列集，如 Walsh 序列集[39]、OVSF 序列集[40]、Kasami 序列集[41-42]、Frank 序列集[43-44]、几乎完备自相关序列集[45]、完备三元序列集[46]、完备阵列集[47-49]、Bent 序列集[50]、Gold-like 序列集[51]、Udaya 序列集[52-53]、四元序列集[54-55]、Kumar 序列集[56-57]、Jang 序列集[58]等。针对扩频序列的整个周期构造出的扩频序列的数量通常都不多，因此，针对 QS-CDMA 系统，1999 年，Fan 等[7]首次提出了 ZCZ 的概念，ZCZ 扩频序列集的设计基本上可分为两大类。第一类主要基于互补对（或互补集）[7, 22, 59- 61]。1999 年 Fan 等[7]基于二进制互补对构造出二进制 ZCZ 扩频序列集。2000 年，Deng 等[22]基于二进制互补集构造了二进制 ZCZ 扩频序列集，这种构造方法是文献[7]构造方法的推广。2006 年，Rathinakumar 等[60]提出了基于互补集系统构造 ZCZ 扩频序列集的一般方法，文献[7,22]中的构造方法是这种系统构造的特殊情形。但是，这些基于互补集构造出的 ZCZ 扩频序列集远远达不到扩频序列理论界。2006 年和 2010 年，Tang 等[59, 61]用互补集分别构造出一类几乎最优的三进制 ZCZ 扩频序列集和多个二进制 ZCZ 扩频序列集。第二类主要基于最优自相关序列[62-64]。2003 年，Matsufuji 等[62]基于最优自相关序列构造出最优和几乎最优的 ZCZ 扩频序列集。2008 年，Tang 等[65]基于交织序列的理论，提出了这种 ZCZ 扩频序列集构造的一般方法。LCZ 扩频序列的概念被提出后，出现了 LCZ 扩频序列集设计研究。1998 年，Long 等[66]基于二进制 GMW 扩频序列构造了渐近最优的二进制 LCZ 扩频序列集。2001 年，Tang 等[24]基于 p 进制 GMW 扩频序列构造出渐近最优的 p 进制 LCZ 扩频序列集，这是文献[66]的推广。2007 年，Gong 等[67]基于域的分解理论，构造了最优 p 进制 LCZ 扩频序列集。2008 年和 2009 年，基于交织序列理论，Zhou 等[68-69]系统地研究了 GO 扩频序列集设计，构造出具有灵活参数的 GO 扩频序列集，这些扩频序列集是最优或接近最优的。上述扩频序列的设计方法主要归纳为以下几类：

多项式方法、有限域（Galois Field，GF）法、移位寄存器法、组合数学法和逻辑函数法等。

单一序列集不可能在一个周期内同时具有理想自相关和互相关特性。但是，单一序列可以在一个周期内仅仅具有理想自相关特性，即一个序列的周期自相关函数的旁瓣值处处为零，这种序列称为完备序列。目前只存在一个二进制完备序列，即(1,1,1,−1)，人们猜想不存在周期大于 4 的二进制完备序列[70]。于是，研究者把字符集{−1, 1}扩展到实数集或复数集，得到一定的研究成果。1988 年，Luke[71]在实数集上构造了二进制和三元完备序列。1992 年，Golomb[72]在复数集上构造了二值完备序列。Godfrey[73]、Chang[74]、Shed [75]和 Hoholdt[46]分别研究了三进制完备序列。Hemiller[76]、Frank [77-78]和 Chu[79]分别研究了多相完备序列。1996 年，Mow[80]对完备序列理论做出了一定的贡献，他得到多相完备序列的一般构造。2008 年，Krenge[81]研究了小字符集上多相完备序列。小字符集上完备序列更接近实际应用，它代表了目前完备序列的研究趋势，特别在小整数集上完备序列更容易在硬件中实现，因此，研究小整数集上完备序列是必要的。2011 年，Li 等[82]研究了整数集上多电平完备序列。虽然三进制完备序列得到了较全面的研究，但是，具有少量零的三进制完备序列很少有人研究，Li 等[83]研究了具有少量零的三进制完备序列的存在性。

1.2.4 准互补序列的研究现状

准互补序列是在互补序列基础上发展起来的，因此，阐述准互补序列的研究现状，必须追溯互补序列。互补序列的研究最早从二进制非周期互补序列开始。1961 年，Golay[84]提出了非周期互补序列，他把非周期互补对定义为长度相同且分量在字符集{0,1}上的一个序列对，其满足下列性质：对于任何给定的间隔，一个子序列中相同分量对的个数等于另一个子序列中不相同分量对的个数。同时，他指出这样的序列对的自相关特性可以促使它应用于通信领域。1963 年，Turyn[85]给出了更加贴切的非周期互补对的定义，即对于一个二进制序列对，若除零时延外，其非周期自相关函数（Aperiodic Auto-Correlation Function，AACF）和处处为零，则称其为二进制非周期互补对。1972 年，Tseng[86]将二进制非周期互补对的概念推广到二进制非周期互补集，并提出了级联、交织等构造互补集的方法。1978 年，Sivaswamy[87]进一步将二进制非周期互补序列扩展到多相非周期互补序列。后来，Darnell[88]、Kemp[89]和 Budisin[90]分别研究了多电平互补序列。虽然非周期互补集可以看作周期互补集（Periodic Complementary Set，PCS）的一个特例，但周期互补集的研究比非周期互补集的研究更晚，直到 1990 年，Bomer 等[91]首次提出周期互补集。1999 年，Feng 等[92]列出序列长度最大为 50 且序列集的大小为 12 的周期互补集存在的一个图表。从这个图表中可以看出，当序列集的大小固定时，周期互补集在某些长度上不存在，并且其伴（Mate）的数目都不会超过互补集中子序列的数目。另外，二进制非周期互补对和四相非周期互补对的长度都受到了限制，这些限制阻碍了互补序列的应用。2007 年，Fan 等[93]将零相关区的概念移植到非周期互补集中，提出并构造了具有 ZCZ 的非周期互补集（Aperiodic Complementary Set with ZCZ，AZCS），简称非周期 Z-互补集，当非周期 Z-互补集中子序列的个数为 2 时，称这种非周期 Z-互补集为非周期 Z-互补对（Aperiodic Complementary Pair with ZCZ，AZCP）。同年，袁伟娜[94]证明了非周期 ZCZ 互补序列为多输入多输出空时分组码通信系统中信道估计的最优训练序列。面对文献[93]中两个猜想，2009 年和 2010 年，Li 等[95-96]进行了深入研究，提出了四相序列和四相 AZCP 的初等变换的概念，通过计算机搜索，找到了序列长度小于或等于 9 的四相 AZCP 的代表，讨论了四相 AZCP 的存在性，对于任意序列长度 N（$N \geqslant 4$），零相关区长度为 4 的四相 AZCP 都存在。在四相非周期互补集及其伴的构造方法的基础上，Li 等[95-96]提出了四相 AZCS 及其伴的构造。对于四相 AZCP 的伴与零相关区长度的关系，一般来说，零相关区长度越短，则四相 AZCP 的伴的数目就越多；同时，研究了四电平 Z-互补序列，通过计算机搜索，得到了序列长度小于或等于 9 的四电平 AZCP 的代表及其自相关函数和，比较了二进制 AZCP、四相 AZCP 和四电平 AZCP，得到结论：一般来说，序列长度相同条件下，四电平 AZCP 和四相 AZCP 的最大零相关区长度都比二进制 AZCP 的最大零相关区长[97]。2011 年，Li 等[98]证明了奇数长度二进制（Odd-length Binary，OB）AZCP 的零相关区长度的上界，讨论了对任意序列长度二进制 AZCP 的存在性。2014 年，Liu 等[99-100]分别研究了奇数长度和偶数长度的二进制 AZCP，提出了两种 AZCP 的概念，阐述了这两种最优 AZCP 的 3 个性质，给出了这两种最优 AZCP 的构造；构造了具有大 ZCZ 长度的非完备偶数长度的二进制 AZCP，即序列长度 $N = 2^{m+1} + 2^{m}$，零相关区长度 $Z = 2^{m+1}$，这显示出它具有与 Golay 互补对（Golay Complementary Pair，GCP）非常接近的相关性，同时证明了非完备偶数长度 N 的二进制 AZCP 的零相关区长度的上界为 $N-2$。2015 年，Li 等[101]介绍了具有低的峰均包络功率比的 ZCZ 非周期互补序列集，并且构造了一类非周期互补序列集。2016 年，Li 等[102]提出了四相 AZCP 的线性构造方法。这种线性构造方法不仅适用于构造 AZCP，也适用于构造周期零相关区互补对。2017 年，Chen[103]提出了一种基于广义布尔函数的二进制 AZCP 的新构造，得到了偶数和奇数长度的二进制 AZCP，它们的序列长度和零相关区长度都非常灵活，且零相关区长度大于序列长度的一半。2018 年，Xie 等[104]构造了具有大零相关区长度的非完备二进制偶数长度的 AZCP，即序列长度 $N = 2^{m+3} + 2^{m+2} + 2^{m+1}$，零相关区长度 $Z = 2^{m+3}$。同年，Wu[105]提出了一种基于广义布尔函数的 Z-互补集的新构造，所构造的 Z-互补集是最优的，因为集大小达到了理论上界，而且所构造的 Z-互补集的大小、群大小、序列长度和零相关区的宽度都非常灵活。2019 年，Li 等[106]指出相互正交的互补码由于其完美的相关特性在无线通信中得到了许多实际应用，然而相互正交的互补码集的大小受每个互补码中子序列数量的限制，导致通信系统中的用户数量受到限制。为了克服这一限制，他们提出了准互补序列集（LCZ 互补序列集和低相关互补序列集）构造，即在复单位根上构造非周期 LCZ 互补序列集和非周期低相关互补序列集，从而获得渐近最优的非周期准互补序列集。同年，Sarkar 等[107]指出 Z-互补码集是完备互补集的扩展，是指一组具有 ZCZ 属性的二维矩阵，Z-互补码集可用于各种多信道系统，以支持准同步无干扰多载波码分多址通信和 MIMO 系统中的最优信道估计等，Z-互补码集的传统结构严重依赖于一系列序列操作，这对于快速硬件生成可能不可行，特别是对于长 Z-互补码集。于是他们提出了用具有高效图形表示的二阶 Reed-Muller 码直接构建 Z-互补码集。同时，Shen 等[108]基于迭代插入方法构造了长度为 2^m+3 的 Z-最优奇数长度二进制 II 型 Z-互补对。2020 年，Liu 等[109]提出了一种二进制非周期 LCZ 互补序列集的构造，推导出具有渐近最优参数的二进制非周期 LCZ 互补序列集，以及具有渐近最优参数的二进制非周期低相关互补序列集。同年，Zeng 等[110]对 Liu 等[99]提出的 II 型 Z-互补对进行了深入研究，通过推广插入和删除函数，提出了 Z-最优或最优的奇数长度二进制 II 型 Z-互补对系统构造。2021 年，Yu 等[111]利用 Golay 互补对的适当级联序列来构造 Z-互补对，而且所构造的 Z-互补对具有低峰均包络功率比。同年，Gu 等[112]提出了一种基于序列连接的 Z-互补对的递归构造，受 Turyn 构造的 Golay 互补对的启发，还提出了从已知 Z-互补对构造 II 型 Z-互补对，所提出的结构可以生成具有新的灵活参数的最优 II 型 Z-互补对和具有任何奇数长度的 Z-最优 II 型 Z-互补对。2022 年，Zeng 等[113]采用长度为二进制或四相 Golay 互补对作为种子，并使用交错技术，构造出具有灵活长度的 Z-最优 II 型四相 Z-互补对。

另一方面，也有许多学者研究了周期 Z-互补序列，因为周期 Z-互补序列在多载波通信系统和 MIMO 信道估计中具有潜在应用，不受配对数量限制，可以支持比传统互补序列集更多的用户。2014 年，Li 等[114]介绍了基于正交矩阵的周期 Z-互补序列集的两种构造，所提出的两种构造方法可以为周期 Z-互补序列集的集与群的大小提供灵活的选择。2015 年，Ke 等[115]提出了一种基于完备序列和正交矩阵的周期 Z-互补序列集的通用构造，它概括了 Li 等[114]的早期构造，并生成了早期无法生成的新的周期 Z-互补序列集，所得周期 Z-互补序列集的参数是灵活的，因此适用于不同的应用场景。周期互补序列可以作为准互补序列的特例，2016 年，Li 等[116]给出了一种新的二值字符集上周期互补集变换，这是 1992 年提出的 Golomb 变换的推广，基于差族（Difference Family，DF）的性质给出了这类二值周期互补集的一个充分条件，并给出了二值周期互补对（Periodic Complementary Pair，PCP）的系统构造，许多对于二进制周期互补集不存在的长度，对于二值周期互补集是存在的。2021 年，Luo 等[117]指出周期准互补序列集在多载波码分多址系统中发挥着重要作用，它们可以支持比多载波码分多址系统中的完全互补序列集更多的用户，提出了 3 种在有限域上使用加性字符的准互补序列集的新结构，这些准互补序列集具有新的参数和较小的字符集大小。

本书把零相关区互补序列、低相关区互补序列和低相关互补序列统称为准互补序列，在第 7 章把互补序列看成准互补序列的特例。上面研究的准互补序列仅仅考虑子序列的非周期/周期自相关函数和，并没有考虑子序列之间的非周期/周期互相关函数。2020 年，Liu 等[118]首先引入了一类新的序列对，称为“零相关区交叉互补对”，它们的非周期自相关函数和在 ZCZ 内为零，而且要求它们子序列之间的互相关函数和在对应 ZCZ 内为零，给出了 ZCZ 交叉互补对的性质，提出了基于选定 Golay 互补对的完备 ZCZ 交叉互补对的系统构造方法。同年，Fan 等[119]指出 ZCZ 交叉互补对可用于频率选择信道上的空间调制中的导频设计，而且提出了二进制 ZCZ 交叉互补对的系统构造，并证明对于一种特定类型的二进制 ZCZ 交叉互补对，在 ZCZ 之外的每个时间偏移的非周期互相关和（Aperiodic Cross-Correlation Sum，ACCS）的幅度下界为 4。2021 年，Yang 等[120]指出 ZCZ 交叉互补对在为空间调制的 MIMO 系统设计导频序列方面非常有效，提出了具有新的长度的二进制和四相 ZCZ 交叉互补对的系统构造。

1.2.5 传统扩频序列和准互补序列的应用现状

（1）传统扩频序列的广泛应用

扩频序列在 CDMA 通信系统、雷达、系统识别、空间测控和保密通信等方面有着广泛应用。m 序列是目前应用最广的一种扩频序列，它在通信领域有着广泛的应用，如扩频通信，卫星通信的码分多址，数字信号的加密、同步、加扰、误码率测量等领域。扩频序列最初是为电子对抗服务的。由于扩频通信具有抗干扰、抗多径等优点，扩频序列越来越受到重视，特别是在 CDMA 通信系统中的应用已经成为近 30 年来的通信研究领域的研究热点。CDMA 通信系统通常采用直接序列扩频，它按照不同的扩频序列来区分不同用户，其系统的干扰和容量主要取决于扩频序列的特性。传统的 CDMA 通信系统通常采用 Walsh 序列或 OVSF 序列等正交序列，从而要求精确的同步。近年来，针对 QS-CDMA 通信系统，Fan 等[7]放宽了相关特性要求，提出了在同步误差范围内具有 ZCZ 的扩频序列集，要求扩频序列具有优良相关特性是在同步误差范围内而不是在整个周期内，即具有 ZCZ 的扩频序列的相关函数在零时延附近的相关区内取值处处为零，从而实现了无传输干扰的 QS-CDMA 系统。不久之后，LCZ 的扩频序列的概念被提出，具有 LCZ 的扩频序列的相关函数在零时延附近的相关区内取值很小，即序列集在相关区之内接近理想的相关特性。在广义正交直接扩频序列的QS-CDMA系统中，由于接入同步不够精确和多径传播的影响，通常接收到的扩频信号之间存在相对时延不超过GO扩频序列的相关区，扩频信号仍然保持正交性，因此可以降低甚至消除该系统的MAI和MI[121]。研究表明，GO扩频序列在多径传播信道中优于传统的扩频序列[122]。近年来，越来越多的科研人员开始关注GO扩频序列的设计在QS-CDMA系统应用[22, 62-69, 123-127]。为了保证QS-CDMA通信系统性能，当同步误差控制得较好时，可以选用LCZ序列集，否则选用ZCZ序列集。2002年，Yang等[127]的研究表明ZCZ序列可能是最优MIMO信道的训练序列的最好的选择。大区域（Large Area）三进制序列和松散同步（Loosely Synchronous）三进制序列[128]已经被提出，它们使两级扩频编码成为大区域同步（Large Area Synchronous）CDMA技术的核心，而且它们都是ZCZ序列，在ZCZ内具有理想的相关特性，从而可以消除该系统的MAI和码间干扰（Intersymbol Interference，ISI），把邻小区干扰减到最小限度。Tang等[59]构造出广义松散同步（Generalized Loosely Synchronous）扩频序列集，从而得到更多的扩频序列集，这些扩频序列集可应用于多个蜂窝小区。完备序列广泛应用于近似同步的CDMA系统[128]、信道估计[129]、连续波雷达系统[130]等。Suehiro[128]利用完备序列构造出伪随机序列，从而设计出近似同步的CDMA系统信号，该系统的主要特点是无共信道干扰，完备序列作为脉冲压缩体制下雷达的调制信号可以消除脉冲压缩旁瓣，实现无旁瓣测距，从而可以避免雷达探测中常见的近区高功率回波旁瓣淹没远区微弱回波主瓣。

（2）准互补序列的广泛应用

互补序列是准互补序列的特例，因此，这里先介绍互补序列的应用现状及其发展趋势。在使用互补集的扩频通信系统中，一个用户对应一个含有多个子序列的互补序列（互补集），多个子序列分别对应多个子载波或多个时隙区分。由于互补序列的自相关函数等于各个子序列的自相关函数和，因此它们可以在整个周期上具有理想的自相关和互相关特性。1949年，Golay[131]把二进制非周期互补序列应用于光学分析仪中。雷达技术的发展与互补序列的研究相辅相成，Golay[84]和Turyn[85]分别研究二进制非周期互补对的主要目的是把它们应用于雷达系统。Suehiro等[132]给出了完备互补集的定义，并把它用于同步系统。Wang等[133]利用周期互补序列的这个显著优点，在信道估计中使用互补序列作为训练序列，达到了比较好的信道估计效果。Tseng[134]和Chen[135]分别把非周期正交互补序列用于多载波通信系统，结果表明：作为扩频序列的非周期正交互补序列完全可以消除MI和MAI，因此得到了最优的抗干扰效果。2007年，Chen[136]认为互补序列将在下一代通信系统中有很大的应用潜力。在ZCZ概念被移植到非周期互补集之后，Feng等[137-138]借助文献[93]的思想，得到了广义成对Z-互补序列，并且基于Z-互补集构造出具有 ZCZ 特性的一维 OVSF-ZCZ 序列，把这种序列应用于多速率 QS-CDMA 通信系统，并且分析了多速率 QS-CDMA 通信系统性能，结果表明，采用 OVSF-ZCZ 序列的 QS-CDMA 通信系统性能优于采用 OVSF 序列或 ZCZ 序列。Yuan 等[139]也将 ZCZ 概念移植到周期互补集，提出并构造了具有 ZCZ 的周期互补集（Periodic Complementary Set with ZCZ，PZCS）。袁维娜[94]基于时域分析证明了 PZCS 是 MIMO-STBC 通信系统信道估计的最优训练序列。她在时域分析时使用 PZCS 作为训练序列对信道进行估计，在频域分析时使用传统周期互补集作为训练序列对信道进行估计，仿真结果表明，两种方法都得到了信道估计均方误差（Mean Square Error，MSE）最小值。但是，和传统周期互补集相比，PZCS 的序列长度的选择范围更宽。在单载波（Single-Carrier，SC）-STBC 系统中，二进制周期 Z-互补集被证明为最优训练序列集，其序列长度是 2 的整数次幂。与复数序列相比，二进制序列可以简化信道估计的实现。另外，模是恒值的扩频序列可以有效地降低系统峰均比（Peak-to-Average Power Ratio，PAPR）。在实际中，可以根据训练序列块长度和发射天线数选择最优序列。快速傅里叶变换（Fast Fourier Transform，FFT）算法有利于计算离散傅里叶变换（Discrete Fourier Transform，DFT），因此应尽量选择序列长度为 2 的整数次幂。涂宜锋[140]把具有 ZCZ 的 AZCS 用作多载波 CDMA 系统中的扩频序列。当最大多径时延和多用户时延在 ZCZ 内的时候，使用 AZCS 的多载波 CDMA 系统可以完全消除 MI 和 MAI，显著优于相等扩频增益下采用 Gold 序列的单载波系统。基于二进制 AZCS 的多载波 DS-CDMA 通信系统发送端和接收端模型如图 1-2 和图 1-3 所示[140]，其中，$b^{(k)}$ 表示第 k 个用户的数字信息；$\cos\omega_i t$ 和 ω_i $(i=0,1,\cdots,P-1)$ 分别表示子载波和子载波频率；$\boldsymbol{a}^{(k)}=\{\boldsymbol{a}_0^{(k)},\boldsymbol{a}_1^{(k)},\cdots,\boldsymbol{a}_{P-1}^{(k)}\}$ 表示第 k 个用户使用的 AZCS，每个子序列长度为 N；$r(t)$ 表示接收信号；T_b 表示比特周期；z_i $(i=0,1,\cdots,P-1)$ 表示解调后第 i 个相关器的输出，$z=z_0+z_1+\cdots+z_{P-1}$ 表示相关解扩器的判决变量。

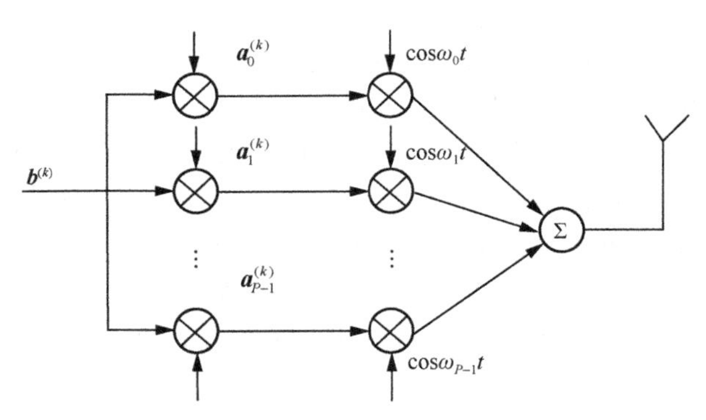

图 1-2　基于二进制 AZCS 的多载波 DS-CDMA 通信系统发送端模型

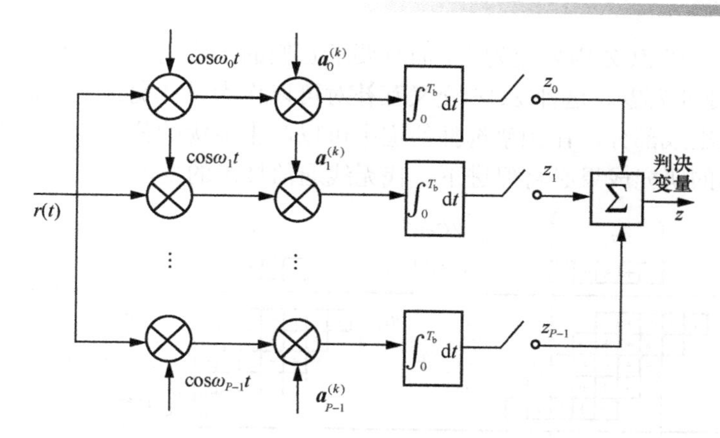

图 1-3　基于二进制 AZCS 的多载波 DS-CDMA 通信系统接收端模型

在发送端，第 k 个用户的数字信息 $b^{(k)}$ 分别被第 k 个用户所使用的 P 个子序列 $\boldsymbol{a}_0^{(k)},\boldsymbol{a}_1^{(k)},\cdots,\boldsymbol{a}_{P-1}^{(k)}$ 扩频，P 个扩频后的支路通过 P 个不同的子载波调制，然后合并发送出去。在接收端，多径信道等效地由若干条可解析的路径构成，相关解扩器的判决变量 z 具体表达式为

$$z=\sqrt{2PE}\beta_0^{(k)}b_0^{(k)}+\frac{1}{T_{\mathrm{b}}}\int_0^{T_{\mathrm{b}}}\sum_{i=0}^{P}\boldsymbol{a}_i^{(k)}(t)n(t)\,\mathrm{d}t \qquad (1\text{-}1)$$

其中，E 表示用户的传输功率；$\beta_0^{(k)}$ 表示第 k 个用户当前期望路径的功率；$b_0^{(k)}$ 表示第 k 个用户的当前期望比特；信道噪声 $n(t)$为加性白高斯噪声，其均值为零，双边功率谱密度为 $\frac{N_0}{2}$。由式（1-1）可知，MAI 和 MI 被完全消除了，唯一的干扰来自加性白高斯噪声。这主要归功于 AZCS 的优良相关特性。例如，$\{\boldsymbol{a}_0,\boldsymbol{a}_1\}$ 为字集 $\{-1,1\}$ 上的二进制 AZCS，$\boldsymbol{a}_0=(1,1,1,1,-1)$，$\boldsymbol{a}_1=(1,-1,1,1,-1)$，它的伴集为 $(\boldsymbol{b}_0,\boldsymbol{b}_1)$，$\boldsymbol{b}_0=(-1,1,1,-1,1)$，$\boldsymbol{b}_1=(1,-1,-1,-1,-1)$。图 1-4 展示了二进制 AZCS 消除 MI 和 MAI 的优良相关特性，其中+表示 1，−表示−1。此外，涂宜锋[140]把 AZCS 应用到室内无线红外通信系统。改进了传统互补序列键控（Complementary Sequence Keying，CSK），目的是避免传统 CSK 中的干扰，这种干扰由二进制互补对的序列互相关产生，使用正交的子载波发送二进制互补对能降低系统干扰。

更详细的 PZCS 和 AZCS 应用可以参考文献[140]。AZCS 和 PZCS 作为非周期互补集和周期互补集的扩展，在所有序列长度上都存在，且伴数目不受限于序列集中的序列数目，这样就克服了非周期互补集和周期互补集的许多局限性。这种扩展为序列数目、伴数目和 ZCZ 长度等参数的选择提供了更大的灵活性，从而极大地拓展了非周期互补集和周期互补集的潜在应用范围。最近，Liu 等[118]引入了一类新的序列对，称为“零相关区（ZCZ）交叉互补对”，它们的异相非周期自相关函数和在 ZCZ 内处处为零，而且要求它们的子序列之间互相关函数和在对应 ZCZ 内处处为零。这种 ZCZ 交叉互补对可以作为设计宽带空间调制系统训练序列的关键组成部分，在频率选择信道中可以产生最优的信道估计性能。因此，准互补序列的研究成果必将促进下一代无线通信技术的发展。

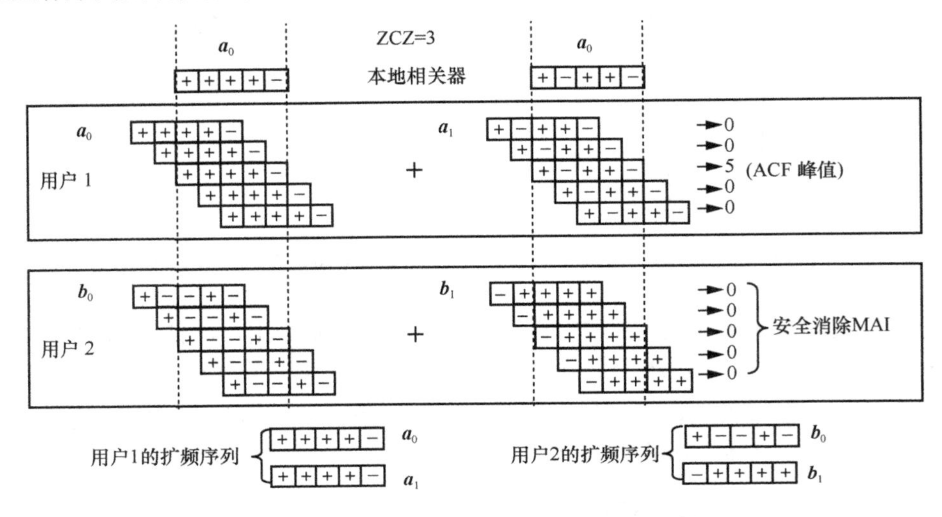

图 1-4　二进制 AZCS 消除 MI 和 MAI 示例

总之，准互补序列在多载波通信系统、宽带空间调制系统、室内无线红外通信系统和 MIMO-STBC 通信系统信道估计中表现出已经有的应用价值和潜在的应用价值。因此，不断探索和完善准互补序列的理论，对开发准互补序列在无线通信系统的潜在应用具有理论意义和现实意义。

1.3　本书常用符号的简单说明

为了便于阅读本书，本节给出本书常用符号的简单说明。

没有特别声明时，Z 表示整数集，Z^+ 表示正整数集，N 表示自然数集。N 和 Z 分别表示序列长度和零相关区长度，要注意区别。$Z_q=\{0,1,\cdots,q-1\}$ 是模 q 的最小非负完全剩余系，其中 q 是任意一个正整数。b^*表示复数 b 的共轭复数。

$\oplus$ 表示模 2 加运算。$b\equiv a(\bmod m)$ 表示 a 和 b 对模数 m 同余，即两个整数 a 和 b 除以模数 m 所得的余数相同。当 $a,b\in\{0,1\}$ 时，$a\equiv b\bmod 2$ 与 $a\oplus b=0$ 等价。

$\boldsymbol{a}=(a_0,a_1,\cdots,a_{N-1})$ 是一个序列，它用小写加粗斜体字母 $\boldsymbol{a}$ 表示。从数学角度看，一个长度为 N 的序列就是一个 N 维行向量，用小写字母表示序列的分量。当

$|a_i| = 1 (i \in \{0,1,2,\cdots,N-1\})$（序列 $\boldsymbol{a}$ 的分量的模为 1）时，称 $\boldsymbol{a}$ 为单位复值序列。本书中的向量和序列常常用小写加粗字母表示，因此，需要根据上下文判断小写加粗字母表示向量，还是序列。小写加粗数字 **1** 表示分量都是 1 的向量或序列，$\boldsymbol{0}^N$ 表示一个 N 维行零向量，或长度为 N 的序列。

$\langle \boldsymbol{a},\boldsymbol{b} \rangle$ 表示向量 $\boldsymbol{a}$ 与 $\boldsymbol{b}$ 的内积。$(\boldsymbol{a},\boldsymbol{b})$为一个长度为 N 的序列对，也可以看作二维向量，每个分量是一个序列，该序列对的矩阵形式为

$$\boldsymbol{B} = \begin{bmatrix} \boldsymbol{a} \\ \boldsymbol{b} \end{bmatrix} = \begin{bmatrix} a_0 & a_1 & \cdots & a_{N-1} \\ b_0 & b_1 & \cdots & b_{N-1} \end{bmatrix}$$

$\boldsymbol{A} = \{\boldsymbol{a}_0, \boldsymbol{a}_1, \cdots, \boldsymbol{a}_{P-1}\}$ 为一个长度为 N 的序列集，它用大写加粗字母 $\boldsymbol{A}$ 表示。它的每个元素是一个序列，其矩阵形式为

$$\boldsymbol{A} = \begin{bmatrix} \boldsymbol{a}_0 \\ \boldsymbol{a}_1 \\ \vdots \\ \boldsymbol{a}_{P-1} \end{bmatrix} = \begin{bmatrix} a_{0,0} & a_{0,1} & \cdots & a_{0,(N-1)} \\ a_{1,0} & a_{1,1} & \cdots & a_{1,(N-1)} \\ \vdots & \vdots & \vdots & \vdots \\ a_{(P-1),0} & a_{(P-1),1} & \cdots & a_{(P-1),(N-1)} \end{bmatrix}$$

它可以表示互补集，也可以表示传统序列集。当 $\boldsymbol{A}$ 表示传统序列集时，$|\boldsymbol{A}|$ 表示传统序列集中序列个数。当 $\boldsymbol{A}$ 表示互补集时，序列 $\boldsymbol{a}_i (i = 0,1,2,\cdots,P-1)$ 表示互补集 $\boldsymbol{A}$ 的子序列。$\boldsymbol{A}(p,:)$ 表示矩阵 $\boldsymbol{A}$ 的第 p 行，即互补集 $\boldsymbol{A}$ 的第 p 个子序列。$\boldsymbol{A}(:,n)$ 表示矩阵 $\boldsymbol{A}$ 的第 n 列。

$T\boldsymbol{a}$ 表示序列 $\boldsymbol{a}$ 中分量向右循环移动一位后形成的序列，此处的 T 称为序列向右移位算子；$L\boldsymbol{a}$ 表示序列 $\boldsymbol{a}$ 中分量向左循环移动一位后形成的序列，此处的 L 称为序列向左移位算子。$\hat{T}\boldsymbol{a}$ 表示序列 $\boldsymbol{a}$ 中分量向右负循环移位算子，即 $\boldsymbol{a}$ 中分量向右循环移动一位，而且 $\boldsymbol{a}$ 中的最右边分量的负元素成为新序列最左边的分量，即 $\hat{T}\boldsymbol{a} = (-a_{N-1}, a_0, a_1, \cdots, a_{N-2})$。

$\underline{\boldsymbol{a}}$ 表示序列 $\boldsymbol{a}$ 的倒序序列，$-\boldsymbol{a}$ 表示序列 $\boldsymbol{a}$ 的负序列。$\boldsymbol{ab}$ 表示序列对 $(\boldsymbol{a},\boldsymbol{b})$ 级联，$I(\boldsymbol{a},\boldsymbol{b})$ 表示序列对 $(\boldsymbol{a},\boldsymbol{b})$ 按位交织，$\boldsymbol{a} \otimes \boldsymbol{b}$ 表示序列对 $(\boldsymbol{a},\boldsymbol{b})$ 的 Kronecker 积。

$C_{\boldsymbol{a},\boldsymbol{b}}(\tau)$ 表示序列 $\boldsymbol{a}$ 和 $\boldsymbol{b}$ 的非周期相关函数。当 $\boldsymbol{a} \neq \boldsymbol{b}$ 时，$C_{\boldsymbol{a},\boldsymbol{b}}(\tau)$ 表示序列 $\boldsymbol{a}$ 和 $\boldsymbol{b}$ 的非周期互相关函数（Aperiodic Cross-Correlation Function，ACCF）。当 $\boldsymbol{a} = \boldsymbol{b}$ 时，$C_{\boldsymbol{a},\boldsymbol{b}}(\tau)$ 表示序列 $\boldsymbol{a}$ 和 $\boldsymbol{b}$ 的非周期自相关函数，简写为 $C_{\boldsymbol{a}}(\tau)$。

$R_{\boldsymbol{a},\boldsymbol{b}}(\tau)$ 表示序列 $\boldsymbol{a}$ 和 $\boldsymbol{b}$ 的周期相关函数。当 $\boldsymbol{a} \neq \boldsymbol{b}$ 时，$R_{\boldsymbol{a},\boldsymbol{b}}(\tau)$ 表示序列 $\boldsymbol{a}$ 和 $\boldsymbol{b}$ 的周期互相关函数。当 $\boldsymbol{a} = \boldsymbol{b}$ 时，$R_{\boldsymbol{a},\boldsymbol{b}}(\tau)$ 表示序列 $\boldsymbol{a}$ 和 $\boldsymbol{b}$ 的周期自相关函数，简写为 $R_{\boldsymbol{a}}(\tau)$。

$\widehat{R}_{\boldsymbol{a},\boldsymbol{b}}(\tau)$ 表示序列 $\boldsymbol{a}$ 和 $\boldsymbol{b}$ 的周期奇相关函数。当 $\boldsymbol{a} \neq \boldsymbol{b}$ 时，$\tilde{R}_{\boldsymbol{a},\boldsymbol{b}}(\tau)$ 表示序列 $\boldsymbol{a}$ 和

$\boldsymbol{b}$ 的周期奇互相关函数。当 $\boldsymbol{a}=\boldsymbol{b}$ 时，$\tilde{R}_{\boldsymbol{a},\boldsymbol{b}}(\tau)$ 表示序列 $\boldsymbol{a}$ 和 $\boldsymbol{b}$ 的周期奇自相关函数，简写为 $\tilde{R}_{\boldsymbol{a}}(\tau)$。

$\boldsymbol{A}^{\mathrm{T}}$ 表示矩阵 $\boldsymbol{A}$ 的转置。$\boldsymbol{w}^{\mathrm{T}}$ 表示向量 $\boldsymbol{w}$ 的转置。

$\xi_N=\mathrm{e}^{\frac{2\pi\mathrm{i}}{N}}=\exp\left(\frac{2\pi\mathrm{i}}{N}\right)$，其中 i 是虚数单位。$\xi_N$ 是 N 次单位根中的一个本原单位根。$\boldsymbol{E}_H$ 是 H 次单位根组成集合。即 $\boldsymbol{E}_H=\left\{1,\xi_H,\cdots,\xi_H^{H-1}\right\}$。$\boldsymbol{E}_H^N$ 表示所有长度为 N 且 $\boldsymbol{E}_H$ 上的传统序列集，它的子集表示某个传统序列集，用 $\boldsymbol{A}$ 表示。$\boldsymbol{E}_H^{P\times N}$ 表示 $\boldsymbol{E}_H$ 上所有 $P\times N$ 矩阵的集合，它的子集表示某个准互补序列集，用大写空心字母 $\mathbb{C}$ 表示，每个 $P\times N$ 广义互补矩阵与准互补序列对应。若 $\mathbb{C}=\{\boldsymbol{A}^0,\boldsymbol{A}^1,\cdots\boldsymbol{A}^m,\cdots\boldsymbol{A}^{M-1}\}$ 为一个长度为 N 的准互补序列集，每个元素是一个准互补序列（或称为准互补集）。$|\mathbb{C}|$ 表示准互补序列的个数，即 $|\mathbb{C}|=M$。

$\lambda_D(\tau)$ 表示一个长度为 N 序列支撑集 $D\subseteq Z_N$ 的差函数。

GF(p)表示有限域，其中 p 是素数或素数幂。

第2章 预备知识

为了方便读者理解本书内容，本章介绍一些预备知识，主要包括序列的相关函数及其性质、零相关区互补序列的概念、准互补序列集、差族和几乎差族（Almost Difference Family，ADF）。

2.1 序列的相关函数及其性质

CDMA 通信系统的干扰通常由多址干扰、本地噪声、邻小区干扰和码间干扰 4 个部分组成。扩频序列集的相关特性越好，扩频通信系统的干扰就越小。除了本地噪声之外，具有优良相关特性的扩频序列可以降低甚至消除其他 3 种干扰，实现最大容量的 CDMA 通信系统。扩频序列的长度、序列数目、序列的自相关函数和序列之间的互相关函数等基本参数直接影响 CDMA 扩频通信系统各方面的性能，扩频序列的相关特性是描述扩频序列与其自身时延序列之间以及扩频序列间相对位置重叠的相关性测度，也是衡量系统多址干扰的重要指标[70]。一般而言，CDMA 扩频通信系统中的多址干扰、邻小区干扰和码间干扰的大小取决于该系统使用的扩频序列的相关特性。另外，扩频序列的数目决定了系统能够支持的用户数上限。扩频序列的相关特性与数目之间是紧密相关的。反映扩频序列相关特性的主要有周期相关函数和非周期相关函数。对于等概率分布的二进制信源，CDMA 扩频通信系统的多址干扰既依赖于所使用的扩频序列的周期相关特性（又称为周期偶相关特性），同时也取决于其周期奇相关特性[13]。由于周期偶相关特性和周期奇相关特性可以分别表示为非周期相关函数的偶函数和奇函数，因此非周期相关特性是更基本的序列特性，并极大地影响着系统的性能[13]。本节首先给出同余及其性质和常见的序列变换，其次给出非周期相关函数及其性质，最后给出周期相关函数及其性质。

2.1.1 同余及其性质

同余及其性质在序列的相关函数定义中起到重要作用，本节将给出同余的定义及其性质[141-142]。

定义 2-1（同余） 给定一个正整数m，称m为模数，如果两个整数a和b除以模数m所得的余数相同，则称a和b对模数m同余，记作$a \equiv b \pmod{m}$；如果余数不相同，则称a和b对模数m不同余。

模 2 加法与模数为 2 同余之间的关系：设a和b都是字符集$\{0,1\}$上的元素，则有恒等式

$$a \oplus b \equiv (a+b) \pmod{2} \tag{2-1}$$

成立。

由同余的定义出发，可以得到以下性质。

性质 1 设m是一个正整数，a, b, c是整数。同余是一种等价关系，它满足以下特性。

① 反身性，即$a \equiv a \pmod{m}$。

② 对称性，即若$a \equiv b \pmod{m}$，则$b \equiv a \pmod{m}$。

③ 传递性，即若$a \equiv b \pmod{m}$，$b \equiv c \pmod{m}$，则$a \equiv c \pmod{m}$。

性质 2 给定一个正整数m，若$a_1 \equiv b_1 \pmod{m}$，$a_2 \equiv b_2 \pmod{m}$，则

$$a_1 + a_2 \equiv b_1 + b_2 \pmod{m} \tag{2-2}$$

把同余的性质 2（即式（2-2））进行推广，可得推论 2-1。

推论 2-1 给定一个正整数m，若$a_n \equiv b_n \pmod{m}, n \in \{1, 2, \cdots, N\}$，则

$$\sum_{n=1}^{N} a_n \equiv \sum_{n=1}^{N} b_n \pmod{m} \tag{2-3}$$

性质 3 整数a和b对模数m同余的充分必要条件是

$$m \mid a-b$$

性质 4 给定一个正整数m，若$a_1 \equiv b_1 \pmod{m}$，$a_2 \equiv b_2 \pmod{m}$，则

$$a_1 a_2 \equiv b_1 b_2 \pmod{m}$$

特别地，若$a \equiv b \pmod{m}$，则

$$ak \equiv bk \pmod{m}$$

其中，$k \in \mathrm{Z}$, Z 表示整数集。

$$a^n \equiv b^n \pmod m$$

其中，$n \in \mathrm{Z}^+$，Z^+ 表示正整数集。

性质 5 若 $a \equiv b \pmod m$，且 $a = a_1 d$，$b = b_1 d$，d 与 m 互素，即 $(d,m)=1$，则

$$a_1 \equiv b_1 \pmod m$$

性质 6 若 $a \equiv b \pmod m$，d 是 a,b 及 m 的任意一个公因子，则

$$\frac{a}{d} \equiv \frac{b}{d}\left(\bmod \frac{m}{d}\right)$$

性质 7 若 $a \equiv b \pmod{m_i}$，$i = 1,2,\cdots,k$，则

$$a_1 \equiv b_1 \pmod{[m_1, m_2, \cdots, m_k]}$$

其中，$[m_1, m_2, \cdots, m_k]$ 表示 $m_1, m_2, \cdots, m_k$ 的最小公倍数。

性质 8 若 $a \equiv b \pmod m$，$d \mid m$，$d > 0$，则

$$a \equiv b \pmod d$$

更多同余的性质及其论证可以参考文献[141-142]。

2.1.2 常见的序列变换

常见的序列变换在序列非周期相关函数的性质和本书很多论证中起到重要作用，本节将给出一些常见的序列变换。

设长度为 N 的两个序列 $\boldsymbol{a} = (a_0, a_1, \cdots, a_{N-1})$ 和 $\boldsymbol{b} = (b_0, b_1, \cdots, b_{N-1})$，$\underline{\boldsymbol{a}}$ 表示 $\boldsymbol{a}$ 倒序变换后所得序列，即

$$\underline{\boldsymbol{a}} = (a_{N-1}, a_{N-2}, \cdots, a_0) \tag{2-4}$$

$\boldsymbol{ab}$ 表示序列对 $(\boldsymbol{a},\boldsymbol{b})$ 级联后所得序列，即

$$\boldsymbol{ab} = (a_0, a_1, \cdots, a_{N-1}, b_0, b_1, \cdots, b_{N-1}) \tag{2-5}$$

$I(\boldsymbol{a},\boldsymbol{b})$ 表示序列对 $(\boldsymbol{a},\boldsymbol{b})$ 按位交织后所得序列，简称按位交织序列，即

$$I(\boldsymbol{a},\boldsymbol{b}) = (a_0, b_0, a_1, b_1, \cdots, a_{N-1}, b_{N-1}) \tag{2-6}$$

$\boldsymbol{a} \otimes \boldsymbol{b}$ 表示序列对 $(\boldsymbol{a},\boldsymbol{b})$ 的 Kronecker 积，即

$$\boldsymbol{a} \otimes \boldsymbol{b} = (a_0\boldsymbol{b}, a_1\boldsymbol{b}, \cdots, a_{N-1}\boldsymbol{b}) \tag{2-7}$$

其中，$\otimes$ 表示 Kronecker 积。

设一个长度为 N 的序列 $\boldsymbol{a} = (a_0, a_1, \cdots, a_{N-1})$，取负变换后得到序列

$\boldsymbol{b}=(b_0,b_1,\cdots,b_{N-1})$，即

$$b_n=-a_n,\ \ n=0,1,\cdots,N-1 \tag{2-8}$$

称 $\boldsymbol{b}=(b_0,b_1,\cdots,b_{N-1})$ 为 $\boldsymbol{a}=(a_0,a_1,\cdots,a_{N-1})$ 的负序列，即 $\boldsymbol{b}=-\boldsymbol{a}$。

设一个长度为 N 的二进制序列对 $(\boldsymbol{a},\boldsymbol{b})$ 交替取负后得到序列对 $(\boldsymbol{c},\boldsymbol{d})$，如

$$c_n=(-1)^n a_n, d_n=(-1)^n b_n,\ \ n=0,1,\cdots,N-1 \tag{2-9}$$

定义 2-2（序列向左循环移位算子） 设长度为 N 的一个序列 $\boldsymbol{a}=(a_0,\ a_1,\cdots,a_{N-1})$，将 $\boldsymbol{a}$ 中每一个分量向左循环移动一位，即

$$L\boldsymbol{a}=(a_1,\cdots,a_{N-2},a_{N-1},a_0) \tag{2-10}$$

称 L 为序列向左循环移位算子。为了防止混淆，$L\boldsymbol{a}$ 可写成 $L(\boldsymbol{a})$。

一般地，对于一个非负整数 $n\,(0\leqslant n\leqslant N)$，有

$$L^n\boldsymbol{a}=(a_n,a_{n+1},\ \cdots,a_{N-1},a_0,a_1,\cdots,a_{n-1}) \tag{2-11}$$

显然，有 $L^N\boldsymbol{a}=\boldsymbol{a}$。

定义 2-3（序列向右循环移位算子） 设长度为 N 的一个序列 $\boldsymbol{a}=(a_0,\ a_1,\cdots,a_{N-1})$，将 $\boldsymbol{a}$ 中每一个分量向右循环移动一位，即

$$T\boldsymbol{a}=(a_{N-1},a_0,a_1,\cdots,a_{N-2}) \tag{2-12}$$

称 T 为序列向右循环移位算子。为了防止混淆，$T\boldsymbol{a}$ 可写成 $T(\boldsymbol{a})$。

一般地，对于一个非负整数 $n\,(0\leqslant n\leqslant N)$，有

$$T^n\boldsymbol{a}=(a_{N-n},a_{N-n+1},,\cdots,a_{N-1},a_0,a_1,\cdots,a_{N-n-1}) \tag{2-13}$$

显然，有 $T^N\boldsymbol{a}=\boldsymbol{a}$。

2.1.3 非周期相关函数及其性质

从数学角度，一个长度为 N 的序列就是一个 N 维向量，因此，可以借助向量的术语来描述序列。一般来说，序列分量可以在不同字符集中取值，但是，研究序列集时，此序列集中的序列分量仅能取值于同一个字符集。本书根据实际需要来选择序列分量所属的字符集。

虽然同一个序列的序列分量可以属于不同的字符集（如字符集{0,1}上二进制序列（0,0,0,1）与字符集{–1,1}上二进制序列（1,1,1,–1）都是同一个二进制序列），但本节在定义非周期相关函数和周期相关函数时，序列分量都属于复值的字符集。

定义 2-4（非周期相关函数）　设长度为 N 的两个复值序列 $\boldsymbol{a}=(a_0,a_1,\cdots,a_{N-1})$ 和 $\boldsymbol{b}=(b_0,b_1,\cdots,b_{N-1})$，它们的非周期相关函数定义为

$$C_{\boldsymbol{a},\boldsymbol{b}}(\tau)=\begin{cases}\sum_{n=0}^{N-\tau-1}a_nb_{n+\tau}^*, & 0\leqslant\tau\leqslant N-1\\ \sum_{n=0}^{N+\tau-1}a_{n-\tau}b_n^*, & 1-N\leqslant\tau\leqslant-1\\ 0, & |\tau|\geqslant N\end{cases}\tag{2-14}$$

其中，下标中的加法是模 N 的加法，b^*表示复数 b 的共轭复数。当 $\boldsymbol{a}\neq\boldsymbol{b}$ 时，$C_{\boldsymbol{a},\boldsymbol{b}}(\tau)$ 称为序列 $\boldsymbol{a}$ 和 $\boldsymbol{b}$ 的非周期互相关函数；当 $\boldsymbol{a}=\boldsymbol{b}$ 时，$C_{\boldsymbol{a},\boldsymbol{b}}(\tau)$ 称为序列 $\boldsymbol{a}$ 的非周期自相关函数，简写为 $C_{\boldsymbol{a}}(\tau)$。

由于非周期相关函数 $C_{\boldsymbol{a},\boldsymbol{b}}(\tau)$ 的对称性，为了方便，序列 $\boldsymbol{a}$ 和 $\boldsymbol{b}$ 的非周期相关函数也可以定义为

$$C_{\boldsymbol{a},\boldsymbol{b}}(\tau)=\sum_{n=0}^{N-\tau-1}a_nb_{n+\tau}^*,\quad 0\leqslant\tau\leqslant N-1\tag{2-15}$$

非周期相关函数具有下列典型的性质[70]。

性质 1　设 T 为序列向右移位算子，序列 $\boldsymbol{a}=(a_0,a_1,\cdots,a_{N-1})$ 和 $\boldsymbol{b}=(b_0,\ b_1,\cdots,b_{N-1})$，则 $C_{\boldsymbol{a},T\boldsymbol{b}}(\tau)$ 与 $C_{\boldsymbol{a},\boldsymbol{b}}(\tau)$ 的关系为

$$C_{\boldsymbol{a},T\boldsymbol{b}}(\tau)=\begin{cases}C_{\boldsymbol{a},\boldsymbol{b}}(\tau+1)+a_{N-1-\tau}b_0^*, & 0\leqslant\tau\leqslant N-1\\ C_{\boldsymbol{a},\boldsymbol{b}}(\tau+1)-a_{-1-\tau}b_0^*, & 1-N\leqslant\tau<0\end{cases}$$

特别地，$C_{T\boldsymbol{a}}(\tau)$ 与 $C_{\boldsymbol{a}}(\tau)$ 的关系为

$$C_{T\boldsymbol{a}}(\tau)=\begin{cases}C_{\boldsymbol{a}}(\tau)-a_0a_\tau^*+a_{N-\tau}a_0^*, & 0\leqslant\tau\leqslant N-1\\ C_{\boldsymbol{a}}(\tau)-a_{-\tau}a_0^*+a_0a_{N+\tau}^*, & 1-N\leqslant\tau<0\end{cases}$$

性质 2　$C_{\boldsymbol{a},\boldsymbol{b}}(-\tau)$ 与 $C_{\boldsymbol{b},\boldsymbol{a}}(\tau)$ 的关系为

$$C_{\boldsymbol{a},\boldsymbol{b}}(-\tau)=[C_{\boldsymbol{b},\boldsymbol{a}}(\tau)]^*,0\leqslant\tau\leqslant N-1$$

特别地，$C_{\boldsymbol{a}}(-\tau)$ 与 $C_{\boldsymbol{a}}(\tau)$ 的关系为

$$C_{\boldsymbol{a}}(-\tau)=[C_{\boldsymbol{a}}(\tau)]^*,0\leqslant\tau\leqslant N-1$$

性质 3　设 $C_{\boldsymbol{u},\boldsymbol{v}}(\tau)$ 为序列 $\boldsymbol{u}$=（$u_0,u_1,\cdots,u_{N-1}$）和 $\boldsymbol{v}$=（$v_0,v_1,\cdots,v_{N-1}$）的非周

期相关函数，其中$u_n = a_{N-1-n}, v_n = b_{N-1-n}$，则

$$C_{\boldsymbol{u},\boldsymbol{v}}(\tau) = [C_{\boldsymbol{b},\boldsymbol{a}}(\tau)]^* = C_{\boldsymbol{a},\boldsymbol{b}}(-\tau), 0 \leqslant \tau \leqslant N-1$$

特别地，

$$C_u(\tau) = [C_{\boldsymbol{a}}(\tau)]^* = C_a(-\tau), 0 \leqslant \tau \leqslant N-1$$

性质 4　设$u_n = (-1)^n a_n, v_n = (-1)^n b_n$，则$C_{\boldsymbol{u},\boldsymbol{v}}(\tau)$与$C_{\boldsymbol{a},\boldsymbol{b}}(\tau)$的关系为

$$C_{\boldsymbol{u},\boldsymbol{v}}(\tau) = (-1)^{|\tau|} C_{\boldsymbol{a},\boldsymbol{b}}(\tau), 0 \leqslant \tau \leqslant N-1$$

特别地，$C_{\boldsymbol{u}}(\tau)$与$C_{\boldsymbol{a}}(\tau)$的关系为

$$C_{\boldsymbol{u}}(\tau) = (-1)^{|\tau|} C_{\boldsymbol{a}}(\tau), 0 \leqslant \tau \leqslant N-1$$

2.1.4　周期相关函数及其性质

定义 2-5（内积）　设长度为N的两个复值序列$\boldsymbol{a} = (a_0, a_1, \cdots, a_{N-1})$和$\boldsymbol{b} = (b_0, b_1, \cdots, b_{N-1})$，它们的内积$\langle \boldsymbol{a}, \boldsymbol{b} \rangle$定义为

$$\langle \boldsymbol{a}, \boldsymbol{b} \rangle = \sum_{n=0}^{N-1} a_n b_n^* \tag{2-16}$$

为了方便叙述，可表示为$r_{\boldsymbol{a},\boldsymbol{b}} = \langle \boldsymbol{a}, \boldsymbol{b} \rangle$。

定义 2-6（周期相关函数）　设长度为N的两个复值序列$\boldsymbol{a} = (a_0, a_1, \cdots, a_{N-1})$和$\boldsymbol{b} = (b_0, b_1, \cdots, b_{N-1})$，它们的周期相关函数$R_{\boldsymbol{a},\boldsymbol{b}}(\tau)$定义为

$$R_{\boldsymbol{a},\boldsymbol{b}}(\tau) = \sum_{n=0}^{N-1} a_n b_{n+\tau}^*, 0 \leqslant \tau \leqslant N-1 \tag{2-17}$$

其中，下标中的加法是模N的加法。当$\boldsymbol{a} \neq \boldsymbol{b}$时，$R_{\boldsymbol{a},\boldsymbol{b}}(\tau)$称为周期互相关函数；当$\boldsymbol{a}=\boldsymbol{b}$时，$R_{\boldsymbol{a},\boldsymbol{b}}(\tau)$称为周期自相关函数，简写为$R_{\boldsymbol{a}}(\tau)$。周期相关函数又称周期偶相关函数。$r_{\boldsymbol{a},\boldsymbol{b}}$与$R_{\boldsymbol{a},\boldsymbol{b}}(\tau)$关系为$R_{\boldsymbol{a},\boldsymbol{b}}(0) = r_{\boldsymbol{a},\boldsymbol{b}}$。

周期相关函数具有下列典型的性质[70]。

性质 1　$R_{\boldsymbol{a},\boldsymbol{b}}(-\tau)$与$R_{\boldsymbol{b},\boldsymbol{a}}(\tau)$的关系为

$$R_{\boldsymbol{a},\boldsymbol{b}}(-\tau) = [R_{\boldsymbol{b},\boldsymbol{a}}(\tau)]^*, 0 \leqslant \tau \leqslant N-1$$

特别地，$R_{\boldsymbol{a}}(-\tau)$与$R_{\boldsymbol{a}}(\tau)$的关系为

$$R_a(-\tau)=[R_a(\tau)]^*, 0\leqslant\tau\leqslant N-1$$

性质 2 设长度为 N 的两个复数值序列 $\boldsymbol{c}=(c_0,c_1,\cdots,c_{N-1})$ 和 $\boldsymbol{d}=(d_0,d_1,\cdots,d_{N-1})$，则

$$\sum_{\tau=0}^{N-1}R_{\boldsymbol{a},\boldsymbol{c}}(\tau)[R_{\boldsymbol{b},\boldsymbol{d}}(\tau+m)]^*=\sum_{\tau=0}^{N-1}R_{\boldsymbol{a},\boldsymbol{b}}(\tau)[R_{\boldsymbol{c},\boldsymbol{d}}(\tau+m)]^*$$

其中，$0\leqslant\tau\leqslant N-1$，$m\in\{0,1,\cdots,N-1\}$。

性质 3 设序列 $\boldsymbol{a}$ 是实值序列，则

$$R_a(0)\geqslant R_a(\tau), 0\leqslant\tau\leqslant N-1$$

此外，非周期相关函数 $C_{\boldsymbol{a},\boldsymbol{b}}(\tau)$ 和周期相关函数 $R_{\boldsymbol{a},\boldsymbol{b}}(\tau)$ 之间的关系为

$$R_{\boldsymbol{a},\boldsymbol{b}}(\tau)=C_{\boldsymbol{a},\boldsymbol{b}}(\tau)+C_{\boldsymbol{a},\boldsymbol{b}}(\tau-N), 0\leqslant\tau\leqslant N-1$$

序列的周期奇相关函数被定义为

$$\widehat{R}_{\boldsymbol{a},\boldsymbol{b}}(\tau)=C_{\boldsymbol{a},\boldsymbol{b}}(\tau)-C_{\boldsymbol{a},\boldsymbol{b}}(\tau-N)$$

与周期偶相关函数和周期奇相关函数相比，非周期相关函数更真实地影响系统的性能[2]，具体地说，非周期自相关函数中旁瓣（非零时延处的抽样）的数目和幅度决定了解扩信号中多径干扰的分量的数目和强度，非周期互相关函数中各个瓣（所有时延处的抽样）的数目和幅度决定了解扩信号中多址干扰的数目和强度。本书除第 7 章外，其他章节涉及的扩频序列相关函数是非周期相关函数。

2.2 零相关区互补序列的概念

在互补序列研究过程中，对于非周期互补序列，Golay[84]、Turyn[85]和 Tseng[86]提供了不同形式的定义。2007 年，Fan 等[93]在非周期互补序列定义基础上，定义了具有 ZCZ 的非周期互补集，简称非周期 Z-互补集。

2.2.1 互补对

1961 年，Golay[84]给出了二进制互补对的概念，后来，这一概念被推广到四相、多相和多电平互补对。如果一个序列对的异相非周期自相关函数之和为零，那么称这个序列对为一个互补对，它的精确定义如下。

对于一个长度为 N 的序列 $\boldsymbol{a}=(a_0,a_1,\cdots,a_{N-1})$，当 $|a_i|=1(i\in\{0,1,2,\cdots,N-1\})$（序列 $\boldsymbol{a}$ 的分量的模为 1）时，称 $\boldsymbol{a}$ 为单位复值序列。

定义 2-7（Golay 互补对） 设长度为 N 的两个单位复值序列 $\boldsymbol{a}=(a_0,a_1,\cdots,$

$a_{N-1})$ 和 $\boldsymbol{b}=(b_0,b_1,\cdots,b_{N-1})$，若它们的非周期自相关函数之和为

$$C_{\boldsymbol{a}}(\tau)+C_{\boldsymbol{b}}(\tau)=\begin{cases}2N, & \tau=0\\ 0, & 0<\tau<N\end{cases} \tag{2-18}$$

则称这个序列对 $(\boldsymbol{a},\boldsymbol{b})$ 为非周期互补对，也称为 Golay 互补对。为了叙述方便，相关函数之和可简称相关和。一个 Golay 互补对中有两个序列，这两个序列称为这个 Golay 互补对的子序列，也称 Golay 序列，将每个子序列写成矩阵的一行，所得到的矩阵称为 Golay 互补对矩阵，简称互补矩阵，即

$$\begin{bmatrix}\boldsymbol{a}\\ \boldsymbol{b}\end{bmatrix}=\begin{bmatrix}a_0 & a_1 & \cdots & a_{N-1}\\ b_0 & b_1 & \cdots & b_{N-1}\end{bmatrix} \tag{2-19}$$

类似定义 2-7，可以定义周期互补对和奇周期互补对。

例 2-1 设长度为 8 的两个序列 $\boldsymbol{a}=(1,1,1,-1,1,1,-1,1)$ 和 $\boldsymbol{b}=(1,-1,1,1,1,-1,-1,-1)$，试判断 $(\boldsymbol{a},\boldsymbol{b})$ 是一个二进制 Golay 互补对。

解 根据式（2-15），分别计算出 $\boldsymbol{a}$ 和 $\boldsymbol{b}$ 的非周期自相关函数 $C_{\boldsymbol{a}}(\tau)$ 和 $C_{\boldsymbol{b}}(\tau)$，再计算这两个非周期自相关函数之和，计算结果如表 2-1 所示。

表 2-1 二进制 Golay 互补对计算结果

τ	$C_{\boldsymbol{a}}(\tau)$	$C_{\boldsymbol{b}}(\tau)$	$C_{\boldsymbol{a}}(\tau)+C_{\boldsymbol{b}}(\tau)$
0	8	8	16
1	–1	1	0
2	0	0	0
3	3	–3	0
4	0	0	0
5	1	–1	0
6	0	0	0
7	1	–1	0

根据定义 2-7 和表 2-1 可得，$(\boldsymbol{a},\boldsymbol{b})$ 是一个二进制 Golay 互补对。

需要注意，二进制 Golay 互补对（如例 2-1 中的 $(\boldsymbol{a},\boldsymbol{b})$）应该用于“双信道”系统中，每个子序列在不同的非干扰信道中单独传输。因此，为了方便，有时将二进制 Golay 互补对写成具有两行序列的矩阵。例 2-1 中 $(\boldsymbol{a},\boldsymbol{b})$ 可以改写为下面的矩阵形式。

$$\begin{bmatrix}\boldsymbol{a}\\ \boldsymbol{b}\end{bmatrix}=\begin{bmatrix}1 & 1 & 1 & -1 & 1 & 1 & -1 & 1\\ 1 & -1 & 1 & 1 & 1 & -1 & -1 & -1\end{bmatrix} \tag{2-20}$$

用 $-$ 代表 -1，用 $+$ 代表 1，则式（2-20）可以改写为下面的另一种矩阵形式。

$$\begin{bmatrix} \boldsymbol{a} \\ \boldsymbol{b} \end{bmatrix} = \begin{bmatrix} + & + & + & - & + & + & - & + \\ + & - & + & + & + & - & - & - \end{bmatrix}$$

在文献[84]中，Golay 讨论了二进制 Golay 互补对的数学性质。对于一个长度为 N 的二进制 Golay 互补对，Golay 指出通过以下变换可获得另一个相同长度的二进制 Golay 互补对。

① 倒序变换，即至少一个子序列中分量的顺序颠倒。

② 交换变换，即交换互补对中两个子序列的顺序。

③ 求反变换，即至少一个子序列中分量取反。

④ 交替求反变换，即两个子序列中分量交替求反。

本书把上述 4 个变换称为 Golay 互补对变换。

在文献[84]中，Golay 利用级联和交织操作提出了二进制 Golay 互补对递归构造，即对一个长度为 N 的二进制 Golay 互补对 $(\boldsymbol{a},\boldsymbol{b})$，下面两个集合中的任意一个元素都是一个长度为 $2N$ 的二进制 Golay 互补对。

$$C_1 = \left\{ \begin{bmatrix} \boldsymbol{ab} \\ (-\boldsymbol{a})\boldsymbol{b} \end{bmatrix}, \begin{bmatrix} \boldsymbol{ab} \\ \underline{\boldsymbol{b}}(-\underline{\boldsymbol{a}}) \end{bmatrix}, \begin{bmatrix} \boldsymbol{a}\underline{\boldsymbol{b}}) \\ \boldsymbol{b}(-\underline{\boldsymbol{a}}) \end{bmatrix} \right\} \tag{2-21}$$

$$I_1 = \left\{ \begin{bmatrix} I(\boldsymbol{a},\boldsymbol{b}) \\ I(-\boldsymbol{a},\boldsymbol{b}) \end{bmatrix}, \begin{bmatrix} I(\boldsymbol{a},\boldsymbol{b}) \\ I(\underline{\boldsymbol{b}},-\underline{\boldsymbol{a}}) \end{bmatrix}, \begin{bmatrix} I(\boldsymbol{a},\underline{\boldsymbol{b}}) \\ I(\boldsymbol{b},-\underline{\boldsymbol{a}}) \end{bmatrix} \right\} \tag{2-22}$$

其中，$\boldsymbol{ab}$ 表示 $\boldsymbol{a}$ 与 $\boldsymbol{b}$ 的级联，$-\boldsymbol{a}$ 表示 $\boldsymbol{a}$ 的求反变换，$\underline{\boldsymbol{a}}$ 表示 $\boldsymbol{a}$ 的倒序变换，$I(\boldsymbol{a},\boldsymbol{b})$ 表示 $\boldsymbol{a}$ 与 $\boldsymbol{b}$ 的按位交织序列。

对于一个长度为 N 的二进制 Golay 互补对 $(\boldsymbol{a},\boldsymbol{b})$，如果它既不能由另一个长度为 N 的二进制 Golay 互补对通过 Golay 互补对变换得到，也不能由长度更短的二进制 Golay 互补对通过式（2-21）或式（2-22）所示的 Golay 递归构造得到，则称这个 Golay 互补对 $(\boldsymbol{a},\boldsymbol{b})$ 为一个本原 Golay 互补对，或一个核（Kernel）。本原 Golay 互补对具有理论价值和实用价值，因为它们可以用来生成许多不同长度的 Golay 互补对。二进制本原 Golay 互补对的长度只有 2、10、20 和 26[143]，即

$$\begin{bmatrix} + & + \\ + & - \end{bmatrix}_{2\times 2} \tag{2-23a}$$

$$\begin{bmatrix} - & + & + & - & + & - & + & + & + & - \\ - & + & + & + & + & + & + & - & - & + \end{bmatrix}_{2\times 10} \tag{2-23b}$$

$$\begin{bmatrix} + & - & + & - & + & + & + & + & - & - \\ + & + & + & + & - & + & + & - & - & + \end{bmatrix}_{2\times 10} \tag{2-23c}$$

$$\begin{bmatrix} + & + & + & + & - & + & + & + & + & + & - & - & - & + & - & + & - & + & + & - \\ + & + & + & + & - & + & - & - & - & + & + & - & - & + & + & - & + & - & - & + \end{bmatrix}_{2\times 20} \tag{2-23d}$$

$$\begin{bmatrix} + & - & + & + & - & - & + & - & - & - & - & + & - & + & - & - & - & - & + & + & - & - & - & + & - & + \\ - & + & - & - & + & + & - & + & + & + & + & - & - & - & - & - & - & - & + & + & - & - & - & + & - & + \end{bmatrix}_{2\times 26} \tag{2-23e}$$

式（2-23a）～式（2-23e）统称为式（2-23）。需要注意，长度为 10 二进制互补对，有两个二进制本原 Golay 互补对。

1974 年，Turyn[144]提出了另一种二进制 Golay 互补对递归构造，即对两个长度分别为 N_1 和 N_2 的二进制 Golay 互补对 $(\boldsymbol{a},\boldsymbol{b})$ 和 $(\boldsymbol{c},\boldsymbol{d})$，通过式（2-24）可以构造出一个长度为 $N_1\ N_2$ 的二进制 Golay 互补对 $(\boldsymbol{e},\boldsymbol{r})$。

$$\boldsymbol{e}=\boldsymbol{c}\otimes\left(\frac{\boldsymbol{a}+\boldsymbol{b}}{2}\right)+\underline{\boldsymbol{d}}\left(\frac{\boldsymbol{a}-\boldsymbol{b}}{2}\right),\boldsymbol{r}=\boldsymbol{d}\otimes\left(\frac{\boldsymbol{a}+\boldsymbol{b}}{2}\right)-\underline{\boldsymbol{c}}\left(\frac{\boldsymbol{a}-\boldsymbol{b}}{2}\right) \tag{2-24}$$

其中，$\otimes$ 表示 Kronecker 积，$\underline{\boldsymbol{d}}$ 表示 $\boldsymbol{d}$ 的倒序变换。

利用式（2-24），由式（2-23）中的二进制本原 Golay 互补对可以递归构造出许多二进制 Golay 互补对，它们的长度形式为 $2^{\alpha}10^{\beta}26^{\gamma}$（$\alpha,\beta,\gamma$ 都是非负整数）。事实上，由于二进制本原 Golay 互补对的数目是有限的，所有现有的二进制 Golay 互补对的长度都具有上述形式。对于长度 $N\leqslant 100$，这个结论已经被计算机穷举搜索验证[143]，即当序列长度 $N\leqslant 100$ 时，只有长度为 2、4、8、10、16、20、26、32、40、52、64、80 和 100 的二进制 Golay 互补对存在。此外，二进制 Golay 互补对的长度 N 还有以下 3 条限制。

① N 必须是偶数，而且是两个整数的平方和[84]。

② $N\neq 2\times 3^n$，其中 n 是任意正整数[145]。

③ N 没有素数因子 n，且 $n\equiv 3\ (\mathrm{mod}\ 4)$[146]。

当 Golay 互补对的字符集中字符数大于 2 时，存在更多不同长度的 Golay 互补对，其序列长度不受限于 $2^{\alpha}10^{\beta}26^{\gamma}$ 的形式。1978 年，Sivaswamy[87]首次研究了多相 Golay 互补对。通过求解自相关旁瓣矩阵方程，Sivaswamy 找到长度为 2、3、10 和 26 的本原多相 Golay 互补对。例如，长度为 3 的本原多相 Golay 互补对为

$$\begin{bmatrix} \mathrm{e}^{\mathrm{i}\varphi} & \exp(\mathrm{i}(\varphi+\omega)) & \exp(\mathrm{i}(\varphi+2\omega+l\pi)) \\ \mathrm{e}^{\mathrm{i}\theta} & \exp\left(\mathrm{i}\left(\theta+\varphi+\dfrac{(l-m+n)\pi}{2}\right)\right) & \exp(\mathrm{i}(\theta+2\omega+(l+m)\pi)) \end{bmatrix}_{2\times 3} \tag{2-25}$$

其中，i 是虚数单位，l、m、n 是奇数，φ、ω、θ 是实数。

1980 年，Frank[147]报道了长度为 3、5 和 13 的四相本原 Golay 互补对。目前，已知的长度为 3、5、11 和 13 的四相本原 Golay 互补对如下。

$$\begin{bmatrix} 1 & 1 & -1 \\ 1 & \mathrm{i} & 1 \end{bmatrix}_{2\times 3} \tag{2-26a}$$

$$\begin{bmatrix} 1 & 1 & 1 & -\mathrm{i} & \mathrm{i} \\ 1 & \mathrm{i} & -1 & 1 & -\mathrm{i} \end{bmatrix}_{2\times 5} \tag{2-26b}$$

$$\begin{bmatrix} 1 & 1 & 1 & \mathrm{i} & -1 & 1 & \mathrm{i} & -\mathrm{i} & \mathrm{i} & 1 & -1 \\ 1 & \mathrm{i} & -1 & -1 & -1 & \mathrm{i} & \mathrm{i} & 1 & -\mathrm{i} & \mathrm{i} & 1 \end{bmatrix}_{2\times 11} \tag{2-26c}$$

$$\begin{bmatrix} 1 & 1 & 1 & \mathrm{i} & -1 & 1 & 1 & -\mathrm{i} & 1 & -1 & 1 & -\mathrm{i} & \mathrm{i} \\ 1 & \mathrm{i} & -1 & -1 & -1 & \mathrm{i} & -1 & 1 & 1 & -\mathrm{i} & -1 & 1 & -\mathrm{i} \end{bmatrix}_{2\times 13} \tag{2-26d}$$

式（2-26a）～式（2-26d）统称为式（2-26）。

2011 年，利用序列长度为 5 和 13 的 Barker 序列，Gibson 等[148]构造了相同长度的四相 Golay 互补对，长度为奇数且小于或等于 13 的四相本原 Golay 互补对已经找到，但是，寻找长度为奇数且大于 13 的四相本原 Golay 互补对仍然是一个公开的难题。1988 年 Darnell 等[88]提出了多电平 Golay 互补对。1994 年，Gavish 等[149]提出了在字符集$\{0,-1,1\}$上的三进制 Golay 互补对，他们推导出三进制 Golay 互补对中零分量位置的限制，还推导出三进制 Golay 互补对中零分量个数的下界。

长期以来，较长序列长度的 Golay 互补对是通过递归扩展构造的。1999 年，Davis 等[150]取得了一个显著的突破，即非递归地构造了长度为 2^n 的 q-进制多相 Golay 互补对，其中，n 和 q 是正整数，序列分量在正交幅度调制（Quadrature Amplitude Modulation，QAM）字符集上取值。正交幅度调制 Golay 互补对的设计和研究引起了许多学者的关注[151-153]。

2.2.2 互补集

正如 2.2.1 节所指出的，每个 Golay 互补对应该在“双信道”系统中使用，因此可以写为两个行序列的互补矩阵。1972 年，Tseng[86]把 Golay 互补对推广到互补集，每个互补集都是由两个或多个行序列组成的二维矩阵，并且这个矩阵中所有行序列的异相非周期自相关函数之和为零。互补集也称为互补序列，本书中称它的每个行序列为它的子序列。与传统序列不同，每个互补序列都用于“多信道”系统，其中每个行序列在单独的非干扰信道中传输。与 Golay 互补对类似，这个二维矩阵也称为互补矩阵。

定义 2-8（非周期互补集） 设含有 P 个单位复值序列且每个序列长度为 N 的序列集 $\boldsymbol{A}=\{\boldsymbol{a}_0,\boldsymbol{a}_1,\cdots,\boldsymbol{a}_{P-1}\}$。若满足

$$\sum_{i=0}^{P-1} C_{\boldsymbol{a}_i}(\tau)=\begin{cases} NP, & \tau=0 \\ 0, & 0<\tau<N \end{cases} \tag{2-27}$$

则称 $\boldsymbol{A}$ 为一个非周期互补集。当 $P=2$ 时，式（2-27）的定义就简化为非周期互补对的定义，即式（2-18）。将每个子序列写成矩阵的一行，所得矩阵称为互补序列矩阵，简称互补矩阵，即

$$\boldsymbol{A}=\begin{bmatrix}\boldsymbol{a}_0\\ \boldsymbol{a}_1\\ \vdots\\ \boldsymbol{a}_{P-1}\end{bmatrix}=\begin{bmatrix}a_{0,0} & a_{0,1} & \cdots & a_{0,(N-1)}\\ a_{1,0} & a_{1,1} & \cdots & a_{1,(N-1)}\\ \vdots & \vdots & & \vdots\\ a_{(P-1),0} & a_{(P-1),1} & \cdots & a_{(P-1),(N-1)}\end{bmatrix} \tag{2-28}$$

类似式（2-27），可以定义周期互补集和奇周期互补集。

单个互补矩阵的构造是一项简单的工作，任何一个正交矩阵都是一个互补矩阵。某些完备序列的循环移位序列可以形成互补矩阵[154]。Sarwate 证明了 GF(p) 上的一个非退化最小线性循环码的任何件都可以用来生成一个互补矩阵[155]。

定义 2-9（非周期互补集件） 设含有 P 个序列且每个序列长度为 N 的两个非周期互补集 $\boldsymbol{A}=\{\boldsymbol{a}_0,\boldsymbol{a}_1,\cdots,\boldsymbol{a}_{P-1}\}$ 和 $\boldsymbol{B}=\{\boldsymbol{b}_0,\boldsymbol{b}_1,\cdots,\boldsymbol{b}_{P-1}\}$，若所有时移的非周期互相关和为零，即

$$\sum_{i=0}^{P-1}C_{\boldsymbol{a}_i,\boldsymbol{b}_i}(\tau)=0,\ 0\leqslant\tau<N \tag{2-29}$$

则这两个互补集 $\boldsymbol{A}$ 和 $\boldsymbol{B}$ 相互称为件。当 $P=2$ 时，式（2-29）的定义就简化为非周期互补对件的定义，即

$$C_{\boldsymbol{a}_0,\boldsymbol{b}_0}(\tau)+C_{\boldsymbol{a}_1,\boldsymbol{b}_1}(\tau)=0,0\leqslant\tau<N \tag{2-30}$$

类似定义 2-9，可以定义周期互补集和奇周期互补集件。

设一个非周期互补集 $\boldsymbol{C}=[\boldsymbol{c}_0^{\mathrm{T}},\boldsymbol{c}_1^{\mathrm{T}},\cdots,\boldsymbol{c}_{P-1}^{\mathrm{T}}]^{\mathrm{T}}$，其中，$P$ 为正偶数，$\boldsymbol{c}^{\mathrm{T}}$ 为 $\boldsymbol{c}$ 的转置。式（2-31）表示它的一个件[86]。

$$\boldsymbol{D}=[\underline{\boldsymbol{c}}_1^{\mathrm{T}},-\underline{\boldsymbol{c}}_0^{\mathrm{T}},\underline{\boldsymbol{c}}_3^{\mathrm{T}},-\underline{\boldsymbol{c}}_2^{\mathrm{T}},\cdots,\underline{\boldsymbol{c}}_{P-1}^{\mathrm{T}},-\underline{\boldsymbol{c}}_{P-2}^{\mathrm{T}}]^{\mathrm{T}} \tag{2-31}$$

其中，$\underline{\boldsymbol{c}}$ 表示 $\boldsymbol{c}$ 的倒序变换。当 $P=2$ 时，一个非周期互补对 $\boldsymbol{C}=[\boldsymbol{c}_0^{\mathrm{T}},\boldsymbol{c}_1^{\mathrm{T}}]^{\mathrm{T}}$ 的一个件为

$$\boldsymbol{D}=[\underline{\boldsymbol{c}}_1^{\mathrm{T}},-\underline{\boldsymbol{c}}_0^{\mathrm{T}}]^{\mathrm{T}} \tag{2-32}$$

设 M 个互补序列组成一个集合，每个互补序列含有 P 个子序列，每个子序列长度为 N，称这个集合为含有参数 (M,P,N) 的互补序列集（Complementary Sequence Set）。为了实现多址通信，需要非周期互补序列集，而且要求这个互补序列集中任意两个不同的互补序列相互成为件，称这个互补序列集为一个非周期完备互补序列集（Perfect Complementary Sequence Set）。此外，在一个非周期完备互补序列集中，每一对互补序列都是“相互正交的”。在多用户通信系统中，M 对应于该通信系统可以支持的用户数。文献[70]指出 M 的上界是 P，即

$$M \leqslant P \tag{2-33}$$

特别地，当 $M = P$ 时，称这个非周期完备互补序列集为非周期完全互补序列集（Complete Complementary Sequence Set）。

例 2-2　设两个长度为 8 的二进制 Golay 互补对，即

$$\boldsymbol{C}^0 = \begin{bmatrix} \boldsymbol{a} \\ \boldsymbol{b} \end{bmatrix} = \begin{bmatrix} 1 & 1 & 1 & -1 & 1 & 1 & -1 & 1 \\ 1 & -1 & 1 & 1 & 1 & -1 & -1 & -1 \end{bmatrix}_{2\times 8}$$

$$\boldsymbol{C}^1 = \begin{bmatrix} \boldsymbol{c} \\ \boldsymbol{d} \end{bmatrix} = \begin{bmatrix} -1 & -1 & -1 & 1 & 1 & 1 & -1 & 1 \\ -1 & 1 & -1 & -1 & 1 & -1 & -1 & -1 \end{bmatrix}_{2\times 8}$$

试判断 $\boldsymbol{C}^0$ 和 $\boldsymbol{C}^1$ 是否相互称为伴。

解　根据式（2-15），分别计算出它们对应子序列的非周期互相关函数 $C_{\boldsymbol{a},\boldsymbol{c}}(\tau)$ 和 $C_{\boldsymbol{b},\boldsymbol{d}}(\tau)$，再计算这两个非周期互相关函数之和，其计算结果如表 2-2 所示。

表 2-2　二进制 Golay 互补对伴计算结果

τ	$C_{a,c}(\tau)$	$C_{b,d}(\tau)$	$C_{a,c}(\tau)+C_{b,d}(\tau)$
0	0	0	0
1	−3	3	0
2	0	0	0
3	5	−5	0
4	0	0	0
5	1	−1	0
6	0	0	0
7	1	−1	0

根据定义 2-9 和表 2-2 可得，$\boldsymbol{C}^0$ 和 $\boldsymbol{C}^1$ 相互称为伴。由于 $M = P = 2$，因此，根据完全互补序列集的定义，$\mathbb{C} = \{\boldsymbol{C}^0, \boldsymbol{C}^1\}$ 是一个完全互补序列集。需要注意，实际上 $P = 2$，根据式（2-32），由 $\boldsymbol{C}^0$ 构造出 $\boldsymbol{C}^1$。

1980 年，Frank[147]通过循环置换离散傅里叶变换矩阵得到一个具有参数 $M = P = N = 3$ 的完全互补序列集，即

$$\mathbb{C} = \{\boldsymbol{C}^0, \boldsymbol{C}^1, \boldsymbol{C}^2\}$$

$$\boldsymbol{C}^0 = \begin{bmatrix} 1 & 1 & 1 \\ 1 & \xi_3 & \xi_3^2 \\ 1 & \xi_3^2 & \xi_3 \end{bmatrix}$$

$$\boldsymbol{C}^1=\begin{bmatrix}1 & \xi_3 & \xi_3^2\\ 1 & \xi_3^2 & \xi_3\\ 1 & 1 & 1\end{bmatrix}$$

$$\boldsymbol{C}^2=\begin{bmatrix}1 & \xi_3^2 & \xi_3\\ 1 & 1 & 1\\ 1 & \xi_3 & \xi_3^2\end{bmatrix}$$

其中，$\xi_3=\exp\left(\dfrac{2\pi \mathrm{i}}{3}\right)$是一个三次本原根，i 是虚数单位。

完全互补序列集对于多址通信很重要，因为在使用一个具有参数(M,P,N)的完全互补序列集的多信道系统中，所支持的相互正交的最大用户个数就是M。1988 年，Suehiro 等[132]利用所谓的“N移位相互正交序列”提出了完全互补序列集的第一个构造，该完全互补序列集的参数满足$M=P,N=P^2$。1990 年，二进制周期互补序列被提出，而且它们具有几个有趣的性质和存在条件，特别地，每个二进制周期互补矩阵对应于一组差族[91]。1992 年，Arasu 等[156]论述了具有参数（$P=3,N=20;\ P=2,N=36$）的二进制周期互补序列矩阵不存在。1997 年，Luke[157]利用q-进制 m 序列构造出奇二进制周期互补序列。1998 年，Dokovic[158]论述了具有参数（$P=2,\ N=24$）的二进制非周期互补序列矩阵不存在，但是具有相同参数的二进制周期互补序列矩阵已经找到。1999 年，Feng 等[92]找到了更多参数的二进制周期互补序列矩阵。2000 年，Paterson[159]把 Golay 互补对的非递归构造推广到互补集，但是，Paterson 的构造不能生成完备互补序列集。2008 年，Rathinakumar 等[160]提出了他们的完全互补序列集的构造。同年，这个完全互补序列集的构造得到了推广[161]。2011 年，Han 等[162]进一步推广了文献[132]中的完全互补序列集构造。

2.2.3 零相关区互补集

2007 年，Fan 等[93]把非周期互补集推广到非周期零相关区互补集。

定义 2-10（非周期零相关区互补集） 设含有P个单位复值序列且每个序列长度为N的序列集$\boldsymbol{A}=\{\boldsymbol{a}_0,\boldsymbol{a}_1,\cdots,\boldsymbol{a}_{P-1}\}$。若

$$\sum_{i=1}^{P}C_{\boldsymbol{a}_i}(\tau)=\begin{cases}NP, & \tau=0\\ 0, & 0<\tau<Z\end{cases} \tag{2-34}$$

成立，则称$\boldsymbol{A}$为一个非周期零相关区互补集，简称非周期 Z-互补集，记为(N,P,Z)-AZCS，其中Z表示零相关区的长度，最大零相关区长度用$Z_{\max}$表示。AZCS 的零相关区比率定义为

$$r=\frac{Z}{N}$$

一个 AZCS 也称为一个非周期零相关区互补序列，这个互补序列中的每个序列称为这个互补序列的子序列。当 $P=2$ 时，式（2-34）的定义就是非周期零相关区互补对的定义，简称非周期 Z-互补对，记为 $(N,Z)-\text{AZCP}$，即

$$C_{a_0}(\tau)+C_{a_1}(\tau)=\begin{cases}2N, & \tau=0\\ 0, & 0<\tau<Z\end{cases} \tag{2-35}$$

当 $Z=N$ 时，式（2-34）的定义退化为非周期互补集（也称为一个非周期互补序列）的定义，即式（2-27）。当 $Z=N$ 且 $P=2$ 时，式（2-34）的定义就是 Golay 互补对的定义，即式（2-18）。

类似定义 2-10，可以定义周期零相关区互补集和奇周期零相关区互补集。

定义 2-11（非周期零相关区互补集伴） 设含有 P 个子序列且每个子序列长度为 N 的两个非周期零相关区互补集 $\boldsymbol{A}=\{\boldsymbol{a}_0,\boldsymbol{a}_1,\cdots,\boldsymbol{a}_{P-1}\}$ 和 $\boldsymbol{B}=\{\boldsymbol{b}_0,\boldsymbol{b}_1,\cdots,\boldsymbol{b}_{P-1}\}$，若所有时延的非周期互相关和为零，即

$$\sum_{i=1}^{P}C_{a_i,b_i}(\tau)=0,0\leqslant\tau<Z \tag{2-36}$$

则这两个零相关区互补集 $\boldsymbol{A}$ 和 $\boldsymbol{B}$ 相互称为伴。当 $P=2$ 时，式（2-36）的定义就简化为非周期零相关区互补对伴的定义，即

$$C_{a_0,b_0}(\tau)+C_{a_1,b_1}(\tau)=0,0\leqslant\tau<Z \tag{2-37}$$

当 $Z=N$ 时，式（2-36）的定义退化为非周期互补集伴的定义，即式（2-29）。当 $Z=N$ 且 $P=2$ 时，式(2-36)的定义就退化为 Golay 互补对伴的定义，即式(2-30)。

类似定义 2-11，可以定义周期零相关区互补集伴和奇周期零相关区互补集伴。

例 2-3 设长度为 6 的两个序列 $\boldsymbol{a}=(1,1,1,1,-1,-1)$ 和 $\boldsymbol{b}=(1,-1,1,-1,-1,1)$，试判断 $(\boldsymbol{a},\boldsymbol{b})$ 是一个 (6,4)-AZCP。

解 据式(2-15)，分别计算出它们的非周期自相关函数 $C_a(\tau)$ 和 $C_b(\tau)$，再计算这两个非周期相关函数之和，其计算结果如表 2-3 所示。

表 2-3 二进制非周期零相关区互补对计算结果

τ	$C_a(\tau)$	$C_b(\tau)$	$C_a(\tau)+C_b(\tau)$
0	6	6	12
1	3	–3	0
2	0	0	0
3	–1	1	0
4	–2	–2	–4
5	–1	1	0

根据式（2-35）的定义和表 2-3 可得，$(\boldsymbol{a},\boldsymbol{b})$ 是一个(6,4)-AZCP。

需要注意，每个二进制零相关区互补对（如例 2-3 中的$(\boldsymbol{a},\boldsymbol{b})$）应该用于“双信道”系统中，不同子序列在不同的非干扰信道中单独传输。因此，为了表达方便，例 2-3 中的$(\boldsymbol{a},\boldsymbol{b})$可以改写为下面的矩阵形式。

$$\begin{bmatrix}\boldsymbol{a}\\ \boldsymbol{b}\end{bmatrix}=\begin{bmatrix}+ & + & + & + & - & -\\ + & - & + & - & - & +\end{bmatrix} \tag{2-38}$$

2.3 准互补序列集

在 2.2.2 节中，由 M 个非周期互补序列组成一个含有参数(M,P,N)的非周期互补序列集，式（2-28）表明一个非周期互补序列与二维互补矩阵一一对应。类似地，每个二维广义互补矩阵与一个准互补序列一一对应，这个二维广义互补矩阵的行向量就是这个准互补序列的子序列。用$\mathbb{C}$表示由 M 个二维广义互补矩阵组成的集合，$\mathbb{C}$ 中的每个元素用 $\boldsymbol{A}^m(0\leqslant m\leqslant M-1)$ 表示，它由 P 个行向量 $\boldsymbol{c}_p^m(0\leqslant p\leqslant P-1)$ 组成，$\boldsymbol{c}_p^m$ 的分量在同一个字符集上取值且其长度为N，即

$$\mathbb{C}=\{\boldsymbol{A}^0,\boldsymbol{A}^1,\cdots\boldsymbol{A}^m,\cdots\boldsymbol{A}^{M-1}\} \tag{2-39}$$

$$\boldsymbol{A}^m=\{\boldsymbol{a}_0^m,\boldsymbol{a}_1^m,\cdots,\boldsymbol{a}_p^m,\cdots,\boldsymbol{a}_{P-1}^m\},0\leqslant m\leqslant M-1 \tag{2-40}$$

$$\boldsymbol{a}_p^m=(a_{p,0}^m,a_{p,1}^m,\cdots,a_{p,n}^m,\cdots,a_{p,N-1}^m),0\leqslant p\leqslant P-1 \tag{2-41}$$

$\boldsymbol{A}^m(0\leqslant m\leqslant M-1)$ 的矩阵形式为

$$\boldsymbol{A}^m=\begin{bmatrix}\boldsymbol{a}_0^m\\ \boldsymbol{a}_1^m\\ \vdots\\ \boldsymbol{a}_p^m\\ \vdots\\ \boldsymbol{a}_{P-1}^m\end{bmatrix}=\begin{bmatrix}a_{0,0}^m & a_{0,1}^m & \cdots & a_{0,n}^m & \cdots & a_{0,N-1}^m\\ a_{1,0}^m & a_{1,1}^m & \cdots & a_{1,n}^m & \cdots & a_{1,N-1}^m\\ \vdots & \vdots & & \vdots & & \vdots\\ a_{p,0}^m & a_{p,1}^m & \cdots & a_{p,n}^m & \cdots & a_{p,N-1}^m\\ \vdots & \vdots & & \vdots & & \vdots\\ a_{P-1,0}^m & a_{P-1,1}^m & \cdots & a_{P-1,n}^m & \cdots & a_{P-1,N-1}^m\end{bmatrix} \tag{2-42}$$

对于$\mathbb{C}$中任意两个矩阵 $\boldsymbol{A}^u$ 和 $\boldsymbol{A}^v$，它们的非周期相关函数为

$$C_{\boldsymbol{A}^u,\boldsymbol{A}^v}(\tau)=\sum_{p=0}^{P-1}C_{\boldsymbol{a}_p^u,\boldsymbol{a}_p^v}(\tau),0\leqslant u,v\leqslant M-1 \tag{2-43}$$

当$u=v$时，$C_{\boldsymbol{A}^u}(\tau)$称为这个二维广义互补矩阵 $\boldsymbol{A}^u$ 的非周期自相关函数，也

就是这个准互补序列的子序列的非周期自相关函数之和。当$u \neq v$时，$C_{A^u,A^v}(\tau)$称为A^u与A^v的非周期互相关函数，也就是A^u与A^v中对应子序列的互相关函数之和。

类似地，可定义矩阵A^u的周期相关函数和奇周期函数为

$$R_{A^u,A^v}(\tau)=\sum_{p=0}^{P-1}R_{a_p^u,a_p^v}(\tau),0\leqslant u,v\leqslant M-1 \tag{2-44}$$

$$\widehat{R}_{A^u,A^v}(\tau)=\sum_{p=0}^{P-1}C_{a_p^u,a_p^v}(\tau),0\leqslant u,v\leqslant M-1 \tag{2-45}$$

矩阵A^u的周期和奇周期自相关函数分别为$R_{A^u}(\tau)$和$\widehat{R}_{A^u}(\tau)$。

对于给定的正整数L（$1\leqslant L\leqslant N$），$\mathbb{C}$的非周期自相关函数容限（Tolerance）、互相关函数容限和相关函数容限分别定义为

$$\delta_a=\max\{|C_{A^u,A^u}|:0\leqslant u\leqslant M-1,0<\tau\leqslant L-1\} \tag{2-46}$$

$$\delta_c=\max\{|C_{A^u,A^v}|:u\neq v,0\leqslant u,v\leqslant M-1,0\leqslant\tau\leqslant L-1\} \tag{2-47}$$

$$\delta_{\max}=\max\{\delta_a,\delta_c\} \tag{2-48}$$

当P=1时，δ_a、δ_c和$\delta_{\max}$分别表示传统序列集的非周期自相关函数容限、互相关函数容限和相关函数容限。

类似地，可定义$\mathbb{C}$的周期和奇周期自相关函数容限、互相关函数容限和相关函数容限。

根据上述二维广义互补矩阵集$\mathbb{C}$、$\mathbb{C}$的非周期相关函数容限$\delta_{\max}$和正整数L（$1\leqslant L\leqslant N$），且子序列是单位复值序列，给出下面几个定义。

定义 2-12（非周期低相关互补序列集） 若$L=N$，$0<\delta_{\max}\ll PN$，则称$\mathbb{C}$为非周期低相关互补序列集（Low-correlation Complementary Sequence Set，LC-CSS）。

定义 2-13（非周期低相关区互补序列集） 若$1\leqslant L<N$，$0<\delta_{\max}\ll PN$，则称$\mathbb{C}$为非周期低相关区互补序列集（LCZ-CSS）。L称为低相关区的长度（或称宽度）。当$L=N$时，一个非周期低相关区互补序列集就成为一个非周期低相关互补序列集。

定义 2-14（非周期零相关区互补序列集） 若$1\leqslant L<N$，$\delta_{\max}=0$，则称$\mathbb{C}$为非周期零相关互补序列集（Zero-Correlation-Zone Complementary Sequence Set,

ZCZ-CSS)。此时,L 常用 Z 来表示,Z 称为零相关区的长度(或称宽度)。当 $Z=N$ 时,一个非周期零相关区互补序列集就成为一个非周期互补序列集。

定义 2-15(非周期完备互补序列集) 若 $L=N$,$\delta_{\max}=0$,则称 $\mathbb{C}$ 为非周期完备互补序列集。特别地,若 $M=P$、$L=N$ 和 $\delta_{\max}=0$,则称 $\mathbb{C}$ 为非周期完全互补序列集。

类似地,可以定义 $\mathbb{C}$ 为周期和奇周期低相关互补序列集、低相关区互补序列集、零相关区互补序列集、完备互补序列集和完全互补序列集。

在本书中,LC-CSS、LCZ-CSS 和 ZCZ-CSS 统称为准互补序列集,其中每个准互补序列可用一个二维广义互补矩阵表示(如式(2-42)所示)。互补序列可看作准互补序列的特殊形式。

当 $P=2$、$L=N$ 和 $\delta_a=0$ 时,每个矩阵形成一个 Golay 互补对,这是因为这个矩阵的行序列对异相非周期相关函数和为零,参见例 2-1。另一方面,当 $P=2$、$L<N$ 和 $\delta_a=0$ 时,每个矩阵形成一个非周期 Z-互补对,参见例 2-3。

在互补序列集中,提到“互补序列”时,它对应一个“互补矩阵”,反之亦然。另外,互补矩阵中的每个行序列称为互补序列的子序列。在互补序列的典型应用中,互补矩阵中的每个子序列都要在一个单独信道中传输,因此互补矩阵中的子序列个数 P 与信道数相同。准互补序列应用也是这样。

在本书中,为了避免混淆,在单信道情形(即 $P=1$)下,将这种序列称为“传统序列”,由传统序列组成的序列集称为“传统序列集”。它与准互补序列集相对应。

2.4 差族和几乎差族

在本节中,将简单介绍差集、差族(DF)和几乎差族(ADF)。差集是差族的特殊形式,本节首先介绍差集的概念,再介绍差族和几乎差族的概念。在第 4 章中,几乎差族将用作最优二进制奇数长度 Z-互补对的必要条件。在第 7 章中,差族将用于构造二值周期互补序列。差集可以用于构造最优周期低相关互补序列集。

2.4.1 差集和差族

本节首先给出二进制序列的支撑集的概念。其次,给出差集和差族的定义及其实例。

本节常见的符号如下:$Z_2=\{0,1\}$,$Z_N=\{0,1,2,\cdots,N-1\}$,Z_N 也表示模 N 的加法交换群;Z_2^N 表示 $\{0,1\}$ 上的 N 维向量的集合,也表示所有字符集 $\{0,1\}$ 上且长度为 N 的二进制序列的集合;$|D|$ 表示集合 D 中元素的个数。

定义 2-16（二进制序列的支撑集）　设 $\boldsymbol{d}=(d_0,d_1,\cdots,d_{N-1})$ 是 Z_2 上且长度为 N 的二进制序列。定义序列 $\boldsymbol{d}$ 的支撑集为

$$D=\{j\,|\,d_j=1,0\leqslant j\leqslant N-1\}$$

反之，给定一个支撑集 $D\subseteq Z_N$，可得一个二进制序列 $\boldsymbol{d}$。因此，Z_N 中的支撑集 D 与 Z_2 上且长度为 N 的二进制序列 $\boldsymbol{d}$ 一一对应，为此，二进制序列 $\boldsymbol{d}$ 称为集合 D 的特征序列。此外，定义 D 的差函数为

$$\lambda_D(\tau)=|(\tau+D)\cap D| \tag{2-49}$$

其中，$\tau\in\{1,2,\cdots,N-1\}$。换言之，$\lambda_D(\tau)$ 表示 D 中具有相同距离 $x-y=\tau$ 的非负整数对 (x,y) 的数目，即多重集 $\{(x,y)\,|\,(x,y)\in D\times D,x-y=\tau,x\neq y\}$ 的基数。

给定二进制序列 $\boldsymbol{d}$ 的支撑集 D，二进制序列 $\boldsymbol{d}$ 的周期自相关函数可以表示为[163]

$$R_d(\tau)=N-4(k-\lambda_D(\tau)) \tag{2-50}$$

其中，$k=|D|$。

定义 2-17（差集）　Z_N 表示模 N 的加法交换群，设 $D\subseteq Z_N$，D 含有 k 个元素，λ 为给定的正整数，若对于 Z_N 中任意一个非零元 g，有且仅有 λ 个非负整数对 (x,y) 且 $x,y\in D$，使 $x-y=g$，则称 D 为 Z_N 中的一个 $(N;k;\lambda)$-差集。

例 2-4　设 Z_{11} 表示模 11 的加法交换群，令 $D=\{1,3,4,5,9\}$，D 是否为 Z_{11} 中的一个 $(11;5;2)$-差集。

解　因为

$$\begin{aligned}
1&=4-3=5-4, & 2&=3-2=5-3,\\
3&=4-1=1-9, & 4&=5-1=9-5,\\
5&=9-4=3-9, & 6&=4-9=9-3,\\
7&=1-5=5-9, & 8&=1-4=9-1,\\
9&=1-3=3-5, & 10&=4-5=3-4,
\end{aligned}$$

所以，D 是 Z_{11} 中的一个 $(11;5;2)$-差集。而且 $\lambda_D(\tau)$=1，$\tau\in\{1,2,\cdots,N-1\}$。

根据定义 2-17，有

$$k(k-1)=(N-1)\lambda \tag{2-51}$$

其中，$k=|D|$。

根据式（2-51），有以下引理[164]。

引理 2-1　对于一个 $(N;k;\lambda)$-差集 D，有

$$\left|\sum_{i=0}^{k-1}\xi_N^{\tau d_i}\right| = \sqrt{k-\lambda} = \sqrt{\frac{k(N-k)}{N-1}} \tag{2-52}$$

其中，τ 是一个整数且 $\tau \not\equiv 0 \pmod N$，$d_i \in D(i=0,1,\cdots,k-1)$，$\xi_N = \exp\left(\frac{2\pi \mathrm{i}}{N}\right)$，i 是虚数单位。

Liu 等[165]利用引理 2-1、Singer 差集和最优四元序列集提出了最优和近似最优周期准互补序列集的构造。

定义 2-18（差族） 对于 $0 \leqslant r \leqslant m-1$，设 X_r 是包含 k 元素的 Z_N 的子集。对于每个非零距离 $\tau(\tau \in Z_N)$，如果 $X_0, X_1, \cdots, X_{m-1}$ 的差函数之和等于常数 λ，即对于每个非零距离 $\tau(\tau \in Z_N)$，有

$$\sum_{r=0}^{m-1}\lambda_{X_r}(\tau) = \lambda \tag{2-53}$$

则 $\boldsymbol{X} = \{X_0, X_1, \cdots, X_{m-1}\}$ 称为 $(n;(k_0,k_1,\cdots,k_{m-1});\lambda)$-差族，$X_0, X_1, \cdots, X_{m-1}$ 称为 DF 的基组，简写为 $(n;(k_0,k_1,\cdots,k_{m-1});\lambda)$-DF。

当 $k_0 = k_1 = \cdots = k_{m-1} = k$ 时，这样的 DF 可表示为 m-$(N;k;\lambda)$-差族。特别地，当 $m=1$ 时，这样的 1-$(N;k;\lambda)$-差族就退化为一个 $(N;k;\lambda)$ 差集。

根据定义 2-18，可得

$$\sum_{r=0}^{m-1}k_r(k_r-1) = \lambda(N-1) \tag{2-54}$$

例 2-5 设 Z_{19} 表示模 19 的加法交换群，令 $X_0 = \{0,1,5\}$，$X_1 = \{0,2,8\}$，$X_2 = \{0,7,10\}$，$\boldsymbol{X} = \{X_0, X_1, X_2\}$ 是否为一个差族。

解 因为

$$\begin{aligned}
&1=1-0, && 2=2-0, && 3=10-7,\\
&4=5-1, && 5=5-0, && 6=8-2,\\
&7=7-0, && 8=8-0, && 9=0-10,\\
&10=10-0, && 11=0-8, && 12=0-7,\\
&13=2-8, && 14=0-5, && 15=1-5,\\
&16=7-10, && 17=0-2, && 18=0-1,
\end{aligned}$$

对于 $\tau=1$，$\lambda_{X_0}(1)=1, \lambda_{X_1}(1)=0, \lambda_{X_2}(1)=0,$ 故

$$\sum_{r=0}^{2}\lambda_{X_r}(1) = 1$$

同理，对于 $\tau=2,3,4,5,6,7,8,9,10,11,12,13,14,15,16,17,18$, 都有

$$\sum_{r=0}^{2}\lambda_{X_r}(\tau)=1$$

因此，根据定义 2-18 可知 $\boldsymbol{X}=\{X_0,X_1,X_2\}$ 是一个 3-(19;3;1) -差族。

2.4.2 几乎差族

定义 2-19（几乎差族） 设 $D=\{D_0,D_1\}$，其中 D_0 和 D_1 分别是长度为 N 的二进制序列 $\boldsymbol{d}_0$ 和 $\boldsymbol{d}_1$ 的支撑集，D_0 和 D_1 中元素个数分别为 $k_0=|D_0|$ 和 $k_1=|D_1|$。D 的差函数记为

$$\lambda_D(\tau)=\lambda_{D_0}(\tau)+\lambda_{D_1}(\tau) \tag{2-55}$$

对于每个非零距离 $\tau(\tau\in Z_N)$，如果 $\lambda_D(\tau)$ 取值为 λ 的次数为 v，取值为 $\lambda+1$ 的次数为 $N-1-v$，则 $D=\{D_0,D_1\}$ 称为 $(N;(k_1,k_2);\lambda;v)$ -几乎差族，D_1 和 D_2 称为 ADF 的基组。

虽然有超过两个基组的 ADF[166]，但它们不是本书的研究重点。当 $v=N-1$ 时，这样的几乎差族就退化为一个差族[167-168]。

具有两个基组的 ADF 存在的必要条件是

$$\sum_{i=0}^{1}k_i(k_i-1)=v\lambda+(N-1-v)(\lambda+1) \tag{2-56}$$

根据式（2-50）和式（2-55），有

$$R_{d_0}(\tau)+R_{d_1}(\tau)=\begin{cases}2N,\tau=0\\2N-4(k_0+k_1-\lambda_D(\tau)),1\leqslant\tau\leqslant N-1\end{cases} \tag{2-57}$$

根据式（2-57），有以下引理。

引理 2-2 设 D_0 和 D_1 分别是长度为 N 的二进制序列 $\boldsymbol{d}_0$ 和 $\boldsymbol{d}_1$ 的支撑集，D_0 和 D_1 中元素个数分别为 $k_0=|D_0|$ 和 $k_1=|D_1|$，对于每个非零距离 $\tau(\tau\in Z_N)$，$\lambda_D(\tau)$ 取值为 λ 的次数为 v，取值为 $\lambda+1$ 的次数为 $N-1-v$。$D=\{D_0,D_1\}$ 是一个 $\left(N;(k_0,k_1);k_0+k_1-\dfrac{N+1}{2};v\right)$ -几乎差族的充要条件为

$$R_{d_0}(\tau)+R_{d_1}(\tau)=\pm2\ (\tau\neq0)$$

引理 2-2 将用于第 4 章中最优奇数长度二进制 Z-互补对的研究。

第3章 准互补序列的相关下界

准互补序列相关理论界、准互补序列设计与分析和准互补序列应用是准互补序列研究的3个主要内容。准互补序列相关理论界是准互补序列设计的指南。准互补序列设计是构造出不同结构的具有良好相关特性的准互补序列，它是无线通信系统的一项关键技术。建立准互补序列集的全部或者部分参数之间的关系式是准互补序列理论界的主要研究内容。优良的准互补序列理论界能够指导准互补序列设计与分析，也能作为准互补序列性能的判定标准。准互补序列理论界的研究突破将极大地促进准互补序列在无线通信中的应用。本章内容是在文献[18, 20, 31-32]的基础上撰写的。首先，概述Welch界和Levenshtein界，它们是建立新的准互补序列理论界的基础；其次，阐述并论证非周期低相关互补序列集（LC-CSS）的广义Levenshtein界，讨论广义Levenshtein界中等式成立的条件；最后，阐述并且论证非周期低相关区互补序列集（LCZ-CSS）的相关下界和非周期LCZ-CSS中互补序列个数的上界，以及周期和奇周期LCZ-CSS的相关下界。

3.1 Welch界和Levenshtein界的概述

为了阐述和论证准互补序列相关理论界，本节简单叙述扩频序列中的Welch界和Levenshtein界，它们是推导准互补序列相关理论界的基础。

3.1.1 Welch界的概述

Welch在文献[18]给出了下面的引理和定理。

引理3-1（内积定理） 设$\boldsymbol{X}$是一个$\bar{M}\times\bar{L}$的矩阵，它的每行可以看作一个行向量，这个行向量也可以看作一个长度为$\bar{L}$的行序列，即

$$X=\begin{bmatrix}\boldsymbol{x}_0\\ \boldsymbol{x}_1\\ \vdots\\ \boldsymbol{x}_m\\ \vdots\\ \boldsymbol{x}_{\bar{M}-1}\end{bmatrix}=\begin{bmatrix}x_{0,0} & x_{0,1} & \cdots & x_{0,(\bar{L}-1)}\\ x_{1,0} & x_{1,1} & \cdots & x_{1,(\bar{L}-1)}\\ \vdots & \vdots & \vdots & \vdots\\ x_{m,0} & x_{m,1} & \cdots & x_{m,(\bar{L}-1)}\\ \vdots & \vdots & \vdots & \vdots\\ x_{(\bar{M}-1),0} & x_{(\bar{M}-1),1} & \cdots & x_{(\bar{M}-1),(\bar{L}-1)}\end{bmatrix} \tag{3-1}$$

其中，$\boldsymbol{X}$ 表示 $\bar{M}$ 个长度为 $\bar{L}$ 的扩频序列组成的集合，这样的集合称为传统序列集。注意它与广义互补矩阵的区别和联系，即式（3-1）和式（2-42）形式相似，但含义不同。若每个行序列具有相同的能量 E，则 E 为

$$E=\sum_{n=0}^{\bar{L}-1}\left|x_{m,n}\right|^2, 0\leqslant m\leqslant \bar{M}-1$$

用 $\phi_{\max}(\boldsymbol{X})$ 表示 $\boldsymbol{X}$ 中任意两个不同行向量内积的最大值，即

$$\phi_{\max}(\boldsymbol{X})=\max_{u\neq v}\left\{\left|\left\langle \boldsymbol{x}_u,\boldsymbol{x}_v\right\rangle\right| \middle| 0\leqslant u,v,\leqslant \bar{M}-1\right\} \tag{3-2}$$

对于任意一个正整数 k，有不等式（3-3）和不等式（3-4）成立。

$$\sum_{u,v=0}^{\bar{M}-1}\left|\left\langle \boldsymbol{x}_u,\boldsymbol{x}_v\right\rangle\right|^{2k}\geqslant \frac{E^{2k}\bar{M}^2}{\binom{\bar{L}+k-1}{k}} \tag{3-3}$$

$$\phi_{\max}^{2k}(\boldsymbol{X})\geqslant \frac{E^{2k}}{\bar{M}-1}\left[\frac{\bar{M}}{\binom{\bar{L}+k-1}{k}}-1\right] \tag{3-4}$$

式（3-3）中等式成立的充分必要条件是：$\boldsymbol{X}$ 中列向量相互正交，且每个列向量具有相同的能量。在此条件下的 $\boldsymbol{X}$ 称为 Welch 界等式成立的矩阵。式（3-4）中等式成立的充分必要条件是：$\boldsymbol{X}$ 中列向量相互正交，每个列向量具有相同的能量，且 $\left|\phi_{\max}(\boldsymbol{X})\right|=\left|\left\langle \boldsymbol{x}_u,\boldsymbol{x}_v\right\rangle\right|(0\leqslant u,v,\leqslant \bar{M}-1)$。

根据引理 3-1（内积定理），Welch 推出了一系列扩频序列的相关下界，其中非周期 LC-CSS 的相关下界如下。

定理 3-1（Welch 界）　对于一个非周期低相关互补序列集，它含有 M 个非周期低相关互补序列，每个互补序列由 P（$P\geqslant 2$）个子序列组成，每个子序列的长度为 N 的单位复值序列，则这个低相关互补序列集的非周期相关容限 $\delta_{\max}$ 满足

$$\delta_{\max}^2 \geqslant P^2 N^2 \frac{\frac{M}{P}-1}{M(2N-1)-1} \tag{3-5}$$

若 $\delta_{\max}=0$，则这个非周期 LC-CSS 就变成一个非周期完备互补序列集。根据式（3-5）可得，这个完备互补序列集中互补序列的个数 M 的上界[70]，即

$$M \leqslant P \tag{3-6}$$

当 $M=P$ 时，这个完备互补序列集就变成一个非周期完全互补序列集。另一方面，当 $\delta_{\max}$ 是一个小的正数时，在这个非周期低相关互补序列集中，有 $M>P$。因此，给定一组 P 和 N，可以得到一个非周期 LC-CSS 中低相关互补序列的个数大于完全互补序列集中互补序列的个数。

在式（3-5）中，若 $P=1$，则式（3-5）就简化为传统序列集的非周期相关容限的下界[18]，即

$$\delta_{\max}^2 \geqslant N^2 \frac{M-1}{M(2N-1)-1} \tag{3-7}$$

此外，用 $\alpha_{\max}$ 表示传统序列集的周期相关容限，其下界[18]为

$$\alpha_{\max}^2 \geqslant N^2 \frac{M-1}{MN-1} \tag{3-8}$$

3.1.2 Levenshtein 界的概述

1999 年之前，在收紧式（3-7）中的 Welch 界（针对传统序列集）方面的研究几乎没有取得进展。1999 年，Levenshtein[20]发表了传统序列集的非周期相关容限的下界，这个界称为 Levenshtein 界，此界表明：当传统序列集中序列的个数 $M\geqslant 4$ 且 $N\geqslant 2$ 时，式(3-7)中的 Welch 界变得更紧。2004 年，利用类似 Levenshtein 的方法，Peng 等[169]推出了传统的非周期低相关区序列集相关的下界。本节将简单介绍 Levenshtein 界。

对于大于 1 的正整数 H，数 1 在复数范围内的 H 次方根称为 H 次单位根，简称单位根。H 次单位根有 H 个，即

$$\xi_H^k = \mathrm{e}^{\frac{2k\pi \mathrm{i}}{H}},\ k=0,1,\cdots,H-1$$

其中，$\xi_H=\exp\left(\frac{2\pi\mathrm{i}}{H}\right)$ 是一个本原单位根，i 是虚数单位。H 次单位根组成集合用 $\boldsymbol{E}_H$ 表示，即

$$\boldsymbol{E}_H=\{1,\xi_H,\cdots,\xi_H^{H-1}\} \tag{3-9}$$

当序列的分量仅在 $\boldsymbol{E}_H$ 中取值时，称这个序列是 $\boldsymbol{E}_H$ 上的序列。当 $H=2$ 时，$\boldsymbol{E}_2$（$\boldsymbol{E}_2=\{-1,1\}$）上的序列就是常见的二进制序列。1999 年，Levenshtein 首先研究了二进制序列集的非周期相关容限的下界，然后将其推广到 $\boldsymbol{E}_H$ 上的序列集[20]。

设 $\boldsymbol{E}_H^N$ 表示 $\boldsymbol{E}_H$ 上的所有长度为 N 序列组成的传统序列集，对于任意两个传统序列集 $\boldsymbol{A},\boldsymbol{B}\subseteq\boldsymbol{E}_H^N$，任意两个非零整数 s,t 有，

$$F(\boldsymbol{A},\boldsymbol{B})=\frac{1}{|\boldsymbol{A}||\boldsymbol{B}|}\sum_{\boldsymbol{x}\in\boldsymbol{A}}\sum_{\boldsymbol{y}\in\boldsymbol{B}}\sum_{s=0}^{2N-2}\sum_{t=0}^{2N-2}\left|\left\langle T^s(\boldsymbol{x},\boldsymbol{0}^{N-1}),T^t(\boldsymbol{y},\boldsymbol{0}^{N-1})\right\rangle\right|^2 w_s w_t \tag{3-10}$$

其中，$|\boldsymbol{A}|$ 表示传统序列集中的序列个数，$\boldsymbol{0}^{N-1}$ 表示长度为 $N-1$ 的零行向量，$(\boldsymbol{x},\boldsymbol{0}^{N-1})$ 表示长度为 $2N-1$ 的序列，它是由 $\boldsymbol{x}$ 和 $\boldsymbol{0}^{N-1}$ 级联得到的。权向量 $\boldsymbol{w}=(w_0,w_1,\cdots,w_{2N-2})$ 满足

$$w_n\geqslant 0 \tag{3-11}$$

其中，$n=0,1,\cdots,2N-2$，且 $\sum_{n=0}^{2N-2}w_n=1$。

设一个二次型

$$\boldsymbol{Q}_{2N-1}(\boldsymbol{w},a)=\boldsymbol{w}\boldsymbol{Q}_a\boldsymbol{w}^{\mathrm{T}}=a\sum_{n=0}^{2N-2}w_n^2+\sum_{s,t=0}^{2N-2}\tau_{s,t,N}w_s w_t \tag{3-12}$$

其中，$\boldsymbol{w}^{\mathrm{T}}$ 表示向量 $\boldsymbol{w}$ 的转置；$\boldsymbol{Q}_a$ 是一个主对角线上元素为 a 的 $(2N-1)\times(2N-1)$ 的矩阵，它的第 s 行第 t 列元素 $\boldsymbol{Q}_a(s,t)$ 满足以下条件，当 $s=t$ 时，$\boldsymbol{Q}_a(s,t)=a$；当 $s\neq t$ 时，$\boldsymbol{Q}_a(s,t)=\tau_{s,t,N}$，$\tau_{s,t,N}$ 为

$$\tau_{s,t,N}=\min\{|s-t|,2N-1-|s-t|\},0\leqslant\tau_{s,t,N}\leqslant N-1 \tag{3-13}$$

文献[20]中的关键结果是针对二进制序列推导的，为了把这些结果推广到 $\boldsymbol{E}_H$ 上的传统序列集，首先给出并证明下列引理。

引理 3-2　对任意两个长度为 N 的序列 $\boldsymbol{x},\boldsymbol{y}$，任意两个非负整数 s,t，有

$$\left|\left\langle T^s(\boldsymbol{x},\boldsymbol{0}^{N-1}),T^t(\boldsymbol{y},\boldsymbol{0}^{N-1})\right\rangle\right|^2+\left|\left\langle T^t(\boldsymbol{x},\boldsymbol{0}^{N-1}),T^s(\boldsymbol{y},\boldsymbol{0}^{N-1})\right\rangle\right|^2=\left|C_{\boldsymbol{x},\boldsymbol{y}}(\tau_{s,t,N})\right|^2+\left|C_{\boldsymbol{y},\boldsymbol{x}}(\tau_{s,t,N})\right|^2 \tag{3-14}$$

证明　根据式（2-14）和式（2-16）可得

$$\left\langle(\boldsymbol{x},\boldsymbol{0}^{N-1}),T^\tau(\boldsymbol{y},\boldsymbol{0}^{N-1})\right\rangle=\begin{cases}[C_{\boldsymbol{y},\boldsymbol{x}}(\tau)]^*, & 0\leqslant\tau\leqslant N-1\\ C_{\boldsymbol{x},\boldsymbol{y}}(-\tau), & -(N-1)\leqslant\tau\leqslant -1\end{cases} \tag{3-15}$$

$$\left\langle T^{\tau}(\boldsymbol{x},\boldsymbol{0}^{N-1}),(\boldsymbol{y},\boldsymbol{0}^{N-1})\right\rangle=\begin{cases}C_{\boldsymbol{x},\boldsymbol{y}}(\tau), & 0\leqslant\tau\leqslant N-1\\ [C_{\boldsymbol{y},\boldsymbol{x}}(-\tau)]^{*}, & -(N-1)\leqslant\tau\leqslant-1\end{cases}\tag{3-16}$$

根据式（3-15）和式（3-16）可得

$$\left|\left\langle T^{s}(\boldsymbol{x},\boldsymbol{0}^{N-1}),T^{t}(\boldsymbol{y},\boldsymbol{0}^{N-1})\right\rangle\right|^{2}+\left|\left\langle T^{t}(\boldsymbol{x},\boldsymbol{0}^{N-1}),T^{s}(\boldsymbol{y},\boldsymbol{0}^{N-1})\right\rangle\right|^{2}=\left|C_{\boldsymbol{x},\boldsymbol{y}}(\tau_{s,t,N})\right|^{2}+\left|C_{\boldsymbol{y},\boldsymbol{x}}(\tau_{s,t,N})\right|^{2}$$

证毕。

根据引理 3-2，类似文献[20]中的方法，可以推出下面一系列引理和定理。

引理 3-3 对任意一个含有 M 个序列的传统序列集 $\boldsymbol{A}\subseteq\boldsymbol{E}_{H}^{N}$，权向量 $\boldsymbol{w}=(w_{0},w_{1},\cdots,w_{2N-2})$，有

$$F(\boldsymbol{A},\boldsymbol{A})\leqslant\frac{1}{M}\left((N^{2}-\delta_{\max}^{2})\sum_{s=0}^{2N-2}w_{s}^{2}+M\delta_{\max}^{2}\right)\tag{3-17}$$

其中，$\delta_{\max}$ 是传统序列集 $\boldsymbol{A}$ 的容限。

当 $\boldsymbol{A}\subseteq\boldsymbol{E}_{2}^{N}$ 时，引理 3-3 就简化为文献[20]中的引理 1。

引理 3-4 对任意一个序列 $\boldsymbol{x}\in\boldsymbol{E}_{H}^{N}$，权向量 $\boldsymbol{w}=(w_{0},w_{1},\cdots,w_{2N-2})$，有

$$F(\{\boldsymbol{x}\},\boldsymbol{E}_{H}^{N})=F(\boldsymbol{E}_{H}^{N},\boldsymbol{E}_{H}^{N})=\sum_{s,t=0}^{2N-2}(N-\tau_{s,t,N})w_{s}w_{t}\tag{3-18}$$

其中，$\tau_{s,t,N}$ 由式（3-13）确定。

当 $\boldsymbol{A}\subseteq\boldsymbol{E}_{2}^{N}$ 时，引理 3-4 就简化为文献[20]中的引理 2。

引理 3-5 对任意一个含有 M 个序列的传统序列集 $\boldsymbol{A}\subseteq\boldsymbol{E}_{H}^{N}$，权向量 $\boldsymbol{w}=(w_{0},w_{1},\cdots,w_{2N-2})$，有

$$F(\boldsymbol{A},\boldsymbol{E}_{H}^{N})\geqslant F(\boldsymbol{E}_{H}^{N},\boldsymbol{E}_{H}^{N})=\sum_{s,t=0}^{2N-2}(N-\tau_{s,t,N})w_{s}w_{t}\tag{3-19}$$

其中，$\tau_{s,t,N}$ 由式（3-13）确定。

当 $\boldsymbol{A}\subseteq\boldsymbol{E}_{2}^{N}$ 时，引理 3-5 就简化为文献[20]中的引理 3。

定理 3-2（Levenshtein 界） 对任意一个含有 M 个序列的传统序列集 $\boldsymbol{A}\subseteq\boldsymbol{E}_{H}^{N}$，权向量 $\boldsymbol{w}=(w_{0},w_{1},\cdots,w_{2N-2})$，有

$$\delta_{\max}^{2}\geqslant N-\frac{Q_{2N-1}\left(\boldsymbol{w},\dfrac{N(N-1)}{M}\right)}{1-\dfrac{1}{M}\sum_{n=0}^{2N-2}w_{n}^{2}}\tag{3-20}$$

其中，$Q_{2N-1}\left(\boldsymbol{w},\dfrac{N(N-1)}{M}\right)$由式（3-12）确定，$\delta_{\max}$是传统序列集$\boldsymbol{A}$的容限。

当$\boldsymbol{A}\subseteq\boldsymbol{E}_2^N$时，定理 3-2 就简化为文献[20]中的定理 1。

推论 3-1　对任意一个含有M个序列的传统序列集$\boldsymbol{A}\subseteq\boldsymbol{E}_H^N$，正整数$m$且$1\leqslant m\leqslant N$，有

$$\delta_{\max}^2\geqslant\frac{3NMm-3N^2-M(m^2-1)}{3(mM-1)} \tag{3-21}$$

当$\boldsymbol{A}\subseteq\boldsymbol{E}_2^N$时，推论 3-1 就简化为文献[20]中的引理 2。

推论 3-2　对任意一个含有M个序列的传统序列集$\boldsymbol{A}\subseteq\boldsymbol{E}_H^N$，且$M\geqslant3$，$N\geqslant2$，有

$$\delta_{\max}^2\geqslant N-\frac{2N}{\sqrt{3M}} \tag{3-22}$$

当$\boldsymbol{A}\subseteq\boldsymbol{E}_2^N$时，推论 3-2 就简化为文献[20]中的引理 3。

式（3-20）表明，Levenshtein 界的紧密性取决于式（3-20）中的权向量$\boldsymbol{w}$。若单位复数根集合作为字符集，传统序列集$\boldsymbol{A}$中序列的分量在此字符集中取值，则当$\boldsymbol{A}$中序列个数$M=1$或 2 时，根据凸分析，最紧的 Levenshtein 界等于式（3-7）中的 Welch 界。因此，对$M=1$或 2，Levenshtein[20]的方法无法改善 Welch 界。当$M>2$时，式（3-20）中 Levenshtein 界是非凸问题，无法进行解析优化。事实上，当$M=3$时，加紧 Levenshtein 界是一个公开问题[20]。

3.2　非周期低相关互补序列集的相关下界

本节将推导在单位复根上的非周期 LC-CSS 的相关下界，这个下界称为广义 Levenshtein 界，当非周期 LC-CSS 中低相关互补序列的个数大于某个值时，广义 Levenshtein 界比式（3-5）中的 Welch 界更紧。

3.2.1　非周期低相关互补序列集的广义 Levenshtein 界

设$\boldsymbol{E}_H$是H次单位根组成集合，考虑两个非周期低相关互补序列集$\mathbb{C},\mathbb{Z}\subseteq\boldsymbol{E}_H^{P\times N}$，其中，$\boldsymbol{E}_H^{P\times N}$表示全部$\boldsymbol{E}_H$上的$P\times N$矩阵组成的集合，$\mathbb{C}$和$\mathbb{Z}$的定义类似式（2-39）。对于一个给定的权向量$\boldsymbol{w}$，称$F(\mathbb{C},\mathbb{Z})$为加权均方非周期相关，即

$$F(\mathbb{C},\mathbb{Z})=\frac{1}{|\mathbb{C}||\mathbb{Z}|}\sum_{\boldsymbol{X}\in\mathbb{C}}\sum_{\boldsymbol{Y}\in\mathbb{Z}}\sum_{s=0}^{2N-2}\sum_{t=0}^{2N-2}\left|\left\langle T^s(\boldsymbol{X},\boldsymbol{0}^{N-1}),T^t(\boldsymbol{Y},\boldsymbol{0}^{N-1})\right\rangle\right|^2 w_s w_t \tag{3-23}$$

其中，$|\mathbb{C}|$ 表示非周期低相关互补序列集 $\mathbb{Z}$ 中低相关互补序列的个数，$\boldsymbol{X}$ 和 $\boldsymbol{Y}$ 分别为

$$\boldsymbol{X}=\begin{bmatrix}\boldsymbol{x}_0\\ \boldsymbol{x}_1\\ \vdots\\ \boldsymbol{x}_{P-1}\end{bmatrix}=\begin{bmatrix}x_{0,0} & x_{0,1} & \cdots & x_{0,(N-1)}\\ x_{1,0} & x_{1,1} & \cdots & x_{1,(N-1)}\\ \vdots & \vdots & \vdots & \vdots\\ x_{(P-1),0} & x_{(P-1),1} & \cdots & x_{(P-1),(N-1)}\end{bmatrix} \tag{3-24}$$

$$\boldsymbol{Y}=\begin{bmatrix}\boldsymbol{y}_0\\ \boldsymbol{y}_1\\ \vdots\\ \boldsymbol{y}_{P-1}\end{bmatrix}=\begin{bmatrix}y_{0,0} & y_{0,1} & \cdots & y_{0,(N-1)}\\ y_{1,0} & y_{1,1} & \cdots & y_{1,(N-1)}\\ \vdots & \vdots & \vdots & \vdots\\ y_{(P-1),0} & y_{(P-1),1} & \cdots & y_{(P-1),(N-1)}\end{bmatrix} \tag{3-25}$$

$$\left|\left\langle T^s(\boldsymbol{X},\boldsymbol{0}^{N-1}),T^t(\boldsymbol{Y},\boldsymbol{0}^{N-1})\right\rangle\right|^2=\left|\sum_{p=0}^{P-1}\left\langle T^s(\boldsymbol{x}_p,\boldsymbol{0}^{N-1}),T^t(\boldsymbol{y}_p,\boldsymbol{0}^{N-1})\right\rangle\right|^2 \tag{3-26}$$

对于任意一个子序列 $\boldsymbol{x}_p\in\boldsymbol{X}(0\leqslant p\leqslant P-1)$，构造一个 $(2N-1)\times(2N-1)$ 矩阵 $\boldsymbol{H}_{\boldsymbol{x}_p}$，且 $\boldsymbol{H}_{\boldsymbol{x}_p}$ 的第 s 行是

$$\boldsymbol{H}_{\boldsymbol{x}_p}(s,:)=T^s(\boldsymbol{x}_p,\boldsymbol{0}^{N-1}) \tag{3-27}$$

其中，$0\leqslant s\leqslant 2N-2$。

再定义

$$f_{i,j,s}(\boldsymbol{x}_p,\boldsymbol{x}_n)=\boldsymbol{H}_{\boldsymbol{x}_p}(s,i)[\boldsymbol{H}_{\boldsymbol{x}_n}(s,j)]^*w_s \tag{3-28}$$

于是可得

$$\begin{aligned}F(\mathbb{C},\mathbb{Z})=&\frac{1}{|\mathbb{C}||\mathbb{Z}|}\sum_{\boldsymbol{X}\in\mathbb{C}}\sum_{\boldsymbol{Y}\in\mathbb{Z}}\sum_{s=0}^{2N-2}\sum_{t=0}^{2N-2}\left|\left\langle T^s(\boldsymbol{X},\boldsymbol{0}^{N-1}),T^t(\boldsymbol{Y},\boldsymbol{0}^{N-1})\right\rangle\right|^2w_sw_t=\\&\frac{1}{|\mathbb{C}||\mathbb{Z}|}\sum_{\boldsymbol{X}\in\mathbb{C}}\sum_{\boldsymbol{Y}\in\mathbb{Z}}\sum_{s=0}^{2N-2}\sum_{t=0}^{2N-2}\left|\sum_{p=0}^{P-1}\sum_{i=0}^{2N-2}\boldsymbol{H}_{\boldsymbol{x}_p}(s,i)[\boldsymbol{H}_{\boldsymbol{y}_p}(t,i)]^*\right|^2w_sw_t=\\&\frac{1}{|\mathbb{C}||\mathbb{Z}|}\sum_{\boldsymbol{X}\in\mathbb{C}}\sum_{s=0}^{2N-2}\sum_{\boldsymbol{Y}\in\mathbb{Z}}\sum_{t=0}^{2N-2}\left[\sum_{i,j=0}^{2N-2}\sum_{p,n=0}^{P-1}f_{i,j,s}(\boldsymbol{x}_p,\boldsymbol{x}_n)[f_{i,j,t}(\boldsymbol{y}_p,\boldsymbol{y}_n)]^*\right]=\\&\frac{1}{|\mathbb{C}||\mathbb{Z}|}\sum_{i,j=0}^{2N-2}\sum_{p,n=0}^{P-1}\underbrace{\sum_{\boldsymbol{X}\in\mathbb{C}}\sum_{s=0}^{2N-2}f_{i,j,s}(\boldsymbol{x}_p,\boldsymbol{x}_n)}\underbrace{\sum_{\boldsymbol{Y}\in\mathbb{Z}}\sum_{t=0}^{2N-2}[f_{i,j,t}(\boldsymbol{y}_p,\boldsymbol{y}_n)]^*}\end{aligned} \tag{3-29}$$

单独考虑

$$\left|\sum_{i,j=0}^{2N-2}\sum_{p,n=0}^{P-1}\underbrace{\sum_{X\in\mathbb{C}}\sum_{s=0}^{2N-2}f_{i,j,s}(\boldsymbol{x}_p,\boldsymbol{x}_n)}\underbrace{\sum_{Y\in\mathbb{Z}}\sum_{t=0}^{2N-2}[f_{i,j,t}(\boldsymbol{y}_p,\boldsymbol{y}_n)]^*}\right|^2\leqslant$$

$$\sum_{i,j=0}^{2N-2}\sum_{p,n=0}^{P-1}\left|\sum_{X\in\mathbb{C}}\sum_{s=0}^{2N-2}f_{i,j,s}(\boldsymbol{x}_p,\boldsymbol{x}_n)\right|^2\sum_{i,j=0}^{2N-2}\sum_{p,n=0}^{P-1}\left|\sum_{Y\in\mathbb{Z}}\sum_{t=0}^{2N-2}[f_{i,j,t}(\boldsymbol{y}_p,\boldsymbol{y}_n)]^*\right|^2=$$

$$\underbrace{\sum_{i,j=0}^{2N-2}\sum_{p,n=0}^{P-1}\sum_{X\in\mathbb{C}}\sum_{s=0}^{2N-2}f_{i,j,s}(\boldsymbol{x}_p,\boldsymbol{x}_n)\sum_{Y\in\mathbb{C}}\sum_{t=0}^{2N-2}[f_{i,j,t}(\boldsymbol{y}_p,\boldsymbol{y}_n)]^*}_{|\mathbb{C}|^2F(\mathbb{C},\mathbb{C})}\cdot$$

$$\underbrace{\sum_{i,j=0}^{2N-2}\sum_{p,n=0}^{P-1}\sum_{X\in\mathbb{Z}}\sum_{s=0}^{2N-2}f_{i,j,s}(\boldsymbol{x}_p,\boldsymbol{x}_n)\sum_{Y\in\mathbb{Z}}\sum_{t=0}^{2N-2}[f_{i,j,t}(\boldsymbol{y}_p,\boldsymbol{y}_n)]^*}_{|\mathbb{Z}|^2F(\mathbb{Z},\mathbb{Z})}\tag{3-30}$$

其中，$|\mathbb{C}|$和$|\mathbb{Z}|$分别表示非周期低相关互补序列集$\mathbb{C}$和$\mathbb{Z}$中低相关互补序列的个数。

根据式（3-29）和式（3-30），可得以下引理。

引理 3-6 对任意两个非周期低相关互补序列集$\mathbb{C},\mathbb{Z}\subseteq\boldsymbol{E}_H^{P\times N}$，有

$$\left(F(\mathbb{C},\mathbb{Z})\right)^2\leqslant F(\mathbb{C},\mathbb{C})F(\mathbb{C},\mathbb{Z})\tag{3-31}$$

虽然式（3-13）中的$\tau_{s,t,N}$的值随s、t和N的变化而变化，但为了方便，将用τ代替$\tau_{s,t,N}$。对于任意一个$\boldsymbol{X}\in\boldsymbol{E}_H^{P\times N}$，有

$$\sum_{\boldsymbol{Y}\in\boldsymbol{E}_H^{P\times N}}\left|C_{\boldsymbol{X},\boldsymbol{Y}}(\tau)\right|^2=\sum_{\boldsymbol{Y}\in\boldsymbol{E}_H^{P\times N}}\left|\sum_{p=0}^{P-1}C_{\boldsymbol{x}_p,\boldsymbol{y}_p}(\tau)\right|^2=$$

$$\sum_{\boldsymbol{Y}\in\boldsymbol{E}_H^{P\times N}}\left(\sum_{p,n=0}^{P-1}\sum_{i,j=0}^{N-1-\tau}\xi_H^{\overline{x}_{p,i}-\overline{y}_{p,i+\tau}}\xi_H^{-\overline{x}_{n,j}+\overline{y}_{n,j+\tau}}\right)=$$

$$\sum_{p,n=0}^{P-1}\sum_{i,j=0}^{N-1-\tau}\xi_H^{\overline{x}_{p,i}-\overline{x}_{n,j}}\left(\sum_{\boldsymbol{Y}\in\boldsymbol{E}_H^{P\times N}}\xi_H^{-\overline{y}_{p,i+\tau}+\overline{y}_{n,j+\tau}}\right)=$$

$$S_1+S_2$$

其中，$x_{p,i}=\xi_H^{\overline{x}_{p,i}}$和$y_{p,i+\tau}=\xi_H^{\overline{y}_{p,i+\tau}}$，且$\overline{x}_{p,i},\overline{y}_{p,i+\tau}\in\{0,1,\cdots,H-1\}$，$S_1$与$S_2$的求和需要分以下两种情形计算。

情形 1 当$p=n$且$i=j$时，有

$$S_1=\sum_{\boldsymbol{Y}\in\boldsymbol{E}_H^{P\times N}}\sum_{p=0}^{P-1}\sum_{i=0}^{N-1-\tau}1=H^{PN}P(N-\tau)\tag{3-32}$$

情形 2 当 $p=n$ 且 $i\neq j$，或者 $p\neq n$ 且 $i=j$，或者 $p\neq n$ 且 $i\neq j$ 时，由于 $\boldsymbol{Y}$ 选遍 $\boldsymbol{E}_H^{P\times N}$ 中每个元素，故 $-\overline{y}_{p,i+\tau}+\overline{y}_{n,j+\tau}$ 在集合 $\{0,1,2,\cdots,H-1\}$ 取值机会是一样的，于是有

$$\sum_{\boldsymbol{Y}\in\boldsymbol{E}_H^{P\times N}}\xi_H^{-\overline{y}_{p,i+\tau}+\overline{y}_{n,j+\tau}}=0 \tag{3-33}$$

这意味着 $S_2=0$，因此有

$$\sum_{\boldsymbol{Y}\in\boldsymbol{E}_H^{P\times N}}\left|C_{\boldsymbol{X},\boldsymbol{Y}}(\tau)\right|^2=H^{PN}P(N-\tau) \tag{3-34}$$

类似式（3-15）和式（3-16），可得

$$\left\langle(\boldsymbol{X},\boldsymbol{0}^{N-1}),T^{\tau}(\boldsymbol{Y},\boldsymbol{0}^{N-1})\right\rangle=\begin{cases}[C_{\boldsymbol{Y},\boldsymbol{X}}(\tau)]^*, 0\leqslant\tau\leqslant N-1\\ C_{\boldsymbol{X},\boldsymbol{Y}}(-\tau),\ -(N-1)\leqslant\tau\leqslant-1\end{cases} \tag{3-35}$$

$$\left\langle T^{\tau}(\boldsymbol{X},\boldsymbol{0}^{N-1}),(\boldsymbol{Y},\boldsymbol{0}^{N-1})\right\rangle=\begin{cases}C_{\boldsymbol{X},\boldsymbol{Y}}(\tau),\quad 0\leqslant\tau\leqslant N-1\\ [C_{\boldsymbol{Y},\boldsymbol{X}}(-\tau)]^*,-(N-1)\leqslant\tau\leqslant-1\end{cases} \tag{3-36}$$

根据式（3-35）和式（3-36）可得

$$\begin{aligned}&\left|C_{\boldsymbol{X},\boldsymbol{Y}}(\tau)\right|^2+\left|C_{\boldsymbol{Y},\boldsymbol{X}}(\tau)\right|^2=\\&\left|\left\langle T^s(\boldsymbol{X},\boldsymbol{0}^{N-1}),T^t(\boldsymbol{Y},\boldsymbol{0}^{N-1})\right\rangle\right|^2+\left|\left\langle T^t(\boldsymbol{X},\boldsymbol{0}^{N-1}),T^s(\boldsymbol{Y},\boldsymbol{0}^{N-1})\right\rangle\right|^2\end{aligned} \tag{3-37}$$

于是有

$$\begin{aligned}&F(\{\boldsymbol{X}\},\boldsymbol{E}_H^{P\times N})=F(\mathbb{C},\boldsymbol{E}_H^{P\times N})=F(\boldsymbol{E}_H^{P\times N},\boldsymbol{E}_H^{P\times N})=\\&\frac{1}{2H^{PN}}\sum_{s,t=0}^{2N-2}\sum_{\boldsymbol{Y}\in\boldsymbol{E}_H^{P\times N}}\left[\left|C_{\boldsymbol{X},\boldsymbol{Y}}(\tau)\right|^2+\left|C_{\boldsymbol{Y},\boldsymbol{X}}(\tau)\right|^2\right]w_sw_t=\\&\sum_{s,t=0}^{2N-2}P(N-\tau)w_sw_t\end{aligned} \tag{3-38}$$

把 $\mathbb{C}=\boldsymbol{E}_H^{P\times N}$ 代入式（3-31），再结合式（3-38），可得以下引理。

引理 3-7 对任意一个非周期准互补序列集 $\mathbb{C}\subseteq\boldsymbol{E}_H^{P\times N}$，有

$$F(\mathbb{C},\mathbb{C})\geqslant F(\boldsymbol{E}_H^{P\times N},\boldsymbol{E}_H^{P\times N})=\sum_{s,t=0}^{2N-2}P(N-\tau)w_sw_t \tag{3-39}$$

再展开式（3-23），可得以下引理。

引理 3-8 对任意一个非周期准互补序列集$\mathbb{C} \subseteq \boldsymbol{E}_H^{P\times N}$，$\mathbb{C}$中有$M$个准互补序列，权向量$\boldsymbol{w}=(w_0, w_1, \cdots, w_{2N-2})$，有

$$F(\mathbb{C},\mathbb{C}) \leqslant \frac{P^2N^2}{M}\sum_{i=0}^{2N-2} w_i^2 + \left(1-\frac{1}{M}\sum_{i=0}^{2N-2} w_i^2\right)\delta_{\max}^2 \tag{3-40}$$

其中，$\delta_{\max}$是非周期准互补序列集$\mathbb{C}$的容限。

根据引理 3-7 和引理 3-8，可得下面非周期 LC-CSS 的相关下界。

定理 3-3（广义 Levenshtein 界） 对任意一个含有M个非周期低相关互补序列的集合$\mathbb{C} \subseteq \boldsymbol{E}_H^{P\times N}$，权向量$\boldsymbol{w}=(w_0, w_1, \cdots, w_{2N-2})$，有

$$\delta_{\max}^2 \geqslant P\left(N - \frac{Q_{2N-1}\left(\boldsymbol{w}, \frac{N(PN-1)}{M}\right)}{1-\frac{1}{M}\sum_{i=0}^{2N-2} w_i^2}\right) \tag{3-41}$$

其中，$Q_{2N-1}\left(\boldsymbol{w}, \frac{N(N-1)}{M}\right)$由式（3-12）确定，$\delta_{\max}$是非周期低相关互补序列集$\mathbb{C}$的容限。

当$P=1$时，定理 3-3 中的下界就简化为式（3-20）中的 Levenshtein 界。

当权向量$\boldsymbol{w}=\frac{1}{2N-1}(1,1,\cdots,1)_{1\times(2N-1)}$时，定理 3-3 中提出的下界简化为式（3-5）中的非周期 LC-CSS 的 Welch 界。

在文献[20]中 Levenshtein 权向量为

$$w_i = \begin{cases} \frac{1}{m}, i \in \{0,1,\cdots,m-1\} \\ 0, i \in \{m, m+1, \cdots, 2N-2\} \end{cases} \tag{3-42}$$

其中，$1 \leqslant m \leqslant N$。

把式（3-42）中 Levenshtein 权向量应用到定理 3-3 中，可得非周期 LC-CSS 的一个新下界。即式（3-43）中的下界。

推论 3-3 对任意一个含有M个非周期低相关互补序列的集合$\mathbb{C} \subseteq \boldsymbol{E}_H^{P\times N}$，有

$$\delta_{\max}^2 \geqslant \frac{3PNMm - 3P^2N^2 - PM(m^2-1)}{3(mM-1)}, 1 \leqslant m \leqslant N \tag{3-43}$$

在下列两种情形下，式（3-43）中的下界都比式（3-5）中的 Welch 下界更强。

情形 1 $3P+1 \leqslant M \leqslant 4P-1, P \geqslant 2, m=N 或 m=N-1$，且

$$N \geqslant \left\lfloor \frac{M-1+\sqrt{-3M^2+(12P-6)M+12P+1}}{2(M-3P)} \right\rfloor \tag{3-44}$$

情形 2 $M \geqslant 4P, P \geqslant 2, N \geqslant 2, m = N$。

证明 对$1 \leqslant m \leqslant N$，在文献[20]中 Levenshtein 给出

$$Q_{2N-1}\left(\boldsymbol{w}, \frac{N(PN-1)}{M}\right) = \frac{N(PN-1)}{Mm} + \frac{m^2-1}{3m} \tag{3-45}$$

将式（3-45）代入式（3-41），可得式（3-43）。下面分析式（3-43）中下界的紧密性。

用ε表示式（3-43）中的下界与式（3-5）中的 Welch 界之差，即

$$\varepsilon = \frac{3PNMm-3P^2N^2-PM(m^2-1)}{3(mM-1)} - P^2N^2\frac{\frac{M}{P}-1}{M(2N-1)-1} \tag{3-46}$$

当$M \geqslant 4P, P \geqslant 2, N \geqslant 2, m = N$时，有

$$\begin{aligned}
\varepsilon &= \frac{MP^2N^2(N-1)}{(MN-1)[M(2N-1)-1]}\left(\frac{M}{P}\left(\frac{1}{3}-\frac{N-1}{3N^2}\right)+\frac{N+1}{3PN^2}-1\right) \geqslant \\
&\frac{MP^2N^2(N-1)}{(MN-1)[M(2N-1)-1]}\left(4\left(\frac{1}{3}-\frac{N-1}{3N^2}\right)+\frac{N+1}{3PN^2}-1\right) > \\
&\frac{MP^2N^2(N-1)}{(MN-1)[M(2N-1)-1]}\left(\frac{1}{3}-\frac{4N-4}{3N^2}\right) > \\
&\frac{MP^2(N-1)(N-2)^2}{3(MN-1)[M(2N-1)-1]} \geqslant 0
\end{aligned} \tag{3-47}$$

即当$M \geqslant 4P, P \geqslant 2, N \geqslant 2, m = N$时，式（3-43）中提出的下界比式（3-5）中的 Welch 下界更紧。

对$M < 4P$，定义

$$\alpha_m = \frac{M^2P^2N^3}{(Mm-1)[M(2N-1)-1]} \tag{3-48}$$

$$\beta = \frac{M}{P}\left(\frac{1}{3}-\frac{N-1}{3N^2}\right)+\frac{N+1}{3PN^2}-1 \tag{3-49}$$

根据M、P、N和m实际意义可知$\alpha_m > 0$。当$M < 4P$且$1 \leqslant m \leqslant N-1$时，记$\varepsilon$为$\varepsilon|_{M<4P}$，设$d = N-m$，对于$\beta \leqslant 0$，有

$$\begin{aligned}&\varepsilon\big|_{M<4P}=\\&\alpha_m\left(\beta+\frac{M}{P}\frac{(d-1)N^2+(-2d^2+d+1)N+d^2-1}{3N^3}-\frac{d-1}{N}+\frac{(d-1)N+d^2-1}{3PN^3}\right)\\&<\alpha_m\left(\beta+4\frac{(d-1)N^2+(-2d^2+d+1)N+d^2-1}{3N^3}-\frac{d-1}{N}+\frac{(d-1)N+d^2-1}{6N^3}\right)\\&<\alpha_m\left(\beta-\frac{11(d-1)N^2+(2d^2-3d+1)N+3-3d^2}{12N^3}\right)<0\end{aligned}\tag{3-50}$$

当 $m=N-1$ 时，α_m 记为 $\alpha\big|_{m=N-1}$，$\varepsilon\big|_{M<4P}$ 记为 $\varepsilon\big|_{m=N-1}$，依次类推，可以理解 $\alpha\big|_{m=N}$ 和 $\varepsilon\big|_{m=N}$。于是有

$$\varepsilon\big|_{m=N-1}=(\alpha\big|_{m=N-1})\beta\tag{3-51}$$

$$\varepsilon\big|_{m=N}=\left(1-\frac{1}{N}\right)(\alpha\big|_{m=N})\beta\tag{3-52}$$

对 $M\leqslant 3P$，$P\geqslant 2$，$N\geqslant 2$，根据式（3-48），有 $\beta<0$。再根据式（3-51）和式（3-52）可知，此种情形下，式（3-43）中提出的下界不可能比式（3-5）中的 Welch 下界更紧。

对 $3P+1\leqslant M\leqslant 4P-1$，$P\geqslant 2$，$N\geqslant 2$，$m=N-1$ 或 $m=N$，根据式（3-49），$\beta>0$ 的充分必要条件是

$$N>\frac{M-1+\sqrt{-3M^2+(12P-6)M+12P+1}}{2(M-3P)}\tag{3-53}$$

根据式（3-51）和式（3-53）可知，在此种情形下式（3-43）中提出的下界都比式（3-5）中的 Welch 下界更紧。

证毕。

在以 $\sqrt{\dfrac{3P}{M}}N$ 为中心的范围内，通过合理选择式（3-43）中 m 值，可得以下推论。

推论 3-4　对任意一个含有 M 个非周期低相关互补序列的集合 $\mathbb{C}\subseteq\boldsymbol{E}_H^{P\times N}$，$M\geqslant 3P,P\geqslant 2,N\geqslant 2$，有

$$\delta_{\max}^2\geqslant PN\left(1-2\sqrt{\frac{P}{3M}}\right)\tag{3-54}$$

当 M 足够大时，根据推论 3-4，非周期 LC-CSS 的广义 Levenshtein 下界趋近

于 PN，而式（3-5）中的 Welch 界趋近于 $\frac{PN}{2}$。这表明，当 M 足够大时，式（3-54）中的广义 Levenshtein 下界比式（3-5）中的 Welch 下界更紧。

通过对式（3-41）中的分式二次项进行凸分析，得到以下定理。

定理 3-4 对任意一个含有 M 个非周期低相关互补序列的集合 $\mathbb{C} \subseteq \boldsymbol{E}_H^{P \times N}$，权向量 $\boldsymbol{w}=(w_0, w_1, \cdots, w_{2N-2})$，定义

$$M \leqslant \bar{M}=\left\lfloor 4(PN-1) N \sin^2 \frac{\pi}{2(2N-1)}\right\rfloor \tag{3-55}$$

其中，$\lfloor x\rfloor$ 表示不超过 x 的最大整数。当 $M \leqslant \bar{M}$ 时，无法利用定理 3-3 中的广义 Levenshtein 界改进定理 3-1 中的 Welch 界。由式（3-55）可知，随着 N 趋于正无穷，$\bar{M}$ 将减小并收敛到 $\left\lfloor\frac{\pi^2 P}{4}\right\rfloor$，因此，若 $M \leqslant\left\lfloor\frac{\pi^2 P}{4}\right\rfloor$，$P \geqslant 2$，$N \geqslant 2$，式（3-5）中的 Welch 界无法被改进。

在定理 3-4 证明之前，首先给出 Berlekamp 的两个结论[170]如下。

Berlekamp 的第一个结论：式（3-12）中二次型矩阵 $\boldsymbol{Q}_a$ 的主特征值和次特征值分别为

$$\lambda_0=a+(N-1) N \tag{3-56}$$

$$\lambda_k=a-\frac{1-(-1)^k \cos \frac{\pi k}{2N-1}}{\sin^2 \frac{\pi k}{2N-1}}, k=1,2, \cdots, 2N-2 \tag{3-57}$$

Berlekamp 的第二个结论：若式（3-12）中二次型矩阵 $\boldsymbol{Q}_a$ 的所有次特征值 $\lambda_k \geqslant 0$，则约束二次函数 $\boldsymbol{Q}_{2N-1}(\boldsymbol{w}, a)$ 是凸的，而且，当取权向量 $\boldsymbol{w}=\frac{1}{2N-1}(1,1, \cdots, 1)_{1 \times(2N-1)}$ 时，它得到全局最小值。

证明 式（3-41）中分式的分母 $1-\frac{1}{M} \sum_{i=0}^{2N-2} w_i^2$ 在式（3-11）约束条件下是凹的，若 $\boldsymbol{Q}_{2N-1}(\boldsymbol{w}, a)$ 是凸的，取权向量 $\boldsymbol{w}=\frac{1}{2N-1}(1,1, \cdots, 1)_{1 \times(2N-1)}$，则式（3-41）中分式形式的二次函数可以取得最小值。因此，根据 Berlekamp 的第二个结论，如果

$$\min_{1 \leqslant k \leqslant 2N-2} \lambda_k=\lambda_1=\lambda_{2N-2}=\frac{(PN-1) N}{M}-\frac{1}{4 \sin^2 \frac{\pi}{2(2N-1)}} \tag{3-58}$$

则式（3-5）中的 Welch 界不能得到改进。

式（3-58）等价于

$$M \leqslant \bar{M} = \left\lfloor 4(PN-1)N\sin^2\frac{\pi}{2(2N-1)} \right\rfloor \tag{3-59}$$

对于式（3-59），为了得到 M 的最紧上界（或者 $\bar{M}$ 的最小上界），有必要分析 $\bar{M}$ 随 N 的变化情况。为此，取 $N=x$，并定义

$$f(x)=\frac{4x(Px-1)}{M}\sin^2\frac{\pi}{2(2x-1)}-1 \tag{3-60}$$

$$g(x)=\frac{M}{4(2Px-1)\sin\dfrac{\pi}{2x-1}}\cdot\frac{\mathrm{d}f(x)}{\mathrm{d}x}=\tan\frac{\pi}{2(2x-1)}-\frac{2Px-2}{2Px-1}\cdot\frac{\pi x}{(2x-1)^2} \tag{3-61}$$

其中，$\dfrac{\mathrm{d}f(x)}{\mathrm{d}x}$ 是 $f(x)$ 的导数。

对 $P\geqslant 2$，$f(x)$ 是单调递减的，$g(x)$ 总是小于 0，原因如下。

通过正切函数的小角度近似，即

$$\tan x = x+\frac{x^3}{3}+\frac{2x^5}{15}+\frac{17x^7}{315}+\cdots, 0\leqslant x\leqslant 1 \tag{3-62}$$

于是有

$$\tan x\leqslant x+\frac{x^3}{3}, 0\leqslant x\leqslant 1 \tag{3-63}$$

通过式（3-61），可以看出式（3-61）中的 $g(x)$ 的上界是 $\dfrac{\pi}{2(2x-1)^3}h(x)$，其中

$$\begin{aligned} h(x)=\frac{\pi^2}{6}+(2x-1)\left(\frac{1}{P}-1+\frac{1}{P(2Px-1)}\right)<\frac{\pi^2}{6}+ \\ (2x-1)\left(\frac{1}{P}-1\right)+\frac{1}{P^2}\leqslant\frac{\pi^2}{6}+\frac{3}{4}-x \end{aligned} \tag{3-64}$$

根据式（3-64），要使 $g(x)<0$（等价于 $h(x)<0$），只需

$$x>\frac{\pi^2}{6}+\frac{3}{4}\approx 2.3949 \tag{3-65}$$

当 $x\geqslant 3$ 且 $P\geqslant 2$ 时，式（3-65）就可以实现。在 $x=2$ 情形下，根据式（3-61），

可知 $g(2)>0$。

由上面的分析可以看出，对于 $P\geqslant 2$，$f(x)$ 是单调递减的。

因此，式（3-59）中 $\bar{M}$ 会随着 N 趋于正无穷而减小，并且收敛于一个固定的点。$\bar{M}\big|_{N\to+\infty}$ 可以通过式（3-66）得到。

$$\min_{x\geqslant 2} f(x)=\lim_{x\to+\infty} f(x)=\frac{\pi^2 P}{4M}-1\geqslant 0 \tag{3-66}$$

于是有

$$M\leqslant \bar{M}\big|_{N\to+\infty}=\left\lfloor \frac{\pi^2 P}{4} \right\rfloor \tag{3-67}$$

因此，对于 $P\geqslant 2$，$N\geqslant 2$，当 $M\leqslant \bar{M}$ 时，无法利用定理 3-3 中的广义 Levenshtein 界改进定理 3-1 中的 Welch 界。

证毕。

3.2.2 广义 Levenshtein 界中等式成立的条件

为了研究广义 Levenshtein 界中等式成立的条件，首先给出以下几个定义。

定义 3-1（加权非周期相关函数） 设式（3-11）中权向量 $\boldsymbol{w}$，长度为 N 的两个序列 $\boldsymbol{a}=(a_0,a_1,\cdots,a_{N-1})$ 和 $\boldsymbol{b}=(b_0,b_1,\cdots,b_{N-1})$，它们的加权非周期相关函数定义为

$$C_{\boldsymbol{a},\boldsymbol{b};\boldsymbol{w},\lambda}(\tau)=\begin{cases}(2N-1)\sum\limits_{t=0}^{N-\tau-1} a_t b_{t+\tau}^* w_{t+\lambda}, & 0\leqslant\tau\leqslant N-1\\(2N-1)\sum\limits_{t=0}^{N+\tau-1} a_{t-\tau} b_t^* w_{t+\lambda}, & 1-N\leqslant\tau\leqslant -1\\0, & |\tau|\geqslant N\end{cases} \tag{3-68}$$

其中，$0\leqslant\lambda\leqslant 2N-2$。

类似式（2-43），根据定义 3-1，可以定义准互补序列的加权非周期相关函数。

定义 3-2（准互补序列的加权非周期相关函数） 设权向量 $\boldsymbol{w}$（见式（3-11）），准互补序列集 $\mathbb{C}$（见式（2-39））中任意准互补序列 $\boldsymbol{A}^u$ 和 $\boldsymbol{A}^v$，它们的加权非周期相关函数被定义为

$$C_{\boldsymbol{A}^u,\boldsymbol{A}^v;\boldsymbol{w},\lambda}(\tau)=\sum_{p=0}^{P-1} C_{\boldsymbol{a}_p^u,\boldsymbol{a}_p^v;\boldsymbol{w},\lambda}(\tau), 0\leqslant u,v\leqslant M-1 \tag{3-69}$$

其中，$0 \leqslant \lambda \leqslant 2N-2$。

在定义 3-2 的基础上给出下面定义。

定义 3-3（加权非周期完备准互补序列集） 设权向量 $\boldsymbol{w}$（见式（3-11）），准互补序列集 $\mathbb{C}$（见式（2-39）），$0 \leqslant \lambda \leqslant 2N-2$，若满足

$$C_{\boldsymbol{A}^u,\boldsymbol{A}^v;\boldsymbol{w},\lambda}(\tau)=0, u \neq v \text{ 或 } u=v, \tau \neq 0 \tag{3-70}$$

则称 $\mathbb{C}$ 为一个加权非周期完备互补序列集（Weighted-Correlation Perfect Complementary Sequence Set）。

下面考虑如何满足定理 3-3 中提出的广义 Levenshtein 界。由于定理 3-3 是根据引理 3-7 和引理 3-8 得到的，当非周期低相关互补序列集的所有非平凡非周期相关函数都具有相同的幅值时，式（3-40）中的等号成立。因此，接下来的主要任务是求出式（3-39）满足等式的条件。追溯 3.2.1 节中的证明，只需要计算出式（3-30）中等式成立的条件。

式（3-30）中等式成立的充分必要条件是

$$\sum_{\boldsymbol{X}\in\mathbb{C}}\sum_{s=0}^{2N-2} f_{i,j,s}(\boldsymbol{x}_p,\boldsymbol{x}_n)=c\sum_{\boldsymbol{Y}\in\mathbb{Z}}\sum_{t=0}^{2N-2} f_{i,j,t}(\boldsymbol{y}_p,\boldsymbol{y}_n) \tag{3-71}$$

其中，c 是任意常数。

对于式（3-71）的左边项，根据式（3-27）和式（3-28），可得

$$\begin{aligned}
&\sum_{\boldsymbol{X}\in\mathbb{C}}\sum_{s=0}^{2N-2} f_{i,j,s}(\boldsymbol{x}_p,\boldsymbol{x}_n)=\sum_{\boldsymbol{X}\in\mathbb{C}}\sum_{s=0}^{2N-2}\boldsymbol{H}_{\boldsymbol{x}_p}(s,i)[\boldsymbol{H}_{\boldsymbol{x}_n}(s,j)]^* w_s=\\
&\sum_{\boldsymbol{X}\in\mathbb{C}}\left\langle \boldsymbol{H}_{\boldsymbol{x}_p}(:,i),\boldsymbol{w}\boldsymbol{H}_{\boldsymbol{x}_n}(:,j)\right\rangle=\sum_{\boldsymbol{X}\in\mathbb{C}}\sum_{t=0}^{N-\tau-1} x_{p,t}[x_{n,t+\tau}]^* w_{(\lambda-t)\bmod(2N-1)}=\\
&\sum_{\boldsymbol{X}\in\mathbb{C}}\sum_{t=0}^{N-\tau-1} x_{p,t}[x_{n,t+\tau}]^* \underline{\boldsymbol{w}}_{(t-\lambda)\bmod(2N-1)}=\frac{1}{2N-1}\sum_{\boldsymbol{X}\in\mathbb{C}} C_{\boldsymbol{x}_p,\boldsymbol{x}_n;\underline{\boldsymbol{w}},-\lambda}(\tau)
\end{aligned} \tag{3-72}$$

其中，$\underline{\boldsymbol{w}}=\{\underline{w}_i=w_{(2N-2-i)}, 0 \leqslant i \leqslant 2N-2\}$，$\underline{\boldsymbol{w}}$ 是权向量 $\boldsymbol{w}$ 的倒序，而且 λ 满足

$$\lambda=\begin{cases}\min\{i,j\}, & \tau=|i-j|\\ \max\{i,j\}, & \tau=2N-1-|i-j|\end{cases}$$

对于式（3-71）的右边项，设 $\mathbb{Z}=\boldsymbol{E}_{\mathrm{H}}^{P\times N}$，若 $p \neq n$ 或 $p=n, \tau \neq 0$，则

$$\begin{aligned}
&\sum_{\boldsymbol{Y}\in\mathbb{Z}}\sum_{t=0}^{2N-2} f_{i,j,t}(\boldsymbol{y}_p,\boldsymbol{y}_n)=\sum_{t=0}^{N-\tau-1}\underline{\boldsymbol{w}}_{(t-\lambda)\bmod(2N-1)}\sum_{\boldsymbol{Y}\in\boldsymbol{E}_H^{P\times N}} y_{p,t}[y_{n,t+\tau}]^*=\\
&H^{PN-2}\sum_{t=0}^{N-\tau-1}\underline{\boldsymbol{w}}_{(t-\lambda)\bmod(2N-1)}\left[\sum_{y_{p,t}=\xi_H^0}^{\xi_H^{H-1}} y_{p,t}\right]\left[\sum_{y_{n,t+\tau}=\xi_H^0}^{\xi_H^{H-1}} y_{n,t+\tau}\right]^*=0
\end{aligned} \tag{3-73}$$

当i和j在集合$\{0,1,\cdots,2N-2\}$中取遍每一个值时，$-\lambda$在集合$\{0,1,\cdots,2N-2\}$中也取遍每一个值。因此，根据式（3-71）～式（3-73），若$p\neq n$或$p=n,\tau\neq 0$，对于任意$\lambda(0\leqslant\lambda\leqslant 2N-2)$，有

$$\sum_{\boldsymbol{X}\in\mathbb{C}} C_{\boldsymbol{x}_p,\boldsymbol{x}_n;\underline{\boldsymbol{w}},-\lambda}(\tau)=0 \tag{3-74}$$

对于含有M个非周期低相关互补序列的集合$\mathbb{C}\subseteq\boldsymbol{E}_H^{P\times N}$（见式（2-39）～式（3-42）），$M$可以看作多用户通信系统中可以支持的用户数，$P$可以看作该系统中信道数。一个广义互补矩阵对应一个非周期低相关互补序列，把这个非周期低相关互补序列写成新矩阵的一列，新矩阵的每个元素表示一个子序列，则$\mathbb{C}$的矩阵形式为

$$\mathbb{C}=\{\boldsymbol{A}^0,\boldsymbol{A}^1,\cdots\boldsymbol{A}^m,\cdots\boldsymbol{A}^{M-1}\}=\begin{bmatrix} \boldsymbol{a}_0^0 & \boldsymbol{a}_0^1 & \cdots & \boldsymbol{a}_0^m & \cdots & \boldsymbol{a}_0^{M-1} \\ \boldsymbol{a}_1^0 & \boldsymbol{a}_1^1 & \cdots & \boldsymbol{a}_1^m & \cdots & \boldsymbol{a}_1^{M-1} \\ \vdots & \vdots & \vdots & \vdots & \vdots & \vdots \\ \boldsymbol{a}_p^0 & \boldsymbol{a}_p^1 & \cdots & \boldsymbol{a}_p^m & \cdots & \boldsymbol{a}_p^{M-1} \\ \vdots & \vdots & \vdots & \vdots & \vdots & \vdots \\ \boldsymbol{a}_{P-1}^0 & \boldsymbol{a}_{P-1}^1 & \cdots & \boldsymbol{a}_{P-1}^m & \cdots & \boldsymbol{a}_{P-1}^{M-1} \end{bmatrix} \tag{3-75}$$

现在考虑另一个含有P个非周期低相关互补序列的集合$\overline{\mathbb{C}}$，P可以看作多用户通信系统可以支持的用户数，M可以看作该系统中信道数。$\overline{\mathbb{C}}$的矩阵形式为

$$\overline{\mathbb{C}}=\begin{bmatrix} \boldsymbol{a}_0^0 & \boldsymbol{a}_1^0 & \cdots & \boldsymbol{a}_p^0 & \cdots & \boldsymbol{a}_{P-1}^0 \\ \boldsymbol{a}_0^1 & \boldsymbol{a}_1^1 & \cdots & \boldsymbol{a}_p^1 & \cdots & \boldsymbol{a}_{P-1}^1 \\ \vdots & \vdots & \vdots & \vdots & \vdots & \vdots \\ \boldsymbol{a}_0^m & \boldsymbol{a}_1^m & \cdots & \boldsymbol{a}_p^m & \cdots & \boldsymbol{a}_{P-1}^m \\ \vdots & \vdots & \vdots & \vdots & \vdots & \vdots \\ \boldsymbol{a}_0^{M-1} & \boldsymbol{a}_1^{M-1} & \cdots & \boldsymbol{a}_p^{M-1} & \cdots & \boldsymbol{a}_{P-1}^{M-1} \end{bmatrix} \tag{3-76}$$

由式（3-75）和式（3-76）可知，通过转置操作，由$\mathbb{C}$得到$\overline{\mathbb{C}}$，反之亦然。为了表示方便，本书下文称$\overline{\mathbb{C}}$为$\mathbb{C}$的转置。若$p\neq n$或$p=n,\tau\neq 0$，对于任意$\lambda(0\leqslant\lambda\leqslant 2N-2)$，式（3-74）精确表达式为

$$\sum_{m=0}^{M-1} C_{\boldsymbol{x}_p^m,\boldsymbol{x}_n^m;\underline{\boldsymbol{w}},-\lambda}(\tau)=0 \tag{3-77}$$

综上所述，可得以下定理。

定理 3-5 对任意一个含有M个非周期低相关互补序列的集合$\mathbb{C}\subseteq\boldsymbol{E}_H^{P\times N}$，由权向量$\boldsymbol{w}=(w_0,w_1,\cdots,w_{2N-2})$表征定理 3-3 中的广义 Levenshtein 下界，定理 3-3 中满足等式成立的充分必要条件是，这个非周期低相关互补序列集$\mathbb{C}$的所有非

平凡相关的幅值相等，且 $\mathbb{C}$的转置就是由权向量 $\underline{\boldsymbol{w}}$ 表征的加权非周期完备互补序列集。

3.3 低相关区互补序列集的相关下界

本节将使用引理 3-1（内积定理）推导出 LCZ-CSS 的非周期、周期和奇周期相关下界。本节所得的 LCZ-CSS 的相关下界可以看作 Tang-Fan-Matsufuji 界[26]的推广。

3.3.1 非周期低相关区互补序列集的相关下界

对于一个低相关区互补序列集$\mathbb{C}$，其结构类似式（2-39）～式（2-42），与式（3-75）形式相同，即

$$\mathbb{C}=\{\boldsymbol{A}^0,\boldsymbol{A}^1,\cdots\boldsymbol{A}^m,\cdots\boldsymbol{A}^{M-1}\}=\begin{bmatrix}\boldsymbol{a}_0^0 & \boldsymbol{a}_0^1 & \cdots & \boldsymbol{a}_0^m & \cdots & \boldsymbol{a}_0^{M-1}\\ \boldsymbol{a}_1^0 & \boldsymbol{a}_1^1 & \cdots & \boldsymbol{a}_1^m & \cdots & \boldsymbol{a}_1^{M-1}\\ \vdots & \vdots & \vdots & \vdots & \vdots & \vdots\\ \boldsymbol{a}_p^0 & \boldsymbol{a}_p^1 & \cdots & \boldsymbol{a}_p^m & \cdots & \boldsymbol{a}_p^{M-1}\\ \vdots & \vdots & \vdots & \vdots & \vdots & \vdots\\ \boldsymbol{a}_{P-1}^0 & \boldsymbol{a}_{P-1}^1 & \cdots & \boldsymbol{a}_{P-1}^m & \cdots & \boldsymbol{a}_{P-1}^{M-1}\end{bmatrix} \tag{3-78}$$

$\mathbb{C}$含有 M 个广义互补矩阵，一个广义互补矩阵对应一个低相关区互补序列，每个低相关区互补序列含有 P 个子序列，每个子序列长度为 N，低相关区长度为 L。因此，一个广义互补矩阵对应一个具有参数 (P,N,L) 的低相关区互补序列。根据式（3-78），构造一个 $(ML)\times(P(N+L-1))$ 矩阵 $\boldsymbol{H}$，它的第 $mL+\lambda$ 行为

$$\boldsymbol{H}(mL+\lambda,:)=T^{\lambda}\left([\boldsymbol{a}_0^m,\boldsymbol{0}^{L-1},\boldsymbol{a}_1^m,\boldsymbol{0}^{L-1},\cdots,\boldsymbol{a}_{P-1}^m,\boldsymbol{0}^{L-1}]\right) \tag{3-79}$$

其中，$m\in(0,1,\cdots,M-1)$，$\lambda\in(0,1,\cdots,L-1)$，$T^{\lambda}(\boldsymbol{a})$ 表示序列 $\boldsymbol{a}$ 向右循环移动 λ 位。于是，对于给定的低相关区内的时延，非周期低相关区互补序列集$\mathbb{C}$的每个非周期相关函数值是矩阵 $\boldsymbol{H}$ 中对应两个行向量的内积，更精确地表示为

$$\left\langle \boldsymbol{H}(m_1L+\lambda_1,:),\boldsymbol{H}(m_2L+\lambda_2,:)\right\rangle = C_{\boldsymbol{A}^{m_1},\boldsymbol{A}^{m_2}}(\lambda_1-\lambda_2) \tag{3-80}$$

反之，给定一个具有式（3-79）的矩阵 $\boldsymbol{H}$，通过反向映射，可以生成一个非周期低相关区互补序列集$\mathbb{C}$。因此，这个矩阵 $\boldsymbol{H}$ 称为$\mathbb{C}$的特征矩阵。

例如，设一个含有 M 个低相关区互补序列的集合$\mathbb{C}$，一个广义互补矩阵对应一个具有参数 $(P,N,L)=(2,4,3)$ 的低相关区互补序列。则$\mathbb{C}$的特征矩阵 $\boldsymbol{H}$ 为

$$
\boldsymbol{H}=\begin{bmatrix}
a_{0,0}^{0} & a_{0,1}^{0} & a_{0,2}^{0} & a_{0,3}^{0} & 0 & 0 & a_{1,0}^{0} & a_{1,1}^{0} & a_{1,2}^{0} & a_{1,3}^{0} & 0 & 0 \\
0 & a_{0,0}^{0} & a_{0,1}^{0} & a_{0,2}^{0} & a_{0,3}^{0} & 0 & 0 & a_{1,0}^{0} & a_{1,1}^{0} & a_{1,2}^{0} & a_{1,3}^{0} & 0 \\
0 & 0 & a_{0,0}^{0} & a_{0,1}^{0} & a_{0,2}^{0} & a_{0,3}^{0} & 0 & 0 & a_{1,0}^{0} & a_{1,1}^{0} & a_{1,2}^{0} & a_{1,3}^{0} \\
a_{0,0}^{1} & a_{0,1}^{1} & a_{0,2}^{1} & a_{0,3}^{1} & 0 & 0 & a_{1,0}^{1} & a_{1,1}^{1} & a_{1,2}^{1} & a_{1,3}^{1} & 0 & 0 \\
0 & a_{0,0}^{1} & a_{0,1}^{1} & a_{0,2}^{1} & a_{0,3}^{1} & 0 & 0 & a_{1,0}^{1} & a_{1,1}^{1} & a_{1,2}^{1} & a_{1,3}^{1} & 0 \\
0 & 0 & a_{0,0}^{1} & a_{0,1}^{1} & a_{0,2}^{1} & a_{0,3}^{1} & 0 & 0 & a_{1,0}^{1} & a_{1,1}^{1} & a_{1,2}^{1} & a_{1,3}^{1} \\
 & & \vdots & & & & & & \vdots & & & \\
a_{0,0}^{M-1} & a_{0,1}^{M-1} & a_{0,2}^{M-1} & a_{0,3}^{M-1} & 0 & 0 & a_{1,0}^{M-1} & a_{1,1}^{M-1} & a_{1,2}^{M-1} & a_{1,3}^{M-1} & 0 & 0 \\
0 & a_{0,0}^{M-1} & a_{0,1}^{M-1} & a_{0,2}^{M-1} & a_{0,3}^{M-1} & 0 & 0 & a_{1,0}^{M-1} & a_{1,1}^{M-1} & a_{1,2}^{M-1} & a_{1,3}^{M-1} & 0 \\
0 & 0 & a_{0,0}^{M-1} & a_{0,1}^{M-1} & a_{0,2}^{M-1} & a_{0,3}^{M-1} & 0 & 0 & a_{1,0}^{M-1} & a_{1,1}^{M-1} & a_{1,2}^{M-1} & a_{1,3}^{M-1}
\end{bmatrix}
$$

注意，当$P=1$时，这个低相关区互补序列集$\mathbb{C}$就简化为一个低相关区传统序列集$\boldsymbol{X}$，其结构见式（3-1），式（3-79）就简化为

$$
\boldsymbol{H}(mL+\lambda,:)=T^{\lambda}\left([\boldsymbol{x}_m,\boldsymbol{0}^{L-1}]\right) \tag{3-81}
$$

其中，$\boldsymbol{x}_m$是$\boldsymbol{X}$中第m个传统序列。

把式（3-79）中$\boldsymbol{H}$看作式（3-1）中$\boldsymbol{X}$，对应地，$\bar{M}=ML$，$\bar{L}=P(N+L-1)$，于是得到引理3-1（内积定理）的一个推论如下。

推论 3-5 设一个含有M个非周期低相关区互补序列的集合$\mathbb{C}$，其中每个低相关区互补序列具有参数(P,N,L)，则有

$$
\delta_{\max}^{2k}=\phi_{\max}^{2k}(\boldsymbol{H})\geqslant\frac{E^{2k}}{ML-1}\left[\frac{ML}{\binom{P(N+L-1)+k-1}{k}}-1\right] \tag{3-82}
$$

其中，k是任意一个正整数；$\delta_{\max}$是$\mathbb{C}$的相关容限，见式(2-48)；$\phi_{\max}(\boldsymbol{H})$见式(3-2)；$E$是一个低相关区互补序列的能量。当子序列为单位复值序列时，式（3-82）就改写为

$$
\delta_{\max}^{2k}=\phi_{\max}^{2k}(\boldsymbol{H})\geqslant\frac{(PN)^{2k}}{ML-1}\left[\frac{ML}{\binom{P(N+k-1)}{k}}-1\right] \tag{3-83}
$$

当$k=1$时，得到引理3-1（内积定理）的另一个推论如下。

推论 3-6 设一个含有M个非周期低相关区互补序列的集合$\mathbb{C}$，其中每个低相关区互补序列具有参数(P,N,L)，则有

$$\delta_{\max}^2 \geqslant \frac{E^2}{ML-1}\left[\frac{ML}{P(N+L-1)}-1\right] = E^2\frac{\left(\frac{M}{P}-1\right)L-N+1}{(ML-1)(N+L-1)} \tag{3-84}$$

当子序列为单位复值序列时，式（3-84）就改写为

$$\delta_{\max}^2 \geqslant \frac{(PN)^2}{ML-1}\left[\frac{ML}{P(N+L-1)}-1\right] = PN^2\frac{(M-P)L-PN+P}{(ML-1)(N+L-1)} \tag{3-85}$$

注意，当 $P=1$ 时，推论 3-6 简化为文献[27]中的定理 1。

3.3.2 非周期低相关区互补序列集中互补序列个数的上界

式（2-33）给出了非周期完备互补序列集中互补序列个数的上界。本节将讨论非周期 LCZ-CSS 中低相关区互补序列个数的上界。

对于一个非周期低相关区互补序列集 $\mathbb{C}$（与 3.3.1 节中 $\mathbb{C}$ 相同），设 $\mathbb{C}$ 的标准化非周期相关容限为

$$\delta^2 = \frac{\delta_{\max}^2}{E^2} = \frac{\delta_{\max}^2}{(PN)^2} \tag{3-86}$$

根据式（3-85），可以得出 $\mathbb{C}$ 中非周期低相关区互补序列个数的上界如下。

定理 3-6 设一个含有 M 个非周期低相关区互补序列的集合 $\mathbb{C}$，其中每个低相关区互补序列具有参数 (P,N,L)。若 $\delta^2 < \frac{1}{P(N+L-1)}$，则 $\mathbb{C}$ 中非周期低相关区互补序列个数的上界为

$$M \leqslant \frac{(1-\delta^2)P(N+L-1)}{(1-P(N+L-1)\delta^2)L} \tag{3-87}$$

为了得到式（3-87）中等式成立的条件，必须考虑式（3-4）中等式成立的充分必要条件（见 3.1.1 节）。矩阵 $\boldsymbol{H}$ 的所有列都应该具有相同的能量，因此，有

$$\left|a_{p,n}^m\right| = \begin{cases} \dfrac{PN}{\left\lfloor \dfrac{N}{L} \right\rfloor + 1}, n \equiv 0 (\bmod L) \\ 0, \quad 其他 \end{cases}$$

其中，$\lfloor x \rfloor$ 表示不超过 x 的最大整数。

此外，由 $\boldsymbol{H}$ 各列之间的正交性可以得到一个简化列正交的矩阵 $\boldsymbol{\Omega}$，其大小为

$$M \times (P\left\lfloor \frac{N}{L} \right\rfloor + P)$$

$\boldsymbol{\Omega}$ 的第 m 列为

$$\boldsymbol{\Omega}(m,:)=[\boldsymbol{d}_0^m,\boldsymbol{d}_1^m,\cdots,\boldsymbol{d}_p^m,\cdots,\boldsymbol{d}_{P-1}^m] \tag{3-88}$$

其中

$$\boldsymbol{d}_p^m=[a_{p,0\times L}^m,a_{p,1\times L}^m,\cdots,a_{p,\left\lfloor \frac{N}{L}\right\rfloor\times L}^m] \tag{3-89}$$

当 $M=P\left\lfloor \frac{N}{L}\right\rfloor+P$ 时，任何 $\boldsymbol{\Omega}$ 的阿达玛矩阵足以得到式（3-87）设定的上界。在这种情形下，由于 $\boldsymbol{\Omega}$ 中的列之间的正交性，可以推断出标准化的非周期相关容限 $\delta=0$（见式（3-86）），因此，这个非周期低相关区互补序列集 $\mathbb{C}$ 被证明是一个三进制的非周期零相关区互补序列集，同时，该三进制的非周期零相关区互补序列集中零相关区互补序列的个数为

$$M=P\left\lfloor \frac{N}{L}\right\rfloor+P \tag{3-90}$$

3.3.3 周期和奇周期低相关区互补序列集的相关下界

首先，不同于式（2-13）中的序列向右循环移位算子，本节将给出序列向右负循环移位算子。

定义 3-4（序列向右负循环移位算子） 设长度为 N 的一个序列 $\boldsymbol{a}=(a_0,a_1,\cdots,a_{N-1})$，对序列 $\boldsymbol{a}$ 中对每一个分量向右循环移动一位，而且 $\boldsymbol{a}$ 的最后一个分量的负元素作为新序列的第一个分量，即

$$\hat{T}\boldsymbol{a}=(-a_{N-1},a_0,a_1,\cdots,a_{N-2}) \tag{3-91}$$

称 $\hat{T}$ 为序列向右负循环移位算子。有时为了防止混淆，$\hat{T}\boldsymbol{a}$ 写成 $\hat{T}(\boldsymbol{a})$。

一般地，对一个非负整数 $n(0\leqslant n\leqslant N)$，有

$$\hat{T}^n\boldsymbol{a}=(-a_{N-n},-a_{N-n+1},,\cdots,-a_{N-1},a_0,a_1,\cdots,a_{N-n-1}) \tag{3-92}$$

显然，有 $\hat{T}^N\boldsymbol{a}=-\boldsymbol{a}$。

对于一个低相关区互补序列集 $\mathbb{C}$（见式（3-78））。类似式（2-46）～式（2-48），分别定义周期和奇周期低相关区互补序列集 $\mathbb{C}$ 的周期和奇周期相关容限分别为 $\tilde{\delta}_{\max}$ 和 $\hat{\delta}_{\max}$。分别构造出周期和奇周期低相关区互补序列集 $\mathbb{C}$ 对应的特征矩阵 $\tilde{\boldsymbol{H}}$ 和 $\hat{\boldsymbol{H}}$，它们的大小都是 $ML\times PN$，它们的第 $mL+\lambda$ 行分别为

$$\tilde{\boldsymbol{H}}(mL+\lambda,:)=[T^\lambda\boldsymbol{a}_0^m,T^\lambda\boldsymbol{a}_1^m,\cdots,T^\lambda\boldsymbol{a}_{P-1}^m] \tag{3-93}$$

$$\hat{\boldsymbol{H}}(mL+\lambda,:)=[\hat{T}^\lambda\boldsymbol{a}_0^m,\hat{T}^\lambda\boldsymbol{a}_1^m,\cdots,\hat{T}^\lambda\boldsymbol{a}_{P-1}^m] \tag{3-94}$$

其中，$m\in(0,1,\cdots,M-1)$，$\lambda\in(0,1,\cdots,L-1)$，$T^\lambda(\boldsymbol{a})$ 表示序列 $\boldsymbol{a}$ 向右循环移动 λ 位

（见式（2-13）），$\hat{T}^{\lambda}(\boldsymbol{a})$ 表示序列 $\boldsymbol{a}$ 向右负循环移动 λ 位（见式（3-92））。

例如，设一个含有 M 个低相关区互补序列的集合 $\mathbb{C}$，每个低相关区互补序列具有参数 $(P,N,L)=(2,4,3)$，则 $\mathbb{C}$ 的特征矩阵 $\hat{\boldsymbol{H}}$ 为

$$\hat{\boldsymbol{H}}=\begin{bmatrix} a_{0,0}^{0} & a_{0,1}^{0} & a_{0,2}^{0} & a_{0,3}^{0} & a_{1,0}^{0} & a_{1,1}^{0} & a_{1,2}^{0} & a_{1,3}^{0} \\ -a_{0,3}^{0} & a_{0,0}^{0} & a_{0,1}^{0} & a_{0,2}^{0} & -a_{1,3}^{0} & a_{1,0}^{0} & a_{1,1}^{0} & a_{1,2}^{0} \\ -a_{0,2}^{0} & -a_{0,3}^{0} & a_{0,0}^{0} & a_{0,1}^{0} & -a_{1,2}^{0} & -a_{1,3}^{0} & a_{1,0}^{0} & a_{1,1}^{0} \\ a_{0,0}^{1} & a_{0,1}^{1} & a_{0,2}^{1} & a_{0,3}^{1} & a_{1,0}^{1} & a_{1,1}^{1} & a_{1,2}^{1} & a_{1,3}^{1} \\ -a_{0,3}^{1} & a_{0,0}^{1} & a_{0,1}^{1} & a_{0,2}^{1} & -a_{1,3}^{1} & a_{1,0}^{1} & a_{1,1}^{1} & a_{1,2}^{1} \\ -a_{0,2}^{1} & -a_{0,3}^{1} & a_{0,0}^{1} & a_{0,1}^{1} & -a_{1,2}^{1} & -a_{1,3}^{1} & a_{1,0}^{1} & a_{1,1}^{1} \\ & & \vdots & & & \vdots & & \\ a_{0,0}^{M-1} & a_{0,1}^{M-1} & a_{0,2}^{M-1} & a_{0,3}^{M-1} & a_{1,0}^{M-1} & a_{1,1}^{M-1} & a_{1,2}^{M-1} & a_{1,3}^{M-1} \\ -a_{0,3}^{M-1} & a_{0,0}^{M-1} & a_{0,1}^{M-1} & a_{0,2}^{M-1} & -a_{1,3}^{M-1} & a_{1,0}^{M-1} & a_{1,1}^{M-1} & a_{1,2}^{M-1} \\ -a_{0,2}^{M-1} & -a_{0,3}^{M-1} & a_{0,0}^{M-1} & a_{0,1}^{M-1} & -a_{1,2}^{M-1} & -a_{1,3}^{M-1} & a_{1,0}^{M-1} & a_{1,1}^{M-1} \end{bmatrix}$$

可以看出，对于低相关区内的时延，$\tilde{\boldsymbol{H}}$ 中任意不同两行的内积对应于周期低相关区互补序列集 $\mathbb{C}$ 的周期相关函数值。同样，特征矩阵 $\hat{\boldsymbol{H}}$ 与奇周期低相关区互补序列集 $\mathbb{C}$ 的奇周期相关函数值之间关系也是如此。

把 $\tilde{\boldsymbol{H}}$ 和 $\hat{\boldsymbol{H}}$ 分别看作式（3-1）中的 $\boldsymbol{X}$，对应地，$\bar{M}=ML$，$\bar{L}=PN$，于是得到以下推论。

推论 3-7　设一个含有 M 个广义互补矩阵的周期/奇周期低相关区互补序列集 $\mathbb{C}$，其中每个广义互补矩阵对应一个具有参数 (P,N,L) 的周期/奇周期低相关区互补序列，则有

$$\tilde{\delta}_{\max}^{2k}=\phi_{\max}^{2k}(\tilde{\boldsymbol{H}})=\phi_{\max}^{2k}(\hat{\boldsymbol{H}})=\hat{\delta}_{\max}^{2k}\geqslant\frac{E^{2k}}{ML-1}\left[\frac{ML}{\binom{PN+k-1}{k}}-1\right]\tag{3-95}$$

其中，k 任意一个正整数；$\tilde{\delta}_{\max}$ 和 $\hat{\delta}_{\max}$ 分别是周期/奇周期低相关区互补序列集 $\mathbb{C}$ 的相关容限，$\phi_{\max}(\tilde{\boldsymbol{H}})$ 和 $\phi_{\max}(\hat{\boldsymbol{H}})$ 见式（3-2）；$\tilde{\boldsymbol{H}}$ 和 $\hat{\boldsymbol{H}}$ 的行向量的能量都是 E。当子序为单位复值序列时，式（3-95）就改写为

$$\tilde{\delta}_{\max}^{2k}=\phi_{\max}^{2k}(\tilde{\boldsymbol{H}})=\phi_{\max}^{2k}(\hat{\boldsymbol{H}})=\hat{\delta}_{\max}^{2k}\geqslant\frac{(PN)^{2k}}{ML-1}\left[\frac{ML}{\binom{PN+k-1}{k}}-1\right]\tag{3-96}$$

当$k=1$时，推论 3-7 简化为以下推论。

推论 3-8 设一个含有M个广义互补矩阵的周期和奇周期低相关区互补序列集$\mathbb{C}$，其中每个广义互补序列对应一个具有参数(P,N,L)低相关区互补序列，每个子序列是单位复值序列，则有

$$\tilde{\delta}_{\max}^2=\hat{\delta}_{\max}^2 \geqslant \frac{PN(ML-PN)}{ML-1} \tag{3-97}$$

此外与得到式（3-87）的过程类似，令$\delta^2=\frac{\tilde{\delta}_{\max}^2}{(PN)^2}=\frac{\hat{\delta}_{\max}^2}{(PN)^2}$，若$\delta^2<\frac{1}{PN}$，则$\mathbb{C}$中周期/奇周期低相关区互补序列个数的上界都为

$$M \leqslant \frac{(1-\delta^2)PN}{(1-PN\delta^2)L} \tag{3-98}$$

注意，当$P=1$时，推论 3-7 也简化为文献[27]中的定理 1，因此，推论 3-7 可以看作文献[27]中定理 1 的推广。

3.4 本章小结

对于单位复值根的字符集$\boldsymbol{E}_H$上的 LC-CSS，定理 3-3 显示了非周期 LC-CSS 的广义 Levenshtein 界。定理 3-4 给出了广义 Levenshtein 界紧于式（3-5）中的 Welch 界的必要条件，即这个非周期 LC-CSS 中低相关互补序列的个数M必须满足

$$M \leqslant \left\lfloor 4(PN-1)N\sin^2\frac{\pi}{2(2N-1)} \right\rfloor \tag{3-99}$$

其中，$\lfloor x \rfloor$表示不超过x的最大整数，P和N分别为这个低相关互补序列的子序列的个数和子序列长度。注意，推导出的低相关互补序列集的相关下界是权向量的函数。任何使式（3-99）满足等式的权向量称为最优权向量。Liu 等[33]找到了一个最优权向量。有趣的是，当$M\geqslant 4,N\geqslant 2$和$M=3,N\geqslant 3$时，对于$\boldsymbol{E}_H$上的常规序列集（即$P=1$），这个最优权向量也会产生一个更紧的 Levenshtein 界。这解决了文献[20]中关于$M=3$时收紧 Levenshtein bound 界的开放问题。此外，定理 3-5 给出了满足广义 Levenshtein 界中等式成立的充分必要条件。本章还推导了低相关区互补序列集的非周期、周期和奇周期相关下界，它们是传统低相关区序列集的 Tang-Fan-Matsufuji 界的推广。

第4章 二进制零相关区互补序列

非周期零相关区互补序列已经被证明为多输入多输出空时分组码通信系统中信道估计的最优训练序列[94]。与 Golay 互补对相比，二进制非周期零相关区互补对（简称非周期 Z-互补对，记为 AZCP）的序列长度选择更加灵活，即选择范围更宽。与复值序列相比，二进制非周期零相关区互补序列可以简化信道估计的实现，也便于在硬件上实现。本章内容是在文献[98-100]基础上撰写的。首先，介绍二进制 AZCP 的概念、初等变换和构造，证明奇数长度二进制 AZCP 的零相关区长度的上界，讨论二进制 AZCP 的存在性。其次，提出最优奇数长度二进制 AZCP，即阐述两种最优 OB-AZCP 的定义、性质和构造。再次，提出偶数长度二进制（Even-length Binary，EB）AZCP，证明非完备偶数长度二进制 AZCP 的零相关区长度的上界，阐述大零相关区非完备二进制 AZCP 的构造。最后，给出二进制非周期零相关区互补集及其伴的构造。

4.1 二进制零相关区互补对

本节介绍了二进制 AZCP 的相关概念、初等变换和构造。

4.1.1 二进制零相关区互补对的概念

二进制序列表现形式通常有两种，一种是定义在字符集$\{-1,1\}$上，另一种是定义在字符集$\{0,1\}$（即Z_2）上。通过函数$f(x)=(-1)^x, x\in\{0,1\}$，字符集$\{0,1\}$和字符集$\{-1,1\}$上的二进制序列可以相互转化。式（2-15）定义了两个复值序列的非周期相关函数。根据这个定义，本节给出字符集$\{0,1\}$上两个二进制序列的非周期相关函数的定义，然后给出字符集$\{0,1\}$上二进制 AZCP 的概念。

定义 4-1（二进制非周期相关函数） 设字符集$\{0,1\}$上两个长度为N的二进制序列$\boldsymbol{a}=(a_0, a_1, \cdots, a_{N-1})$和$\boldsymbol{b}=(b_0, b_1, \cdots, b_{N-1})$，定义它们的非周期相关函数为

$$C_{\boldsymbol{a},\boldsymbol{b}}(\tau)=\sum_{n=0}^{N-1-\tau}(-1)^{a_n+b_{n+\tau}},0\leqslant\tau\leqslant N-1 \tag{4-1}$$

当 $\boldsymbol{a}\neq\boldsymbol{b}$ 时，$C_{\boldsymbol{a},\boldsymbol{b}}(\tau)$ 称为字符集 $\{0,1\}$ 上二进制非周期互相关函数；当 $\boldsymbol{a}=\boldsymbol{b}$ 时，$C_{\boldsymbol{a},\boldsymbol{b}}(\tau)$ 称为字符集 $\{0,1\}$ 上二进制非周期自相关函数，记为 $C_{\boldsymbol{a}}(\tau)$，即

$$C_{\boldsymbol{a}}(\tau)=\sum_{n=0}^{N-1-\tau}(-1)^{a_n+a_{n+\tau}},0\leqslant\tau\leqslant N-1 \tag{4-2}$$

若没有特别声明，在 4.1 节～4.3 节中涉及的 $C_{\boldsymbol{a},\boldsymbol{b}}(\tau)$ 和 $C_{\boldsymbol{a}}(\tau)$ 都由式（4-1）和式（4-2）定义。

需要注意的是，定义 2-4 和定义 4-1 都可以定义两个相同长度二进制序列的非周期相关函数，但是定义 2-4 是针对字符集 $\{1,-1\}$ 上二进制序列，而定义 4-1 是针对字符集 $\{0,1\}$ 上二进制序列。

设 a 和 b 都是字符集 $\{0,1\}$ 上的元素，则有恒等式

$$(-1)^{a+b}=1-2(a\oplus b) \tag{4-3}$$

其中，$\oplus$ 表示模 2 加法。

定理 4-1（二进制非周期零相关区互补对的充要条件） 设 $\boldsymbol{a}=(a_0,a_1,\cdots,a_{N-1})$ 和 $\boldsymbol{b}=(b_0,b_1,\cdots,b_{N-1})$ 是字符集 $\{0,1\}$ 上的二进制序列，序列对 $(\boldsymbol{a},\boldsymbol{b})$ 是具有零相关区长度为 Z 的二进制非周期零相关区互补对的充分必要条件是

$$\sum_{n=0}^{N-1-\tau}(a_n\oplus a_{n+\tau})+\sum_{n=0}^{N-1-\tau}(b_n\oplus b_{n+\tau})=N-\tau,0<\tau\leqslant Z-1 \tag{4-4}$$

其中，$\oplus$ 表示模 2 加法。

对于周期零相关区互补对，可以得到类似的定理。

证明 序列 $\boldsymbol{a}$ 和 $\boldsymbol{b}$ 都是字符集 $\{0,1\}$ 上二进制序列，根据式（4-2）和式（4-3）可得

$$C_{\boldsymbol{a}}(\tau)+C_{\boldsymbol{b}}(\tau)=\sum_{n=0}^{N-1-\tau}(-1)^{a_n+a_{n+\tau}}+\sum_{n=0}^{N-1-\tau}(-1)^{b_n+b_{n+\tau}}=$$

$$\sum_{n=0}^{N-1-\tau}\{2-2[(a_n\oplus a_{n+\tau})+(b_n\oplus b_{n+\tau})]\}=$$

$$2(N-\tau)-2\sum_{n=0}^{N-1-\tau}\left[(a_n\oplus a_{n+\tau})+(b_n\oplus b_{n+\tau})\right]$$

即

$$C_{\boldsymbol{a}}(\tau)+C_{\boldsymbol{b}}(\tau)=2(N-\tau)-2\sum_{n=0}^{N-1-\tau}[(a_n\oplus a_{n+\tau})+(b_n\oplus b_{n+\tau})] \tag{4-5}$$

必要性证明。设 $(\boldsymbol{a},\boldsymbol{b})$ 是一个具有零相关区长度为 Z 的二进制 AZCP，根据

式（2-35），有

$$C_a(\tau)+C_b(\tau)=\begin{cases}2N, & \tau=0\\ 0, & 0<\tau\leqslant Z-1\end{cases}$$

当$0<\tau\leqslant Z-1$时，把$C_a(\tau)+C_b(\tau)=0$代入式（4-5），可得

$$\sum_{n=0}^{N-1-\tau}(a_i\oplus a_{i+\tau})+\sum_{n=0}^{N-1-\tau}(b_n\oplus b_{n+\tau})=N-\tau$$

充分性证明。当$\tau=0$时，由式（4-5）可得

$$C_a(\tau)+C_b(\tau)=2N$$

当$0<\tau\leqslant Z-1$时，把$\sum_{n=0}^{N-1-\tau}(a_n\oplus a_{n+\tau})+\sum_{n=0}^{N-1-\tau}(b_n\oplus b_{n+\tau})=N-\tau$代入式（4-5），可得

$$C_a(\tau)+C_b(\tau)=0$$

所以，序列对$(\boldsymbol{a},\boldsymbol{b})$是零相关区长度为$Z$的二进制 AZCP。

证毕。

根据定理 4-1，字符集$\{0,1\}$上二进制非周期零相关区互补对可以定义如下。

定义 4-2（二进制非周期零相关区互补对）　设字符集$\{0,1\}$上且长度为N的二进制序列$\boldsymbol{a}=(a_0,a_1,\cdots,a_{N-1})$和$\boldsymbol{b}=(b_0,b_1,\cdots,b_{N-1})$。若满足

$$\sum_{i=0}^{N-1-\tau}(a_n\oplus a_{n+\tau})+\sum_{i=0}^{N-1-\tau}(b_n\oplus b_{n+\tau})=N-\tau, 0<\tau\leqslant Z-1 \tag{4-6}$$

其中，$\oplus$表示模 2 加法。则$(\boldsymbol{a},\boldsymbol{b})$称为具有零相关区长度为$Z$的二进制非周期零相关区互补对，简称二进制非周期 Z-互补对，记为二进制(N,Z)-AZCP。若没有特别声明，在 4.1 节～4.3 节中涉及的二进制 AZCP 都是字符集$\{0,1\}$上的二进制 AZCP。最大零相关区长度记为$Z_{\max}$，当一个 Z-互补对$(\boldsymbol{a},\boldsymbol{b})$的零相关区长度$Z=Z_{\max}$时，这个 Z-互补对$(\boldsymbol{a},\boldsymbol{b})$称为 Z-最优的。

类似地，可以定义字符集$\{0,1\}$上二进制周期零相关区互补对。

4.1.2　二进制零相关区互补对的初等变换

类似于 2.2.1 节中 Golay 互补对的变换，下面给出二进制 AZCP 的初等变换。设$(\boldsymbol{s}_0,\boldsymbol{s}_1)$是一个字符集$\{-1,1\}$上二进制$(N,Z)$-AZCP，可以通过如下变换得到另一个字符集$\{-1,1\}$上二进制$(N,Z)$-AZCP，其中，$\boldsymbol{s}_n=(s_{n,0},s_{n,1},\cdots,s_{n,N-1})$，$n=0,1$，$N$为序列长度。

（1）倒序变换。至少一个子序列中分量的顺序颠倒，如$(\boldsymbol{s}_0,\boldsymbol{s}_1)\to(\underline{\boldsymbol{s}}_0,\boldsymbol{s}_1)$。

（2）交换变换。交换两个子序列的顺序，即$(\boldsymbol{s}_0,\boldsymbol{s}_1)\to(\boldsymbol{s}_1,\boldsymbol{s}_0)$。

（3）取负变换。至少一个子序列中分量都取为负元素，如$(\boldsymbol{s}_0,\boldsymbol{s}_1)\rightarrow(\boldsymbol{s}_0,-\boldsymbol{s}_1)$。

（4）交替取负变换。两个子序列中分量交替取负，如$\boldsymbol{s}_0$和$\boldsymbol{s}_1$的奇数位置上的分量变为它的负元素，偶数位置上的分量不变，所得二进制 AZCP 记为$(\underset{\sim}{\boldsymbol{s}}_0,\underset{\sim}{\boldsymbol{s}}_1)$，即$(\boldsymbol{s}_0,\boldsymbol{s}_1)\rightarrow(\underset{\sim}{\boldsymbol{s}}_0,\underset{\sim}{\boldsymbol{s}}_1)$。

上述的4个变换称为二进制AZCP的初等变换。如果一个二进制(N,Z)-AZCP可以由另一个二进制(N,Z)-AZCP通过初等变换得到，那么这两个二进制 AZCP 称为等价的，等价的二进制 AZCP 形成一个等价类，其中任意一个二进制 AZCP 都可以作为这个等价类的代表。

例 4-1 设$(\boldsymbol{a},\boldsymbol{b})$是一个二进制$(5,3)$-AZCP，即

$$\begin{bmatrix}\boldsymbol{a}\\\boldsymbol{b}\end{bmatrix}=\begin{bmatrix}+&+&+&+&-\\+&-&+&+&-\end{bmatrix}$$

$$\left(C_{\boldsymbol{a}}(\tau)+C_{\boldsymbol{b}}(\tau)\right)_{\tau=0}^{4}=(10,0,0,-2,-2)$$

试通过倒序变换、交换变换、取负变换和交替取负变换，由$(\boldsymbol{a},\boldsymbol{b})$构造出二进制$(5,3)$-AZCP。

解 （1）倒序变换

$$\begin{bmatrix}\underline{\boldsymbol{a}}\\\boldsymbol{b}\end{bmatrix}=\begin{bmatrix}-&+&+&+&+\\+&-&+&+&-\end{bmatrix}$$

$$\left(C_{\underline{\boldsymbol{a}}}(\tau)+C_{\boldsymbol{b}}(\tau)\right)_{\tau=0}^{4}=(10,0,0,-2,-2)$$

（2）交换变换

$$\begin{bmatrix}\boldsymbol{b}\\\boldsymbol{a}\end{bmatrix}=\begin{bmatrix}+&-&+&+&-\\+&+&+&+&-\end{bmatrix}$$

$$\left(C_{\boldsymbol{b}}(\tau)+C_{\boldsymbol{a}}(\tau)\right)_{\tau=0}^{4}=(10,0,0,-2,-2)$$

（3）取负变换

$$\begin{bmatrix}\boldsymbol{a}\\-\boldsymbol{b}\end{bmatrix}=\begin{bmatrix}+&+&+&+&-\\-&+&-&-&+\end{bmatrix}$$

$$\left(C_{\boldsymbol{a}}(\tau)+C_{-\boldsymbol{b}}(\tau)\right)_{\tau=0}^{4}=(10,0,0,-2,-2)$$

（4）交替取负变换

$$\begin{bmatrix}\underset{\sim}{\boldsymbol{a}}\\\underset{\sim}{\boldsymbol{b}}\end{bmatrix}=\begin{bmatrix}+&-&+&-&-\\+&+&+&-&-\end{bmatrix}$$

$$\left(C_{\underline{a}}(\tau)+C_{\underline{b}}(\tau)\right)_{\tau=0}^{4}=(10,0,0,-2,-2)$$

通过计算机搜索，得到字符集$\{0,1\}$上且长度$N\leqslant 26$的二进制(N,Z)-AZCP的代表。针对每个序列长度N，表 4-1 给出了具有最大零相关区$Z_{\max}$的二进制(N,Z)-AZCP的代表及其非周期自相关函数和。需要注意，在表 4-1 中，用逗号隔开第三列中的两个序列。

表 4-1　具有最大零相关区的二进制(N, Z)-AZCP 的代表

N	$Z_{\max}$	二进制 AZCP 代表	非周期自相关函数和
2	2	(00, 01)	(4,0)
3	2	(000, 010)	(6,0,2)
4	4	(0001, 0010)	(8,0,0,0,0)
5	3	(00001, 01001)	(10,0,0,2,−2)
6	4	(000011, 010110)	(12,0,0,0, −4,0)
7	4	(0000110, 0010100)	(14,0,0,0,−2,2,2)
8	8	(00000110, 00110101)	(16,0,0,0,0,0,0,0)
9	5	(000001100, 001010110)	(18,0,0,0,0,2,−2,2,2)
10	10	(0110101110, 0111111001)	(20,0,0,0,0,0,0,0,0,0)
11	6	(00000101011, 00111001001)	(22,0,0,0,0,0,−2,−2,2,−2,−2)
12	10	(000011010100, 010000011001)	(24,0,0,0,0,0,0,0,0,0,4,0)
13	7	(0000001101010, 0001101001111)	(26,0,0,0,0,0,0,2,-2,-2,2,2,2)
14	12	(00000101100011,01001011101110)	(28,0,0,0,0,0,0,0,0,0,0,0,−4,0)
15	8	(000000101100001,010110011000101)	(30,0,0,0,0,0,0,0,2,2,2,6,−2,2,−2)
17	9	(11111110100011100,11010011001010110)	(34,0,0,0,0,0,0,0,0,2,−6,2,2,−2,2,−2,−2)
18	13	(111101101101110000, 100011101010010001)	(36,0,0,0,0,0,0,0,0,0,0,0,0,4,-4,−4,−4,0)
19	10	(0111111110011010011, 0110001011110010101)	(38,0,0,0,0,0,0,0,0,0,6,−6,2,2,−2,2,2,2,−2)
21	11	(011111111010010110001, 010111000110010001011)	(42,0,0,0,0,0,0,0,0,0,0,−6,2,−6,2,−2,2,−2,2,2,−2)
22	17	(1111111100010101101101, 1011001111000110101001)	(44,0,0,0,0,0,0,0,0,0,0,0,0,0,0,0,0,−8,0,0,−4,0)
23	12	(11111110101100010011110, 11010110011010001110100)	(46,0,0,0,0,0,0,0,0,0,0,0,−6,−2, −2,6,−2,6,2,2,2,−2,−2)
25	13	(1111111101001011100100110, 1001010111010000110001110)	(50,0,0,0,0,0,0,0,0,0,0,0,0,2,6,−6,2, −2,2,−2,−2,−2,2,2,−2)
26	26	(00011000101111101001111111, 111001110100110101001101111)	(52,0,0,0,0,0,0,0,0,0,0,0,0,0,0,0, 0,0,0,0,0,0,0,0,0,0)

从表 4-1 中可以看出，当长度 N=2,10,26 时，得到的二进制 (N,Z)-AZCP 的代表就是传统的 Golay 互补对的核。

类似地，可以得到二进制周期零相关区互补对的初等变换。

4.1.3 二进制零相关区互补对的构造

类似二进制非周期互补对的构造，可以从一个二进制 AZCP 出发，构造出另一个二进制 AZCP。在 4.1.3 节中，二进制序列默认定义在字符集$\{-1,1\}$上。

1．二进制非周期 Z-互补对的第一种构造

设 $(\boldsymbol{a},\boldsymbol{b})$ 是一个二进制 (N,Z)-AZCP，则序列对 $(\boldsymbol{ab},(-\boldsymbol{a})\boldsymbol{b})$、$(\boldsymbol{ab},\underline{\boldsymbol{b}}(-\underline{\boldsymbol{a}}))$ 和 $(\boldsymbol{a}\underline{\boldsymbol{b}},\boldsymbol{b}(-\underline{\boldsymbol{a}}))$ 都是二进制 $(2N,Z)$-AZCP，其中 $\boldsymbol{ab}$ 表示序列 $\boldsymbol{a}$ 和 $\boldsymbol{b}$ 的级联；$\underline{\boldsymbol{a}}$ 表示序列 $\boldsymbol{a}$ 的倒序；$-\boldsymbol{a}$ 表示序列 $\boldsymbol{a}$ 的负序列。

例 4-2 设 $(\boldsymbol{a},\boldsymbol{b})$ 是一个二进制 $(5,3)$-AZCP，即

$$\begin{bmatrix}\boldsymbol{a}\\\boldsymbol{b}\end{bmatrix}=\begin{bmatrix}+&+&+&+&-\\+&-&+&+&-\end{bmatrix}$$

$$\left(C_{\boldsymbol{a}}(\tau)+C_{\boldsymbol{b}}(\tau)\right)_{\tau=0}^{4}=(10,0,0,-2,-2)$$

试由 $(\boldsymbol{a},\boldsymbol{b})$ 构造出二进制 $(10,3)$-AZCP。

解 根据二进制 AZCP 的第一种构造，得到以下 3 个二进制 $(10,3)$-AZCP。

$$\begin{bmatrix}\boldsymbol{ab}\\(-\boldsymbol{a})\boldsymbol{b}\end{bmatrix}=\begin{bmatrix}+&+&+&+&-&+&-&+&+&-\\-&-&-&-&+&+&-&+&+&-\end{bmatrix}$$

$$\left(C_{\boldsymbol{ab}}(\tau)+C_{(-\boldsymbol{a})\boldsymbol{b}}(\tau)\right)_{\tau=0}^{9}=(20,0,0,4,-4,0,0,0,0,0)$$

$$\begin{bmatrix}\boldsymbol{ab}\\\underline{\boldsymbol{b}}(-\underline{\boldsymbol{a}})\end{bmatrix}=\begin{bmatrix}+&+&+&+&-&+&-&+&+&-\\-&+&+&-&+&+&-&-&-&-\end{bmatrix}$$

$$\left(C_{\boldsymbol{ab}}(\tau)+C_{\underline{\boldsymbol{b}}(-\underline{\boldsymbol{a}})}(\tau)\right)_{\tau=0}^{9}=(20,0,0,4,-4,0,0,0,0,0)$$

$$\begin{bmatrix}\boldsymbol{a}\underline{\boldsymbol{b}}\\\boldsymbol{b}(-\underline{\boldsymbol{a}})\end{bmatrix}=\begin{bmatrix}+&+&+&+&-&-&+&+&-&+\\+&-&+&+&-&+&-&-&-&-\end{bmatrix}$$

$$\left(C_{\boldsymbol{a}\underline{\boldsymbol{b}}}(\tau)+C_{\boldsymbol{b}(-\underline{\boldsymbol{a}})}(\tau)\right)_{\tau=0}^{9}=(20,0,0,4,-4,0,0,0,0,0)$$

2．二进制非周期 Z-互补对的第二种构造

若$(\boldsymbol{a},\boldsymbol{b})$为二进制$(N_1,Z_1)$-AZCP，$(\boldsymbol{c},\boldsymbol{d})$为二进制$(N_2,Z_2)$-AZCP，根据式(4-7)，可以构造出一个新的二进制(N_1N_2,Z)-AZCP，记为$(\boldsymbol{t}_0,\boldsymbol{t}_1)$，即

$$(\boldsymbol{t}_0,\boldsymbol{t}_1)=\left(\boldsymbol{c}\otimes\frac{\boldsymbol{a}+\boldsymbol{b}}{2}+\boldsymbol{d}\otimes\frac{\boldsymbol{a}-\boldsymbol{b}}{2},\boldsymbol{c}\otimes\frac{\boldsymbol{a}-\boldsymbol{b}}{2}-\boldsymbol{d}\otimes\frac{\boldsymbol{a}+\boldsymbol{b}}{2}\right) \tag{4-7}$$

其中，⊗表示 Kronecker 积。若$Z_1<N_1$，则$(\boldsymbol{t}_1,\boldsymbol{t}_2)$是一个二进制$(N_1N_2,Z_1)$-AZCP。若$Z_1=N_1$，则$(\boldsymbol{t}_1,\boldsymbol{t}_2)$是一个二进制$(N_1N_2,Z_1Z_2)$-AZCP。特别地，若$(\boldsymbol{a},\boldsymbol{b})$是一个 Golay 互补对（1,1;1,−1），零相关区长度和序列长度满足$Z_1=N_1=2$，则$(\boldsymbol{t}_1,\boldsymbol{t}_2)$是一个二进制$(2N_2,2Z_2)$-AZCP。当$N_1=Z_1$和$N_2=Z_2$时，式（4-7）就简化为 Golay 互补对的构造式，即式（2-24）。

例 4-3　设$(\boldsymbol{a},\boldsymbol{b})$是二进制$(3,2)$-AZCP，即

$$\begin{bmatrix}\boldsymbol{a}\\\boldsymbol{b}\end{bmatrix}=\begin{bmatrix}+&+&+\\+&-&+\end{bmatrix}$$

$$\left(C_{\boldsymbol{a}}(\tau)+C_{\boldsymbol{b}}(\tau)\right)_{\tau=0}^{2}=(6,0,2)$$

再设$(\boldsymbol{c},\boldsymbol{d})$是二进制$(5,3)$-AZCP，即

$$\begin{bmatrix}\boldsymbol{c}\\\boldsymbol{d}\end{bmatrix}=\begin{bmatrix}+&+&+&+&-\\+&-&+&+&-\end{bmatrix}$$

$$\left(C_{\boldsymbol{c}}(\tau)+C_{\boldsymbol{d}}(\tau)\right)_{\tau=0}^{2}=(10,0,0,2,-2)$$

试根据式（4-7），构造出二进制$(15,2)$-AZCP。

解　根据式（4-7），构造出一个新的二进制序列对$(\boldsymbol{t}_0,\boldsymbol{t}_1)$，它是$(15,2)$-AZCP，即

$$\begin{bmatrix}\boldsymbol{t}_0\\\boldsymbol{t}_1\end{bmatrix}=\begin{bmatrix}+&+&+&+&-&+&+&+&+&+&+&+&-&-&-\\-&+&-&+&+&+&-&+&-&-&+&-&+&-&+\end{bmatrix}$$

$$\left(C_{\boldsymbol{t}_0}(\tau)+C_{\boldsymbol{t}_1}(\tau)\right)_{\tau=0}^{14}=(30,0,10,0,0,0,0,2,0,6,-2,2,-6,0,-2)$$

3．二进制非周期 Z-互补对的第三种构造

若$(\boldsymbol{d}_0^0,\boldsymbol{d}_1^0)$是一个任意的二进制$(N_0,Z_0)$-AZCP，根据式(4-8)，经过$n$次迭代，可以构造出一个新的二进制$(2^nN_0,2^nZ_0)$-AZCP。

$$(\boldsymbol{d}_0^n,\boldsymbol{d}_1^n)=(I(\boldsymbol{d}_0^{n-1},\boldsymbol{d}_1^{n-1}),I(\boldsymbol{d}_0^{n-1},-\boldsymbol{d}_1^{n-1})),\quad n=1,2,\cdots \tag{4-8}$$

其中，$-\boldsymbol{d}_1^{n-1}$ 表示 $\boldsymbol{d}_1^{n-1}$ 的负序列，$I(\boldsymbol{d}_0^{n-1},\boldsymbol{d}_1^{n-1})$ 表示序列 $\boldsymbol{d}_0^{n-1}$ 与 $\boldsymbol{d}_1^{n-1}$ 的按位交织序列。

例 4-4　设 $(\boldsymbol{a},\boldsymbol{b})$ 是一个二进制 $(3,2)$-AZCP，即

$$\begin{bmatrix} \boldsymbol{a} \\ \boldsymbol{b} \end{bmatrix} = \begin{bmatrix} + & + & + \\ + & - & + \end{bmatrix}$$

$$\left(C_{\boldsymbol{a}}(\tau)+C_{\boldsymbol{b}}(\tau)\right)_{\tau=0}^{2}=(6,0,2)$$

试根据式（4-8），构造出二进制 $(6,4)$-AZCP。

解　可以根据式（4-8）构造出一个序列对 $(\boldsymbol{c},\boldsymbol{d})$，它是一个二进制 $(6,4)$-AZCP，即

$$\begin{bmatrix} \boldsymbol{c} \\ \boldsymbol{d} \end{bmatrix} = \begin{bmatrix} + & + & + & - & + & + \\ + & - & + & + & + & - \end{bmatrix}$$

$$\left(C_{\boldsymbol{c}}(\tau)+C_{\boldsymbol{d}}(\tau)\right)_{\tau=0}^{5}=(12,0,0,0,4,0)$$

需要注意的是，二进制 $(N,1)$-AZCP 在所有长度 N 上都存在，但没有其实际意义。当 $Z\geqslant 2$ 时，根据表 4-1 中二进制 AZCP 的代表和上述二进制 AZCP 的构造方法可以看出，当 $N\leqslant 100$ 时，二进制 (N,Z)-AZCP 可能都存在。因此，有以下猜想[93]。

猜想 1　当 $2\leqslant Z\leqslant N$ 时，二进制 (N,Z)-AZCP 在所有长度 N 上都存在。

猜想 2　对一个二进制 (N,Z)-AZCP，如果它的序列长度 N 是奇数，那么它的零相关区长度最大值为 $Z_{\max}=\dfrac{N+1}{2}$；若它的序列长度 N 可以表示为 $N=2^a10^b26^c$（a,b,c 为非负整数），那么它的零相关区长度最大值 $Z_{\max}=N$；若它的序列长度 N 为其他的偶数时，那么它的零相关区长度最大值 $Z_{\max}\leqslant N-2$。

类似地，可以得到二进制周期零相关区互补对的构造。

4.2　奇数长度二进制零相关区互补对的零相关区长度的上界

针对 4.1.3 节中的猜想 2，本节给出奇数长度二进制非周期 Z-互补对（记为 OB-AZCP）的零相关区长度的上界，并且证明此上界。

定理 4-2（OB-AZCP 的零相关区长度的上界）　设 $\boldsymbol{a}=(a_0,a_1,\cdots,a_{N-1})$ 和 $\boldsymbol{b}=(b_0,b_1,\cdots,b_{N-1})$ 是字符集 $\{0,1\}$ 上二进制序列，若 $(\boldsymbol{a},\boldsymbol{b})$ 是二进制非周期 Z-互补对，且 N 是奇数，则

$$Z\leqslant\frac{N+1}{2} \tag{4-9}$$

其中，Z 为这个二进制非周期 Z-互补对 $(\boldsymbol{a},\boldsymbol{b})$ 的零相关区长度。

证明　假设 $Z>\dfrac{N+1}{2}$，根据同余性质 1 的反身性（见 2.1.1 节），式（4-6）变为

$$\sum_{n=0}^{N-1-\tau}(a_n\oplus a_{n+\tau})+\sum_{n=0}^{N-1-\tau}(b_n\oplus b_{n+\tau})\equiv N-\tau\ (\mathrm{mod}\ 2),0<\tau\leqslant Z-1 \tag{4-10}$$

根据 2.1.1 节的式（2-1）和推论 2-1 可得

$$\sum_{n=0}^{N-1-\tau}(a_n\oplus a_{n+\tau})+\sum_{n=0}^{N-1-\tau}(b_n\oplus b_{n+\tau})\equiv\sum_{n=0}^{N-1-\tau}(a_n+a_{n+\tau})+\sum_{n=0}^{N-1-\tau}(b_n+b_{n+\tau})\ (\mathrm{mod}\ 2) \tag{4-11}$$

其中，$0<\tau\leqslant Z-1$。

根据同余性质 1 的传递性（见 2.1.1 节），由式（4-10）和式（4-11）可得

$$\sum_{n=0}^{N-1-\tau}(a_n+a_{n+\tau})+\sum_{n=0}^{N-1-\tau}(b_n+b_{n+\tau})\equiv(N-\tau)\ (\mathrm{mod}\ 2)，\quad 0<\tau\leqslant Z-1 \tag{4-12}$$

再整理式（4-12），可得

$$\sum_{n=0}^{N-1-\tau}(a_n+b_n)+\sum_{n=0}^{N-1-\tau}(a_{n+\tau}+b_{n+\tau})\equiv\sum_{n=0}^{N-1-\tau}(a_n+b_n)+\sum_{n=\tau}^{N-1}(a_n+b_n)\equiv(N-\tau)\ (\mathrm{mod}\ 2) \tag{4-13}$$

定义

$$E_{\boldsymbol{a},\boldsymbol{b}}(\tau)=\sum_{n=0}^{N-1-\tau}(a_n+b_n)+\sum_{n=\tau}^{N-1}(a_n+b_n) \tag{4-14}$$

于是，根据式（4-13）和式（4-14）可得

$$E_{\boldsymbol{a},\boldsymbol{b}}(\tau)\equiv(N-\tau)\equiv\tau+1(\mathrm{mod}\ 2) \tag{4-15}$$

由于 N 是奇数，记 $N=2k-1$，分别取 $\tau=k-1$ 和 $\tau=k$，根据式（4-15）可得

$$E_{\boldsymbol{a},\boldsymbol{b}}(k-1)\equiv k(\mathrm{mod}\ 2) \tag{4-16}$$

$$E_{\boldsymbol{a},\boldsymbol{b}}(k)\equiv k-1(\mathrm{mod}\ 2) \tag{4-17}$$

然而，根据式（4-14）可得

$$E_{\boldsymbol{a},\boldsymbol{b}}(k-1)=\sum_{n=0}^{k-1}(a_n+b_n)+\sum_{n=k-1}^{N-1}(a_n+b_n) \tag{4-18}$$

$$E_{a,b}(k)=\sum_{n=0}^{k-2}(a_n+b_n)+\sum_{n=k}^{N-1}(a_n+b_n) \tag{4-19}$$

根据同余性质 1（见 2.1.1 节）、式（4-18）和式（4-19），可得

$$E_{a,b}(k-1)\equiv E_{a,b}(k)(\bmod 2) \tag{4-20}$$

由此可见，式（4-20）与式（4-16）和式（4-17）相矛盾，因此可得

$$Z\leqslant\frac{N+1}{2}$$

证毕。

类似地，可以得到奇数长度二进制周期零相关区互补对的零相关区长度上界，即对于给定的序列长度为奇数 N 的二进制周期 Z-互补对，它的零相关区长度上界为 $\frac{N+1}{2}$。

在研究定理 4-2 的过程中，得到二进制 AZCP 的一个必要条件，如定理 4-3 所示。

定理 4-3（二进制非周期 Z-互补对的必要条件） 设 $\boldsymbol{a}=(a_0,a_1,\cdots,a_{N-1})$ 和 $\boldsymbol{b}=(b_0,b_1,\cdots,b_{N-1})$ 是字符集 $\{0,1\}$ 上的二进制序列，且 $(\boldsymbol{a},\boldsymbol{b})$ 是一个二进制 (N,Z)-AZCP。当 N 是偶数时，有

$$a_r+a_{N-1-r}+b_r+b_{N-1-r}\equiv 1\,(\bmod 2)\,,\quad r=0,1,2,\cdots,Z-2 \tag{4-21}$$

当 N 是奇数时，有

$$a_0+a_{N-1}+b_0+b_{N-1}\equiv 0\,(\bmod 2) \tag{4-22}$$

$$a_r+a_{N-1-r}+b_r+b_{N-1-r}\equiv 1\,(\bmod 2),\quad r=1,2,\cdots,Z-2 \tag{4-23}$$

证明 当 N 是偶数时，记 $N=2k$，其中 k 是一个正整数。

在式（4-10）中，当 $\tau=1$ 时，可得

$$a_0+a_{2k-1}+b_0+b_{2k-1}\equiv 1\,(\bmod 2) \tag{4-24}$$

即 $r=0$ 时，式（4-21）成立。

在式（4-10）中，当 $\tau=2$ 时，可得

$$a_0+a_1+a_{2k-2}+a_{2k-1}+b_0+b_1+b_{2k-2}+b_{2k-1}\equiv 0\,(\bmod 2) \tag{4-25}$$

根据同余性质 2（见 2.1.1 节），由式（4-24）和式（4-25）可得

$$a_1+a_{2k-2}+b_1+b_{2k-2}\equiv 1\,(\bmod 2)$$

即 $r=1$ 时，式（4-21）成立。

这样的过程进行下去，直到 $\tau=Z-1$ 时，即 $r=Z-2$ 时，式（4-21）都成立。

当 N 是奇数时，记 $N=2k-1$，其中 k 是一个正整数。

在式（4-10）中，当 $\tau=1$ 时，可得

$$a_0+a_{2k-2}+b_0+b_{2k-2}\equiv 0\ (\mathrm{mod}\ 2) \tag{4-26}$$

即 $r=0$ 时，式（4-22）成立。

在式（4-10）中，当 $\tau=2$ 时，可得

$$a_0+a_1+a_{2k-3}+a_{2k-2}+b_0+b_1+b_{2k-3}+b_{2k-2}\equiv 1\ (\mathrm{mod}\ 2) \tag{4-27}$$

根据同余性质 2（见 2.1.1 节），由式（4-26）和式（4-27），可得

$$a_1+a_{2k-3}+b_1+b_{2k-3}\equiv 1\ (\mathrm{mod}\ 2)$$

即 $r=1$ 时，式（4-23）成立。

这样的过程进行下去，直到 $\tau=Z-1$ 时，即 $r=Z-2$ 时，式（4-23）都成立。

证毕。

在定理 4-3 中，当 N 是偶数且 $N=Z$ 时，二进制 AZCP 的必要条件就是二进制非周期互补对的必要条件[93]。

定理 4-3 的证明方法也可以类似地证明定理 4-2。但是，这种方法证明比上文定理 4-2 的证明方法要复杂得多。

类似地，可以得到二进制周期 Z-互补对的必要条件。

4.3　二进制零相关区互补对的存在性

4.1.3 节中猜想 1 表明，对于某个零相关区长度 Z，二进制 AZCP 在所有序列长度上都存在。本节讨论除了序列长度 1 以外，其他任意序列长度的二进制 AZCP 的存在性。

引理 4-1[70]　设 $\boldsymbol{a}=(a_0,a_1,\cdots,a_{N-1})$ 和 $\boldsymbol{b}=(b_0,b_1,\cdots,b_{N-1})$ 是字符集 $\{0,1\}$ 上二进制序列。如果 $b_n=(a_n+n)\ \mathrm{mod}\ 2$ 或 $b_n=(a_n+n+1)\ \mathrm{mod}\ 2$，$n=0,1,\cdots,N-1$，则

$$C_{\boldsymbol{b}}(\tau)=(-1)^{\tau}C_{\boldsymbol{a}}(\tau),\quad \tau=0,1,2,\cdots,N-1 \tag{4-28}$$

定理 4-4（零相关区长度为 2 的二进制非周期 Z-互补对）　对于任意序列长度 $N(N\geqslant 2)$，零相关区长度 Z 为 2 的二进制非周期 Z-互补对都是存在的。精确地说，设 $\boldsymbol{a}=(a_0,a_1,\cdots,a_{N-1})$ 和 $\boldsymbol{b}=(b_0,b_1,\cdots,b_{N-1})$ 是字符集 $\{0,1\}$ 上二进制序列。如果 $b_n\equiv(a_n+n)\ \mathrm{mod}\ 2$ 或 $b_n\equiv(a_n+n+1)\ \mathrm{mod}\ 2$，则 $(\boldsymbol{a},\boldsymbol{b})$ 是一个零相关区长度 Z 为 2 的二进制非周期 Z-互补对。

证明 根据引理 4-1，有

$$C_a(1) = -C_b(1)$$

即

$$C_a(1) + C_b(1) = 0$$

所以，$(\boldsymbol{a},\boldsymbol{b})$ 是二进制 $(N,2)$-AZCP 。

证毕。

接下来，讨论 $Z \geqslant 3$ 的二进制 (N,Z)-AZCP 的存在性。为了解决这个问题，本节提出一种序列对的递归构造方法，具体说明如下。

设 $\boldsymbol{A}_0$ 是一个字符集 $\{0,1\}$ 上且长度为 N 的二进制序列对，其矩阵形式为

$$\boldsymbol{A}_0 = \begin{pmatrix} \boldsymbol{A}_{0,1} \\ \boldsymbol{A}_{0,2} \end{pmatrix} = \begin{pmatrix} a_{1,0}, a_{1,1}, \cdots, a_{1,N-1} \\ a_{2,0}, a_{2,1}, \cdots, a_{2,N-1} \end{pmatrix}$$

再设 $\boldsymbol{C}$ 和 $\boldsymbol{D}$ 分别是字符集 $\{0,1\}$ 上且长度为 M 的二进制序列对，其矩阵形式为

$$\boldsymbol{C} = \begin{pmatrix} \boldsymbol{C}_1 \\ \boldsymbol{C}_2 \end{pmatrix} = \begin{pmatrix} c_{1,0}, c_{1,1}, \cdots, c_{1,M-1} \\ c_{2,0}, c_{2,1}, \cdots, c_{2,M-1} \end{pmatrix}$$

$$\boldsymbol{D} = \begin{pmatrix} \boldsymbol{D}_1 \\ \boldsymbol{D}_2 \end{pmatrix} = \begin{pmatrix} d_{1,0}, d_{1,1}, \cdots, d_{1,M-1} \\ d_{2,0}, d_{2,1}, \cdots, d_{2,M-1} \end{pmatrix}$$

构造递归公式如下

$$\boldsymbol{A}_{2n-1} = \begin{pmatrix} \boldsymbol{A}_{2n-1,1} \\ \boldsymbol{A}_{2n-1,2} \end{pmatrix} = \begin{pmatrix} \boldsymbol{A}_{2n-2,1}\boldsymbol{C}_1 \\ \boldsymbol{A}_{2n-2,2}\boldsymbol{C}_2 \end{pmatrix} \tag{4-29}$$

$$\boldsymbol{A}_{2n} = \begin{pmatrix} \boldsymbol{A}_{2n,1} \\ \boldsymbol{A}_{2n,2} \end{pmatrix} = \begin{pmatrix} \boldsymbol{A}_{2n-1,1}\boldsymbol{D}_1 \\ \boldsymbol{A}_{2n-1,2}\boldsymbol{D}_2 \end{pmatrix} \tag{4-30}$$

其中，$\boldsymbol{A}_{2n-2,k}\boldsymbol{C}_k$ 表示 $\boldsymbol{A}_{2n-2,k}$ 和 $\boldsymbol{C}_k$ 对应子序列的级联，$\boldsymbol{A}_{2n-2,k}\boldsymbol{D}_k$ 表示 $\boldsymbol{A}_{2n-2,k}$ 和 $\boldsymbol{D}_k$ 对应子序列的级联，$k=1,2$；$n=1,2,\cdots$ 。于是，根据式（4-29）和式（4-30）可得更长的 $\{0,1\}$ 上的二进制序列对。

假设 $\boldsymbol{A}_0$ 是一个字符集 $\{0,1\}$ 上的二进制 (N,Z)-AZCP ，$\boldsymbol{C}$ 是字符集 $\{0,1\}$ 上且长度为 M 的二进制序列对，满足式（4-31）和式（4-32）成立。

$$\sum_{i=1}^{2}\left[\sum_{j=0}^{\tau-1}(a_{i,N+j-\tau} \oplus c_{i,j}) + \sum_{j=\tau}^{M-1}(c_{i,j-\tau} \oplus c_{i,j})\right] = M, 1 \leqslant \tau \leqslant M \tag{4-31}$$

$$\sum_{i=1}^{2}\sum_{j=0}^{M-1}(a_{i,N+j-\tau} \oplus c_{i,j}) = M, M+1 \leqslant \tau \leqslant Z-1 \tag{4-32}$$

其中，$N \geqslant 2M$，$Z \leqslant 2M$。

由于 $\boldsymbol{A}_0$ 是字符集 $\{0,1\}$ 上的二进制 (N,Z)-AZCP，根据式（4-31）和式（4-32）可得

$$\sum_{i=1}^{2}\left[\sum_{j=0}^{N-\tau-1}(a_{i,j} \oplus a_{i,j+\tau})+\sum_{j=0}^{\tau-1}(a_{i,N+j-\tau} \oplus c_{i,j})+\sum_{j=\tau}^{M-1}(c_{i,j-\tau} \oplus c_{i,j})\right]=N+M-\tau, 1 \leqslant \tau \leqslant M$$

$$\sum_{i=1}^{2}\left[\sum_{j=0}^{N-\tau-1}(a_{i,j} \oplus a_{i,j+\tau})+\sum_{j=0}^{M-1}(a_{i,N+j-\tau} \oplus c_{i,j})\right]=N+M-\tau, M+1 \leqslant \tau \leqslant Z-1$$

根据字符集 $\{0,1\}$ 上的二进制非周期零相关区互补对的定义可知，由式（4-29）构造出来的二进制序列对 $\boldsymbol{A}_1$ 是一个字符集 $\{0,1\}$ 上的二进制 $(N+M,Z)$-AZCP。

再假设 $\boldsymbol{D}$ 是一个字符集 $\{0,1\}$ 上且长度为 M 的二进制序列对，且满足式（4-33）和式（4-34）成立。

$$\sum_{i=1}^{2}\left[\sum_{j=0}^{\tau-1}(c_{i,M+j-\tau} \oplus d_{i,j})+\sum_{j=\tau}^{M-1}(d_{i,j-\tau} \oplus d_{i,j})\right]=M, 1 \leqslant \tau \leqslant M \tag{4-33}$$

$$\sum_{i=1}^{2}\left[\sum_{j=0}^{\tau-1-M}(a_{i,N+M+j-\tau} \oplus d_{i,j})+\sum_{j=\tau-M}^{M-1}(c_{i,M+j-\tau} \oplus d_{i,j})\right]=M, M+1 \leqslant \tau \leqslant Z-1 \tag{4-34}$$

其中，$N \geqslant 2M$，$Z \leqslant 2M$。

通过相似的计算可知，由式（4-30）构造出来的二进制序列对 $\boldsymbol{A}_2$ 是字符集 $\{0,1\}$ 上的二进制 $(N+2M,Z)$-AZCP。

再假设 $\boldsymbol{C}$ 和 $\boldsymbol{D}$ 进一步满足式（4-35）～式（4-37）成立。

$$\sum_{i=1}^{2}\left[\sum_{j=0}^{\tau-1}(d_{i,M+j-\tau} \oplus c_{i,j})+\sum_{j=\tau}^{M-1}(c_{i,j-\tau} \oplus c_{i,j})\right]=M, 1 \leqslant \tau \leqslant M \tag{4-35}$$

$$\sum_{i=1}^{2}\left[\sum_{j=0}^{\tau-1-M}(c_{i,2M+j-\tau} \oplus c_{i,j})+\sum_{j=\tau-M}^{M-1}(d_{i,M+j-\tau} \oplus c_{i,j})\right]=M, M+1 \leqslant \tau \leqslant Z-1 \tag{4-36}$$

$$\sum_{i=1}^{2}\left[\sum_{j=0}^{\tau-1-M}(d_{i,2M+j-\tau} \oplus d_{i,j})+\sum_{j=\tau-M}^{M-1}(c_{i,M+j-\tau} \oplus d_{i,j})\right]=M, M+1 \leqslant \tau \leqslant Z-1 \tag{4-37}$$

其中，$N \geqslant 2M$，$Z \leqslant 2M$。

通过相似的计算可知，由式（4-29）构造出来的二进制序列对 $\boldsymbol{A}_3$ 是字符集 $\{0,1\}$ 上的二进制 $(N+3M,Z)$-AZCP，由式（4-30）构造出来的二进制序列对 $\boldsymbol{A}_4$ 是字符集 $\{0,1\}$ 上的二进制 $(N+4M,Z)$-AZCP。

上面的过程进行下去就可得到定理 4-5。

定理 4-5（二进制非周期 Z-互补对的递归构造） 设 $\boldsymbol{A}_0$ 是字符集 $\{0,1\}$ 上的二进制 (N,Z)-AZCP， $\boldsymbol{C}$ 和 $\boldsymbol{D}$ 分别是字符集 $\{0,1\}$ 上且长度为 M 二进制序列对。若 $N \geqslant 2M$，$Z \leqslant 2M$，且式（4-31）～式（4-37）成立，那么 $\boldsymbol{A}_{2n-1}$ 和 $\boldsymbol{A}_{2n}$（$n=1,2,3,\cdots$）分别是字符集 $\{0,1\}$ 上的二进制 $(N+(2n-1)M,Z)$-AZCP 和二进制 $(N+2nM,Z)$-AZCP。

定理 4-5 用于二进制周期 Z-互补对，可以得到二进制周期 Z-互补对的递归构造。

例 4-5 设 $\boldsymbol{A}_0$ 是一个二进制 $(9,5)$-AZCP，即

$$\boldsymbol{A}_0=\begin{pmatrix}\boldsymbol{A}_{0,1}\\ \boldsymbol{A}_{0,2}\end{pmatrix}=\begin{pmatrix}1,1,1,0,0,1,1,0,1\\ 1,1,1,1,0,1,0,1,1\end{pmatrix}$$

递归序列对的矩阵 $\boldsymbol{C}$ 和 $\boldsymbol{D}$ 分别为

$$\boldsymbol{C}=\begin{pmatrix}\boldsymbol{C}_1\\ \boldsymbol{C}_2\end{pmatrix}=\begin{pmatrix}0,0,0,1\\ 0,1,1,1\end{pmatrix}$$

$$\boldsymbol{D}=\begin{pmatrix}\boldsymbol{D}_1\\ \boldsymbol{D}_2\end{pmatrix}=\begin{pmatrix}1,1,0,1\\ 1,0,1,1\end{pmatrix}$$

试根据式（4-29）和式（4-30）分别构造字符集 $\{0,1\}$ 上的序列对 $\boldsymbol{A}_1$ 和 $\boldsymbol{A}_2$，并且说明 $\boldsymbol{A}_1$ 和 $\boldsymbol{A}_2$ 是否都是零相关区长度为 5 的二进制非周期 Z-互补对。

解 根据式（4-29）和式（4-30）分别构造出来的字符集 $\{0,1\}$ 上序列对 $\boldsymbol{A}_1$ 和 $\boldsymbol{A}_2$，即

$$\boldsymbol{A}_1=\begin{pmatrix}1,1,1,0,0,1,1,0,1,0,0,0,1\\ 1,1,1,1,0,1,0,1,1,0,1,1,1\end{pmatrix}$$

$$\boldsymbol{A}_2=\begin{pmatrix}1,1,1,0,0,1,1,0,1,0,0,0,1,1,1,0,1\\ 1,1,1,1,0,1,0,1,1,0,1,1,1,1,0,1,1\end{pmatrix}$$

根据式（4-1），计算出 $\boldsymbol{A}_1$ 和 $\boldsymbol{A}_2$ 的自相关函数和分别为

$$(26,0,0,0,0,2,2,4,0,-2,2,2,2)$$

$$(34,0,0,0,0,6,2,0,8,-6,2,4,4,2,2,2,2)$$

这表明 $\boldsymbol{A}_1$ 和 $\boldsymbol{A}_2$ 都是零相关区长度为 5 的二进制非周期 Z-互补对。

根据式（4-29）和式（4-30）构造的字符集 $\{0,1\}$ 上的序列对 $\boldsymbol{A}_{2n-1}$ 和 $\boldsymbol{A}_{2n}$（$n=1,2,3,\cdots$），根据式（4-1），类似地计算 $\boldsymbol{A}_{2n-1}$ 和 $\boldsymbol{A}_{2n}$ 的自相关函数和，其结果也表明它们都是零相关区长度为 5 的二进制非周期 Z-互补对。

例 4-5 验证了定理 4-5 的正确性。可以用数学归纳法证明定理 4-5，证明过程如下。

证明　设命题 $P(n)$：$\boldsymbol{A}_{2n-1}$ 和 $\boldsymbol{A}_{2n}$（$n=1,2,3,\cdots$）分别是字符集 $\{0,1\}$ 上的二进制 $(N+(2n-1)M,Z)$-AZCP 和二进制 $(N+2nM,Z)$-AZCP 。

基础步骤。根据上文的讨论可知：$\boldsymbol{A}_1$ 和 $\boldsymbol{A}_2$ 分别是字符集 $\{0,1\}$ 上的二进制 $(N+M,Z)$-AZCP 和二进制 $(N+2M,Z)$-AZCP，即当 $n=1$ 时，该命题为真命题。

归纳步骤。假设对任意正整数 k，$P(k)$ 是成立的。也就是说，已经假设了 $\boldsymbol{A}_{2k-1}$ 和 $\boldsymbol{A}_{2k}$ 分别是字符集 $\{0,1\}$ 上的二进制 $(N+(2k-1)M,Z)$-AZCP 和二进制 $(N+2kM,Z)$-AZCP，即

$$\begin{aligned}&\sum_{i=1}^{2}\left[\sum_{j=0}^{N-\tau-1}(a_{i,j}\oplus a_{i,j+\tau})+\sum_{j=0}^{\tau-1}(a_{i,N+j-\tau}\oplus c_{i,j})+\sum_{j=\tau}^{M-1}(c_{i,j-\tau}\oplus c_{i,j})\right]+\\&(k-1)\sum_{i=1}^{2}\left[\sum_{j=0}^{\tau-1}(c_{i,M+j-\tau}\oplus d_{i,j})+\sum_{j=\tau}^{M-1}(d_{i,j-\tau}\oplus d_{i,j})\right]+\\&(k-1)\sum_{i=1}^{2}\left[\sum_{j=0}^{\tau-1}(d_{i,M+j-\tau}\oplus c_{i,j})+\sum_{j=\tau}^{M-1}(c_{i,j-\tau}\oplus c_{i,j})\right]=\\&N+(2k-1)M-\tau,1\leqslant\tau\leqslant M\end{aligned}\tag{4-38}$$

$$\begin{aligned}&\sum_{i=1}^{2}\left[\sum_{j=0}^{N-\tau-1}(a_{i,j}\oplus a_{i,j+\tau})+\sum_{j=0}^{M-1}(a_{i,N+j-\tau}\oplus c_{i,j})\right]+\\&\sum_{i=1}^{2}\left[\sum_{j=0}^{\tau-1-M}(a_{i,N+M+j-\tau}\oplus d_{i,j})+\sum_{j=\tau-M}^{M-1}(c_{i,M+j-\tau}\oplus d_{i,j})\right]+\\&(k-1)\sum_{i=1}^{2}\left[\sum_{j=0}^{\tau-1-M}(c_{i,2M+j-\tau}\oplus c_{i,j})+\sum_{j=\tau-M}^{M-1}(d_{i,M+j-\tau}\oplus c_{i,j})\right]+\\&(k-2)\sum_{i=1}^{2}\left[\sum_{j=0}^{\tau-1-M}(d_{i,2M+j-\tau}\oplus d_{i,j})+\sum_{j=\tau-M}^{M-1}(c_{i,M+j-\tau}\oplus d_{i,j})\right]=\\&N+(2k-1)M-\tau,M+1\leqslant\tau\leqslant Z-1\end{aligned}\tag{4-39}$$

$$\begin{aligned}&\sum_{i=1}^{2}\left[\sum_{j=0}^{N-\tau-1}(a_{i,j}\oplus a_{i,j+\tau})+\sum_{j=0}^{\tau-1}(a_{i,N+j-\tau}\oplus c_{i,j})+\sum_{j=\tau}^{M-1}(c_{i,j-\tau}\oplus c_{i,j})\right]+\\&k\sum_{i=1}^{2}\left[\sum_{j=0}^{\tau-1}(c_{i,M+j-\tau}\oplus d_{i,j})+\sum_{j=\tau}^{M-1}(d_{i,j-\tau}\oplus d_{i,j})\right]+\\&(k-1)\sum_{i=1}^{2}\left[\sum_{j=0}^{\tau-1}(d_{i,M+j-\tau}\oplus c_{i,j})+\sum_{j=\tau}^{M-1}(c_{i,j-\tau}\oplus c_{i,j})\right]=\\&N+2kM-\tau,1\leqslant\tau\leqslant M\end{aligned}\tag{4-40}$$

$$\sum_{i=1}^{2}\left[\sum_{j=0}^{N-\tau-1}(a_{i,j}\oplus a_{i,j+\tau})+\sum_{j=0}^{M-1}(a_{i,N+j-\tau}\oplus c_{i,j})\right]+$$
$$\sum_{i=1}^{2}\left[\sum_{j=0}^{\tau-1-M}(a_{i,N+M+j-\tau}\oplus d_{i,j})+\sum_{j=\tau-M}^{M-1}(c_{i,M+j-\tau}\oplus d_{i,j})\right]+$$
$$(k-1)\sum_{i=1}^{2}\left[\sum_{j=0}^{\tau-1-M}(c_{i,2M+j-\tau}\oplus c_{i,j})+\sum_{j=\tau-M}^{M-1}(d_{i,M+j-\tau}\oplus c_{i,j})\right]+ \quad (4\text{-}41)$$
$$(k-1)\sum_{i=1}^{2}\left[\sum_{j=0}^{\tau-1-M}(d_{i,2M+j-\tau}\oplus d_{i,j})+\sum_{j=\tau-M}^{M-1}(c_{i,M+j-\tau}\oplus d_{i,j})\right]=$$
$$N+2kM-\tau, M+1\leqslant\tau\leqslant Z-1$$

根据假设和基础步骤，必须证明$P(k+1)$也是成立的，即$\boldsymbol{A}_{2k+1}$和$\boldsymbol{A}_{2(k+1)}$分别是字符集$\{0,1\}$上的二进制$(N+(2k+1)M,Z)$-AZCP和二进制$(N+2(k+1)M,Z)$-AZCP。根据式（4-29）和式（4-30）分别构造的字符集$\{0,1\}$上的序列对$\boldsymbol{A}_{2k+1}$和$\boldsymbol{A}_{2(k+1)}$，由式（4-31）～式（4-41）可得

$$\sum_{i=1}^{2}\left[\sum_{j=0}^{N-\tau-1}(a_{i,j}\oplus a_{i,j+\tau})+\sum_{j=0}^{\tau-1}(a_{i,N+j-\tau}\oplus c_{i,j})+\sum_{j=\tau}^{M-1}(c_{i,j-\tau}\oplus c_{i,j})\right]+$$
$$k\sum_{i=1}^{2}\left[\sum_{j=0}^{\tau-1}(c_{i,M+j-\tau}\oplus d_{i,j})+\sum_{j=\tau}^{M-1}(d_{i,j-\tau}\oplus d_{i,j})\right]+ \quad (4\text{-}42)$$
$$k\sum_{i=1}^{2}\left[\sum_{j=0}^{\tau-1}(d_{i,M+j-\tau}\oplus c_{i,j})+\sum_{j=\tau}^{M-1}(c_{i,j-\tau}\oplus c_{i,j})\right]=$$
$$N+(2k+1)M-\tau, 1\leqslant\tau\leqslant M$$

$$\sum_{i=1}^{2}\left[\sum_{j=0}^{N-\tau-1}(a_{i,j}\oplus a_{i,j+\tau})+\sum_{j=0}^{M-1}(a_{i,N+j-\tau}\oplus c_{i,j})\right]+$$
$$\sum_{i=1}^{2}\left[\sum_{j=0}^{\tau-1-M}(a_{i,N+M+j-\tau}\oplus d_{i,j})+\sum_{j=\tau-M}^{M-1}(c_{i,M+j-\tau}\oplus d_{i,j})\right]+$$
$$k\sum_{i=1}^{2}\left[\sum_{j=0}^{\tau-1-M}(c_{i,2M+j-\tau}\oplus c_{i,j})+\sum_{j=\tau-M}^{M-1}(d_{i,M+j-\tau}\oplus c_{i,j})\right]+ \quad (4\text{-}43)$$
$$(k-1)\sum_{i=1}^{2}\left[\sum_{j=0}^{\tau-1-M}(d_{i,2M+j-\tau}\oplus d_{i,j})+\sum_{j=\tau-M}^{M-1}(c_{i,M+j-\tau}\oplus d_{i,j})\right]=$$
$$N+(2k+1)M-\tau, M+1\leqslant\tau\leqslant Z-1$$

$$\begin{aligned}&\sum_{i=1}^{2}\left[\sum_{j=0}^{N-\tau-1}(a_{i,j}\oplus a_{i,j+\tau})+\sum_{j=0}^{\tau-1}(a_{i,N+j-\tau}\oplus c_{i,j})+\sum_{j=\tau}^{M-1}(c_{i,j-\tau}\oplus c_{i,j})\right]+\\&(k+1)\sum_{i=1}^{2}\left[\sum_{j=0}^{\tau-1}(c_{i,M+j-\tau}\oplus d_{i,j})+\sum_{j=\tau}^{M-1}(d_{i,j-\tau}\oplus d_{i,j})\right]+\\&k\sum_{i=1}^{2}\left[\sum_{j=0}^{\tau-1}(d_{i,M+j-\tau}\oplus c_{i,j})+\sum_{j=\tau}^{M-1}(c_{i,j-\tau}\oplus c_{i,j})\right]=\\&N+(2k+2)M-\tau,1\leqslant\tau\leqslant M\end{aligned}\tag{4-44}$$

$$\begin{aligned}&\sum_{i=1}^{2}\left[\sum_{j=0}^{N-\tau-1}(a_{i,j}\oplus a_{i,j+\tau})+\sum_{j=0}^{M-1}(a_{i,N+j-\tau}\oplus c_{i,j})\right]+\\&\sum_{i=1}^{2}\left[\sum_{j=0}^{\tau-1-M}(a_{i,N+M+j-\tau}\oplus d_{i,j})+\sum_{j=\tau-M}^{M-1}(c_{i,M+j-\tau}\oplus d_{i,j})\right]+\\&k\sum_{i=1}^{2}\left[\sum_{j=0}^{\tau-1-M}(c_{i,2M+j-\tau}\oplus c_{i,j})+\sum_{j=\tau-M}^{M-1}(d_{i,M+j-\tau}\oplus c_{i,j})\right]+\\&k\sum_{i=1}^{2}\left[\sum_{j=0}^{\tau-1-M}(d_{i,2M+j-\tau}\oplus d_{i,j})+\sum_{j=\tau-M}^{M-1}(c_{i,M+j-\tau}\oplus d_{i,j})\right]=\\&N+(2k+2)M-\tau,M+1\leqslant\tau\leqslant Z-1\end{aligned}\tag{4-45}$$

式（4-42）～式（4-45）表明，$\boldsymbol{A}_{2k+1}$ 和 $\boldsymbol{A}_{2(k+1)}$ 分别是字符集$\{0,1\}$上的二进制$(N+(2k+1)\ M,Z)$-AZCP 和二进制$(N+2(k+1)M,Z)$-AZCP，即 $P(k+1)$ 也是成立的。

综上所述，$\boldsymbol{A}_{2n-1}$ 和 $\boldsymbol{A}_{2n}$（$n=1,2,3,\cdots$）分别是字符集$\{0,1\}$上的二进制$(N+(2n-1)M,Z)$-AZCP 和二进制$(N+2nM,Z)$-AZCP。

证毕。

定理 4-5 的内容及证明方法用于二进制周期 Z-互补对，可得类似结果。

若定理 4-5 中 $\boldsymbol{A}_0$、$\boldsymbol{C}$ 和 $\boldsymbol{D}$ 都是未知的，则很难通过计算机程序把它们同时找到。因此，首先通过计算机程序搜索到 $\boldsymbol{A}_0$，它是一个字符集$\{0,1\}$上的二进制(N,Z)-AZCP；其次设 $d_{ij}=a_{i,N-M+j}$，$i=1,2;j=0,1,\cdots,M-1$；最后搜索满足条件的 $\boldsymbol{C}$。于是得到满足条件的 $\boldsymbol{A}_0$、$\boldsymbol{C}$ 和 $\boldsymbol{D}$，如表 4-2 所示。为了方便表达，在表 4-2 中，用逗号把序列对中两个序列隔开。

表 4-2 初始二进制(N,Z)-AZCP 和递归序列对

Z	初始二进制 (N,Z)-AZCP，即 A_0	递归序列对 C	递归序列对 D
4	(0010,1000)	(00,10)	(10,00)
3	(00001,01001)	(00,00)	(01,01)
4	(0000110,0010100)	(00,10)	(10,00)
8	(11011000,11101011)	(0010,0001)	(1000,1011)
5	(111001101,111101011)	(0001,0111)	(1101,1011)
6	(1101110010,1110100001)	(0111,0100)	(0010,0001)
6	(1101000110,11111010011)	(1010,0000)	(1001,0011)
6	(1101111001001,1111010100011)	(1010,0000)	(1001,0011)

根据定理 4-5 和表 4-2 可得以下定理。

定理 4-6 对于给定的零相关区长度 $Z=3$，二进制非周期 Z-互补对存在，其序列长度 $N\geqslant 4$；对于给定的零相关区长度 $Z=4$，二进制非周期 Z-互补对存在，其序列长度 $N=4$ 或 $N\geqslant 6$；对于给定的零相关区长度 $Z=5$，二进制非周期 Z-互补对存在，其序列长度 $N\geqslant 8$；对于给定的零相关区长度 $Z=6$，二进制非周期 Z-互补对存在，其序列长度 $N=8$ 或 $N\geqslant 10$。

证明 一方面，根据表 4-2 中初始二进制 AZCP 和递归序列对可得，对于给定的零相关区长度 $Z=4$，序列长度为 $4+2k$ 的二进制 AZCP 存在，且 $k=0,1,2,\cdots$，同理可得，对于给定的零相关区长度 $Z=3$，序列长度为 $4+2k$ 的二进制 AZCP 存在，且 $k=0,1,2,\cdots$。另一方面，根据表 4-2 中初始二进制 AZCP 和递归序列对可得，对于给定的零相关区长度 $Z=3$，序列长度为 $5+2k$ 的二进制 AZCP 存在，且 $k=0,1,2,\cdots$。综上所述，可得结论：对于给定的零相关区长度 $Z=3$，序列长度为 $N(N\geqslant 4)$ 的二进制 AZCP 存在。类似地，可以证明定理 4-6 中其他部分内容。

证毕。

定理 4-6 用于二进制周期 Z-互补对，可以得到类似定理。

4.4 最优奇数长度二进制零相关区互补对

传统二进制非周期互补对的序列长度受限于 $N=2^a10^b26^c$（a,b,c 为非负整数），即 Golay 互补对只有偶数长度。为了填补奇数长度留下的空白，本节介绍最优奇数长度二进制非周期 Z-互补对（OB-AZCP）。它们显示出与 Golay 互补对最接近的相关特性，其接近标准是最优 OB-AZCP 具有最大可能的零相关区长度和

最小可能的区外非周期自相关函数和。事实上，这项工作具有实际意义，因为最优 OB-AZCP 有助于在工程应用中提高设计灵活性。2001 年，Spasojevic 等[171]提出的 ISI 信道估计方案中区分了偶数和奇数序列长度：对于偶数长度，他们建议 Golay 互补对用于最优信道估计；而对于奇数长度，他们构造了“几乎互补的周期序列对”，它是由一个具有低自相关性的二进制序列和其自身的线性相位变换构成的。OB-AZCP 分为以下两种：如果 OB-AZCP 在同相定时位置周围具有零的非平凡非周期自相关函数和，则称其为 I 型 OB-AZCP；如果 OB-AZCP 在端移定时位置周围具有零的非平凡非周期自相关函数和，则称其为II 型 OB-AZCP。I 型 OB-AZCP 在无干扰多载波准同步 CDMA 通信中非常有用[128]，II 型 OB-AZCP 在宽带无线通信系统中非常有用[172]。对于码键控多载波通信，我们希望这种“类似 Golay 互补对”的 OB-AZCP 具有较低的峰均包络功率比（Peak-to-Mean Envelope Power Ratio，PMEPR）。本节首先介绍两种 OB-AZCP 的定义，其次阐述两种最优 OB-AZCP 的性质，最后给出两种最优 OB-AZCP 的构造。

4.4.1 两种 OB-AZCP 的定义

2.2.3 节中定义了 AZCP，4.1.1 节中定义了字符集$\{0,1\}$上的二进制 AZCP，本节将定义两种 OB-AZCP。I 型 OB-AZCP 的定义与二进制 AZCP 的定义是相似的，但 I 型 OB-AZCP 要求零相关区外的非周期自相关函数和较小，而二进制 AZCP 没有这个要求。II 型 OB-AZCP 是一种新型的二进制非周期 Z-互补对。

定义 4-3（I 型 OB-AZCP） 设字符集$\{-1,1\}$上且奇数长度N的二进制序列$\boldsymbol{a}=(a_0,a_1,\cdots,a_{N-1})$和$\boldsymbol{b}=(b_0,b_1,\cdots,b_{N-1})$。若

$$C_{\boldsymbol{a}}(\tau)+C_{\boldsymbol{b}}(\tau)=0, 1\leqslant\tau\leqslant Z-1 \tag{4-46}$$

成立，则称序列对$(\boldsymbol{a},\boldsymbol{b})$为奇数长度二进制$(N,Z)$-AZCP。进一步地，若$(\boldsymbol{a},\boldsymbol{b})$的零相关区外的非周期自相关函数和较小，即$C_{\boldsymbol{a}}(\tau)+C_{\boldsymbol{b}}(\tau)(Z\leqslant\tau\leqslant N-1)$的值较小，则称$(\boldsymbol{a},\boldsymbol{b})$是第一种奇数长度二进制$(N,Z)$-AZCP，简称 I 型 OB-AZCP。

类似地，可以定义 I 型奇数长度二进制周期 Z-互补对。

例 4-6 设$(\boldsymbol{a},\boldsymbol{b})$是一个字符集$\{-1,1\}$上且序列长度为 9 的二进制序列对，即

$$\begin{bmatrix}\boldsymbol{a}\\ \boldsymbol{b}\end{bmatrix}=\begin{bmatrix}+&+&+&-&+&+&-&+&+\\ +&+&+&-&-&-&+&-&+\end{bmatrix}$$

试判断$(\boldsymbol{a},\boldsymbol{b})$是否为 I 型 OB-AZCP。

解 根据式（2-15），分别计算出$\boldsymbol{a}$和$\boldsymbol{b}$的非周期自相关函数$C_{\boldsymbol{a}}(\tau)$和$C_{\boldsymbol{b}}(\tau)$，再计算这两个非周期相关函数之和，其计算结果如表 4-3 所示。根据定义 4-3 和表 4-3 可知，$(\boldsymbol{a},\boldsymbol{b})$是 I 型 OB-AZCP。

表 4-3 I 型 OB-AZCP 计算结果

τ	$C_a(\tau)$	$C_b(\tau)$	$C_a(\tau)+C_b(\tau)$
0	9	9	18
1	0	0	0
2	−1	1	0
3	4	−4	0
4	1	−1	0
5	0	−2	−2
6	1	1	2
7	2	0	2
8	1	1	2

定义 4-4（II 型 OB-AZCP） 设字符集$\{-1,1\}$上且奇数长度N的二进制序列$\boldsymbol{a}=(a_0,a_1,\cdots,a_{N-1})$和$\boldsymbol{b}=(b_0,b_1,\cdots,b_{N-1})$。若

$$C_a(\tau)+C_b(\tau)=0,\ N-Z+1\leqslant\tau\leqslant N-1 \tag{4-47}$$

成立，则称序列对$(\boldsymbol{a},\boldsymbol{b})$是第二种奇数长度二进制$(N,Z)-$AZCP，简称 II 型 OB-AZCP。$C_a(\tau)+C_b(\tau)(1\leqslant\tau\leqslant N-Z)$被称为$(\boldsymbol{a},\boldsymbol{b})$的零相关区外的非周期自相关函数和。

类似地，可以定义 II 型奇数长度二进制周期 Z-互补对。

例 4-7 设在字符集$\{-1,1\}$上奇数长度为 9 的二进制序列对$(\boldsymbol{c},\boldsymbol{d})$，即

$$\begin{bmatrix}\boldsymbol{c}\\ \boldsymbol{d}\end{bmatrix}=\begin{bmatrix}- & + & + & + & - & + & - & + & +\\ - & + & + & + & - & - & + & - & -\end{bmatrix}$$

试判断$(\boldsymbol{c},\boldsymbol{d})$是一个 II 型 OB-AZCP。

解 根据式（2-15），分别计算出它们的非周期自相关函数$C_c(\tau)$和$C_d(\tau)$，再计算这两个非周期相关函数之和，其计算结果如表 4-4 所示。

表 4-4 II 型 OB-AZCP 计算结果

τ	$C_c(\tau)$	$C_d(\tau)$	$C_c(\tau)+C_d(\tau)$
0	9	9	18
1	−2	0	−2
2	1	−3	−2
3	−2	0	−2
4	1	1	2
5	0	0	0
6	3	−3	0
7	0	0	0
8	−1	1	0

根据定义 4-4 和表 4-4 可知，$(\boldsymbol{c},\boldsymbol{d})$ 是一个 II 型 OB-AZCP。

定理 4-2 论证了 OB-AZCP 的最大零相关区长度为 $\frac{N+1}{2}$。换言之，I 型 OB-AZCP 的最大零相关区长度为 $\frac{N+1}{2}$。类似地，可以获得下面定理。

定理 4-7（II 型 OB-AZCP 的零相关区长度的上界） 设 $\boldsymbol{a}=(a_0,a_1,\cdots,a_{N-1})$ 和 $\boldsymbol{b}=(b_0,b_1,\cdots,b_{N-1})$ 是字符集 $\{0,1\}$ 上二进制序列，若 $(\boldsymbol{a},\boldsymbol{b})$ 是一个 II 型 OB-AZCP，则

$$Z \leqslant \frac{N+1}{2} \tag{4-48}$$

其中，Z 为这个 II 型 OB-AZCP 的零相关区长度。

类似地，可以得到 II 型奇数长度二进制周期 Z-互补对的零相关区长度上界。

基于定理 4-2 和定理 4-7，如果一个 OB-AZCP（I 型或 II 型）的最大零相关区长度为 $\frac{N+1}{2}$，则称它们为 Z-最优的。

与 OB-AZCP 的“Z-最优”不同，下面给出 OB-AZCP 的“最优”的定义。

定义 4-5（最优 OB-AZCP） 如果 $(\boldsymbol{a},\boldsymbol{b})$ 是一个 Z-最优的 OB-AZCP，且每个零相关区外非周期自相关函数和的模为 2，则称 $(\boldsymbol{a},\boldsymbol{b})$ 为最优的 OB-AZCP。

根据定义 4-5，例 4-6 中的 $(\boldsymbol{a},\boldsymbol{b})$ 和例 4-7 的 $(\boldsymbol{c},\boldsymbol{d})$ 不仅都是 Z-最优的，而且都是最优的。

字符集 $\{0,1\}$ 上长度不超过 25 的最优 OB-AZCP 如表 4-5 所示。在表 4-5 中，第 2 列中的两个子序列是用逗号隔开的。

表 4-5　字符集{0,1}上长度不超过 25 的最优 OB-AZCP

N	最优 OB-AZCP $(\boldsymbol{a},\boldsymbol{b})$	$\frac{C_a(\tau)+C_b(\tau)}{2},\tau\geqslant\frac{N+1}{2}$
3	(000, 010)	(1)
5	(00001, 01001)	(1,−1)
7	(0010100, 0110000)	(−1,1,1)
9	(101000001, 110001001)	(−1,−1,−1,1)
11	(00111001001, 01010000001)	(−1,1,1,1,−1)
13	(1011110011101, 1101100000101)	(−1,−1,1,1,−1,1)
15	(010010000001110, 001010001110110)	(1,−1,−1,1,−1,−1,1)
17	(00100111010110000, 01011100010010000)	(−1,−1,−1,−1,1,1,1,1)
19	(0010010000101011100, 0101100100000011100)	(1,1,1,1,−1,−1,−1,1,1)
21	(101101000000001110001, 110100011001000101001)	(−1,1,−1,1,−1,−1,1,−1,−1,1)
23	(01000111000010010001010, 00110010000001111011010)	(1,1,1,−1,1,−1,1,−1,1,−1,1)
25	(0001011001010101100010000, 0110111101100100001110000)	(−1,1,−1,−1,1,−1,−1,−1,1,1,1,1)

4.4.2 两种最优 OB-AZCP 的性质

本节首先给出一个引理，再给出有关最优 OB-AZCP 的 3 个定理，最后给出两种最优 OB-AZCP 的性质。

根据式（4-14）和定义 4-3（I 型 OB-AZCP）可得

$$E_{\boldsymbol{a},\boldsymbol{b}}(N-\tau)=\sum_{n=0}^{\tau-1}(a_n+b_n)+\sum_{n=N-\tau}^{N-1}(a_n+b_n) \tag{4-49}$$

其中，$1\leqslant\tau\leqslant\dfrac{N-1}{2}$。于是，可得以下引理。

引理 4-2 设 $\boldsymbol{a}=(a_0,a_1,\cdots,a_{N-1})$ 和 $\boldsymbol{b}=(b_0,b_1,\cdots,b_{N-1})$ 是字符集 $\{0,1\}$ 上的二进制序列。若 $(\boldsymbol{a},\boldsymbol{b})$ 是一个 I 型 OB-AZCP，则

$$E_{\boldsymbol{a},\boldsymbol{b}}(\tau)\equiv E_{\boldsymbol{a},\boldsymbol{b}}(N-\tau)\ (\mathrm{mod}\ 2) \tag{4-50}$$

其中，$1\leqslant\tau\leqslant\dfrac{N-1}{2}$。

证明 根据式（4-14）可得

$$\begin{aligned}E_{\boldsymbol{a},\boldsymbol{b}}(\tau)=&\sum_{n=0}^{N-1-\tau}(a_n+b_n)+\sum_{n=\tau}^{N-1}(a_n+b_n)=\\&\underbrace{\sum_{n=0}^{\tau-1}(a_n+b_n)+\sum_{n=\tau}^{N-1-\tau}(a_n+b_n)}+\underbrace{\sum_{n=\tau}^{N-1-\tau}(a_n+b_n)+\sum_{n=N-\tau}^{N-1}(a_n+b_n)}\equiv\\&\sum_{n=0}^{\tau-1}(a_n+b_n)+\sum_{n=N-\tau}^{N-1}(a_n+b_n)\ (\mathrm{mod}\ 2)\end{aligned}$$

再根据式（4-49）可得

$$E_{\boldsymbol{a},\boldsymbol{b}}(\tau)\equiv E_{\boldsymbol{a},\boldsymbol{b}}(N-\tau)\ (\mathrm{mod}\ 2)$$

证毕。

可以利用引理 4-2 证明以下定理。

定理 4-8 若 $(\boldsymbol{a},\boldsymbol{b})$ 是一个 Z-最优 I 型 OB-AZCP，则 $(\boldsymbol{a},\boldsymbol{b})$ 的零相关区外非周期自相关函数和的模是 $2p$，其中 p 是任何一个正奇数。换言之，对于 $\dfrac{N+1}{2}\leqslant\tau\leqslant N-1$（其中 N 是序列长度）有

$$\left|C_{\boldsymbol{a}}(\tau)+C_{\boldsymbol{b}}(\tau)\right|\geqslant 2 \tag{4-51}$$

当 $\left|C_{\boldsymbol{a}}(\tau)+C_{\boldsymbol{b}}(\tau)\right|=2$ 时，$(\boldsymbol{a},\boldsymbol{b})$ 是一个最优 I 型 OB-AZCP。

证明 若 $1\leqslant\tau\leqslant\dfrac{N-1}{2}$，则 $\dfrac{N+1}{2}\leqslant N-\tau\leqslant N-1$。因为 $(\boldsymbol{a},\boldsymbol{b})$ 是一个 Z-最优

的 I 型 OB-AZCP，根据式（4-5）、式（4-15）和引理 4-2 可得

$$\begin{aligned}
&\frac{C_{a}(N-\tau)+C_{b}(N-\tau)}{2}= \\
&\tau-\sum_{n=0}^{\tau-1}[(a_{n}\oplus a_{n+N-\tau})+(b_{n}\oplus b_{n+N-\tau})]\equiv \\
&\tau+\sum_{n=0}^{\tau-1}[(a_{n}\oplus a_{n+N-\tau})+(b_{n}\oplus b_{n+N-\tau})]\equiv \\
&\tau+E_{a,b}(N-\tau)\equiv \\
&\tau+E_{a,b}(\tau)\equiv \\
&\tau+(\tau+1)\equiv \\
&1\ (\mathrm{mod}\ 2)
\end{aligned}$$

因此，当$\frac{N+1}{2}\leqslant\tau\leqslant N-1$时，有

$$\left|C_{a}(\tau)+C_{b}(\tau)\right|=2p,\ \ p\in\{1,2,\cdots\}$$

即

$$\left|C_{a}(\tau)+C_{b}(\tau)\right|\geqslant 2$$

证毕。

设$(\boldsymbol{a},\boldsymbol{b})$是一个 Z-最优 II 型 OB-AZCP，与定理 4-8 同理，可得

$$\frac{C_{a}(N-\tau)+C_{b}(N-\tau)}{2}\equiv 1\ (\mathrm{mod}\ 2) \tag{4-52}$$

其中，$\frac{N+1}{2}\leqslant\tau\leqslant N-1$。

根据式（4-52）可得以下定理。

定理 4-9　若$(\boldsymbol{c},\boldsymbol{d})$是一个 Z-最优 II 型 OB-AZCP，则$(\boldsymbol{c},\boldsymbol{d})$的零相关区外非周期自相关函数和的模是 $2p$，其中 p 是任何一个正奇数。换言之，对于$1\leqslant\tau\leqslant\frac{N-1}{2}$（其中 N 是序列长度），有

$$\left|C_{c}(\tau)+C_{d}(\tau)\right|\geqslant 2 \tag{4-53}$$

当$\left|C_{c}(\tau)+C_{d}(\tau)\right|=2$时，$(\boldsymbol{c},\boldsymbol{d})$是一个最优 II 型 OB-AZCP。

下面给出两种 Z-互补对的必要条件。

定理 4-10　构造最优 OB-AZCP（类型 I 或类型 II）的必要条件是字符集$\{0,1\}$上的二进制序列对的支撑集 D 为一个几乎差族

$$\left(N;(k_1,k_2);k_1+k_2-\frac{N+1}{2};v\right) \tag{4-54}$$

其中，N 是二进制序列长度，k_1和k_2 分别是这两个二进制序列中分量 1 的个数。进一步地，当下面两个条件之一成立，则这个几乎差族 D 为

$$\left(N;(k_1,k_2);k_1+k_2-\frac{N+1}{2};N-1\right) \tag{4-55}$$

条件 1　设 $(\boldsymbol{a},\boldsymbol{b})$ 是一个最优 I 型 OB-AZCP，且

$$C_a(\tau)+C_b(\tau)=-2 \tag{4-56}$$

其中，$\frac{N+1}{2}\leqslant\tau\leqslant N-1$。

条件 2　设 $(\boldsymbol{c},\boldsymbol{d})$ 是一个最优 II 型 OB-AZCP，且

$$C_c(\tau)+C_d(\tau)=-2 \tag{4-57}$$

其中，$1\leqslant\tau\leqslant\frac{N-1}{2}$。

证明　对于条件 1，即 $(\boldsymbol{a},\boldsymbol{b})$ 是一个最优 I 型 OB-AZCP，有

$$\left|C_a(\tau)+C_b(\tau)\right|=\begin{cases}0, & 1\leqslant\tau\leqslant\frac{N-1}{2}\\ 2, & \frac{N+1}{2}\leqslant\tau\leqslant N-1\end{cases}$$

于是，当$1\leqslant\tau\leqslant N-1$时，有

$$\left|R_a(\tau)+R_b(\tau)\right|=\left|C_a(\tau)+C_b(\tau)+C_a(N-\tau)+C_b(N-\tau)\right|=2$$

根据引理 2-2，若条件 1 成立，则式（4-55）成立。同理可以证明，若条件 2 成立，则式（4-55）也成立。

证毕。

例 4-8　分别给出例 4-6 中的 $(\boldsymbol{a},\boldsymbol{b})$ 和例 4-7 中的 $(\boldsymbol{c},\boldsymbol{d})$ 对应的几乎差族。

解　在例 4-6 中，$(\boldsymbol{a},\boldsymbol{b})$ 是一个最优 I 型 OB-AZCP，它对应的几乎差族 $D_{a,b}=(D_a,D_b)$ 为{9;（2,4）;1;2}，其中，$D_a=\{3,6\},D_b=\{3,4,5,7\}$。在例 4-7 中，$(\boldsymbol{c},\boldsymbol{d})$ 是一个最优 II 型 OB-AZCP，它对应的几乎差族 $D_{c,d}=(D_c,D_d)$ 为{9;(3,5);3;6}，其中，$D_c=\{0,4,6\},D_d=\{0,4,5,7,8\}$。

下面给出最优 OB-AZCP 的几个性质，把这些性质与 Golay 互补对的性质进行比较。

设 $(\boldsymbol{a},\boldsymbol{b})$ 是一个长度为 N 的多相序列对，根据文献[173]可得

$$\mathrm{PMPER}(\boldsymbol{a}) \leqslant 2+\frac{2}{N}\sum_{\tau=1}^{N-1}[C_{\boldsymbol{a}}(\tau)+C_{\boldsymbol{b}}(\tau)] \tag{4-58}$$

根据式（4-58）可得一个最优 OB-AZCP 的性质如下。

性质 1　最优 OB-AZCP（I 型或 II 型）中每个子序列的 PMEPR 最多为 4。但是，每个 Golay 序列的 PMEPR 最多为 2[173]。

从定理 4-3 及其证明中可得另一个最优 OB-AZCP 的性质如下。

性质 2　设 $(\boldsymbol{a},\boldsymbol{b})$ 是一个最优 I 型 OB-AZCP，有

$$\begin{cases} a_0+a_{N-1}+b_0+b_{N-1}\equiv 0 \pmod 2 \\ a_r+a_{N-1-r}+b_r+b_{N-1-r}\equiv 1 \pmod 2 \end{cases} \tag{4-59}$$

其中，$1\leqslant r\leqslant \dfrac{N-3}{2}$。

设 $(\boldsymbol{c},\boldsymbol{d})$ 是一个最优 II 型 OB-AZCP，有

$$a_r+a_{N-1-r}+b_r+b_{N-1-r}\equiv 1 \pmod 2 \tag{4-60}$$

其中，$1\leqslant r\leqslant \dfrac{N-3}{2}$。

但是，Golay 互补对的必要条件[84]为

$$a_r+a_{N-1-r}+b_r+b_{N-1-r}\equiv 1 \pmod 2$$

其中，$r=0,1,2,\cdots,N-1$。

性质 3　设 $(\boldsymbol{a},\boldsymbol{b})$ 是一个最优的 I 型 OB-AZCP，$(\boldsymbol{c},\boldsymbol{d})$ 是一个最优 II 型 OB-AZCP，它们的序列长度都为 N，它们的两个子序列中元素 1 的个数都分别为 k_1 和 k_2。对于 $(\boldsymbol{a},\boldsymbol{b})$，有

$$N+\sum_{\tau=\frac{N+1}{2}}^{N-1}[C_{\boldsymbol{a}}(\tau)+C_{\boldsymbol{b}}(\tau)]=(k_1-k_2)^2+(N-k_1-k_2)^2 \tag{4-61}$$

对于 $(\boldsymbol{c},\boldsymbol{d})$，有

$$N+\sum_{\tau=1}^{\frac{N-1}{2}}[C_{\boldsymbol{c}}(\tau)+C_{\boldsymbol{d}}(\tau)]=(k_1-k_2)^2+(N-k_1-k_2)^2 \tag{4-62}$$

证明　对字符集 $\{0,1\}$ 上二进制序列 $\boldsymbol{a}=(a_0,a_1,\cdots,a_{N-1})$，设 $\boldsymbol{a}$ 的相关多项式 $\boldsymbol{a}(z)$ 为

$$\boldsymbol{a}(z)=\sum_{\tau=0}^{N-1}(-1)^{a_\tau}z^\tau \tag{4-63}$$

对于 $z \neq 0$，有

$$\begin{aligned}&\boldsymbol{a}(z)\boldsymbol{a}(z^{-1})\boldsymbol{b}(z)\boldsymbol{b}(z^{-1})=\\&\sum_{\tau=0}^{N-1}\left[(C_{\boldsymbol{a}}(\tau)+C_{\boldsymbol{b}}(\tau))(z^{\tau}+z^{-\tau})\right]=\\&2N+\sum_{\tau=\frac{N+1}{2}}^{N-1}\left[(C_{\boldsymbol{a}}(\tau)+C_{\boldsymbol{b}}(\tau))(z^{\tau}+z^{-\tau})\right]\end{aligned} \tag{4-64}$$

令 $z=1$，根据最优 I 型 OB-AZCP 零相关区性质可得

$$\begin{aligned}&\left|\boldsymbol{a}(1)\right|^{2}+\left|\boldsymbol{b}(1)\right|^{2}=(N-2k_{1})^{2}+(N-2k_{2})^{2}=\\&C_{\boldsymbol{a}}(0)+C_{\boldsymbol{b}}(0)+2\sum_{\tau=\frac{N+1}{2}}^{N-1}\left[(C_{\boldsymbol{a}}(\tau)+C_{\boldsymbol{b}}(\tau))\right]=\\&2N+2\sum_{\tau=\frac{N+1}{2}}^{N-1}\left[(C_{\boldsymbol{a}}(\tau)+C_{\boldsymbol{b}}(\tau))\right]\end{aligned} \tag{4-65}$$

又因为

$$(N-2k_{1})^{2}+(N-2k_{2})^{2}=2\left[(k_{1}-k_{2})^{2}+(N-k_{1}-k_{2})^{2}\right]$$

于是得

$$N+\sum_{\tau=\frac{N+1}{2}}^{N-1}[C_{\boldsymbol{a}}(\tau)+C_{\boldsymbol{b}}(\tau)]=(k_{1}-k_{2})^{2}+(N-k_{1}-k_{2})^{2}$$

类似地，可以证明式（4-62）。

证毕。

但是，Golay 互补对满足以下条件。

$$N=(k_{1}-k_{2})^{2}+(N-k_{1}-k_{2})^{2} \tag{4-66}$$

比较最优 OB-AZCP 的性质与二进制 Golay 互补对的性质，结果表明：最优 OB-AZCP 与二进制 Golay 互补对非常接近。这些最优 OB-AZCP 的性质和定理 4-10 中的必要条件有助于搜索大长度的最优 OB-AZCP。

类似地，可以得到有关最优 I 型和 II 型奇数长度二进制周期 Z-互补对相应的定理及其性质。

4.4.3 两种最优 OB-AZCP 的构造

对某些 GDJ（Golay-Davis-Jedwab）互补对进行插入和删除，可以构造最优 OB-AZCP。本节首先介绍 GDJ 互补对的构造，再给出两种类型最优 Z-互补对的构造。

定义 4-6（广义布尔函数） 对于 $\boldsymbol{x}=(x_{1},x_{2},\cdots,x_{m})\in Z_{2}^{m}$，定义 q-进制的广义

布尔函数 $f(\boldsymbol{x})$（或 $f(x_1,x_2,\cdots,x_m)$）为

$$f:Z_2^m \to Z_q$$

设 $(i_1,i_2,\cdots,i_m)$ 是一个非负整数 i 的二进制表达式，即 $i=\sum_{k=1}^{m} i_k 2^{k-1}$。再设 $f_i=f(i_1,i_2,\cdots,i_m)$，则与之关联的 q-进制序列 $\boldsymbol{f}$ 为

$$\boldsymbol{f}=(f_0,f_1,\cdots,f_{2^m-1})=(f(0,0,\cdots 0),f(1,0,\cdots,0),\cdots f(1,1,\cdots,1)) \tag{4-67}$$

例 4-9　设 $m=3$，$q=2$。试给出与广义布尔函数 $1,x_1,x_3,x_1x_3$ 关联的序列。

解　广义布尔函数 $1,x_1,x_3,x_1x_3$ 关联的序列分别为

$$\mathbf{1}=(1,1,1,1,1,1,1,1)$$

$$\boldsymbol{x}_1\ =(0,1,0,1,0,1,0,1)$$
$$\boldsymbol{x}_3\ =(0,0,0,0,1,1,1,1)$$
$$\boldsymbol{x}_1\boldsymbol{x}_3=(1,1,1,1,1,0,1,0)$$

引理 4-3（GDJ 互补对的构造[150]）　设一个 q-进制的广义布尔函数为

$$f(\boldsymbol{x})=\frac{q}{2}\sum_{k=1}^{m-1} x_{\pi(k)}x_{\pi(k+1)}+\sum_{k=1}^{m} l_k x_k+l' \tag{4-68}$$

其中，q 为正偶数，π 是集合 $\{1,2,\cdots,m\}$ 的一个置换，$l_k,l'\in Z_q$。则对任意 $c\in Z_q$，$f(\boldsymbol{x})$ 和 $f(\boldsymbol{x})+\frac{q}{2}\boldsymbol{x}_{\pi(1)}+c\mathbf{1}$ 产生一个长度为 2^m 的 GDJ 互补对。

对于引理 4-3 生成的 GDJ 互补对 $(\boldsymbol{g},\boldsymbol{h})$，令

$$\boldsymbol{g}_0=(g_0,g_1,\cdots,g_{2^{m-1}-1}),\ \boldsymbol{g}_1=(g_{2^{m-1}},g_{2^{m-1}+1},\cdots,g_{2^m-1})$$

$$\boldsymbol{h}_0=(h_0,h_1,\cdots,h_{2^{m-1}-1}),\ \boldsymbol{h}_1=(h_{2^{m-1}},h_{2^{m-1}+1},\cdots,h_{2^m-1})$$

于是，得到的二进制 GDJ 互补对 $(\boldsymbol{g},\boldsymbol{h})$ 性质如引理 4-4 所示。

引理 4-4　设 $q=2$，对于一个长度为 2^m 的二进制 GDJ 互补对 $(\boldsymbol{g},\boldsymbol{h})$，有

$$C_{\boldsymbol{g}_0}(\tau)+C_{\boldsymbol{g}_1}(\tau)+C_{\boldsymbol{h}_0}(\tau)+C_{\boldsymbol{h}_1}(\tau)=0,\quad \tau\neq 0 \tag{4-69}$$

$$C_{\boldsymbol{g}_u,\boldsymbol{g}_{1-u}}(\tau)+C_{\boldsymbol{h}_u,\boldsymbol{h}_{1-u}}(\tau)=0,\quad u\in\{0,1\} \tag{4-70}$$

证明　首先，证明式（4-69）。对于 $0\leqslant i<j=i+\tau\leqslant 2^{m-1}-1$，$i$ 和 j 的二进制表达式分别为 $(i_1,i_2,\cdots,i_{m-1},0)$ 和 $(j_1,j_2,\cdots,j_{m-1},0)$，因此，$i+2^{m-1}$ 和 $j+2^{m-1}$ 的二进制表达式分别为 $(i_1,i_2,\cdots,i_{m-1},1)$ 和 $(j_1,j_2,\cdots,j_{m-1},1)$。对于 $\tau>0$，有

$$\begin{aligned}&C_{\boldsymbol{g}_0}(\tau)+C_{\boldsymbol{g}_1}(\tau)+C_{\boldsymbol{h}_0}(\tau)+C_{\boldsymbol{h}_1}(\tau)=\\&\sum_{i=0}^{2^{m-1}-\tau-1}\left[(-1)^{g_i+g_j}+(-1)^{g_{i+2^{m-1}}+g_{j+2^{m-1}}}+(-1)^{h_i+h_j}+(-1)^{h_{j+2^{m-1}}+h_{j+2^{m-1}}}\right]\end{aligned} \tag{4-71}$$

令 $\pi(p)=m$。在下列几种情形下继续讨论。

情形 1 如果$1<p<m$，有

$$\begin{cases} h_i = g_i + i_{\pi(1)} + c \\ h_j = g_j + i_{\pi(1)} + c \end{cases}, \quad \begin{cases} g_{i+2^{m-1}} = g_i + i_{\pi(p-1)} + i_{\pi(p+1)} + c_{\pi(p)} \\ g_{j+2^{m-1}} = g_j + j_{\pi(p-1)} + j_{\pi(p+1)} + c_{\pi(p)} \end{cases} \tag{4-72}$$

$$\begin{cases} h_{i+2^{m-1}} = g_i + i_{\pi(1)} + i_{\pi(p-1)} + i_{\pi(p+1)} + c_{\pi(p)} + c \\ h_{j+2^{m-1}} = g_j + i_{\pi(1)} + j_{\pi(p-1)} + j_{\pi(p+1)} + c_{\pi(p)} + c \end{cases} \tag{4-73}$$

将式（4-72）和式（4-73）代入式（4-71），有

$$C_{g_0}(\tau)+C_{g_1}(\tau)+C_{h_0}(\tau)+C_{h_1}(\tau)=4\sum_{(i,j)\in S_1}(-1)^{g_i+g_j} \tag{4-74}$$

其中

$$S_1=\left\{(i,j)\left|\begin{array}{l}0\leqslant i<j=i+\tau\leqslant 2^{m-1}-1,1<p<m \\ i_{\pi(1)}+j_{\pi(1)}\equiv 0\ (\mathrm{mod}\ 2) \\ i_{\pi(p-1)}+i_{\pi(p+1)}+j_{\pi(p-1)}+j_{\pi(p+1)}\equiv 0\ (\mathrm{mod}\ 2)\end{array}\right.\right\} \tag{4-75}$$

给定一个置换 π，i 和 j 的二进制置换表达式分别为$(i_{\pi(1)},i_{\pi(2)},\cdots,i_{\pi(m)})$和$(j_{\pi(1)},j_{\pi(2)},\cdots,j_{\pi(m)})$。假设$v$是满足$i_{\pi(v)}\neq j_{\pi(v)}$的最小指标，即

$$(j_{\pi(1)},\cdots,j_{\pi(v-1)},j_{\pi(v)},j_{\pi(v+1)},\cdots,j_{\pi(m)})=(i_{\pi(1)},\cdots,i_{\pi(v-1)},1-i_{\pi(v)},j_{\pi(v+1)},\cdots,i_{\pi(m)}) \tag{4-76}$$

显然，$v\geqslant 2$ 且 $v\neq p$。值得注意的是 $v\neq p+1$，否则，$i_{\pi(p-1)}+i_{\pi(p+1)}+j_{\pi(p-1)}+j_{\pi(p+1)}\equiv 1\ (\mathrm{mod}\ 2)$与式（4-75）相矛盾。另一对整数$i'$和$j'$的二进制置换表达式分别为

$$i'_{\pi(k)}=\begin{cases}1-i_{\pi(k)}, & k=v-1 \\ i_{\pi(k)}, & 其他\end{cases}$$

$$j'_{\pi(k)}=\begin{cases}1-j_{\pi(k)}, & k=v-1 \\ j_{\pi(k)}, & 其他\end{cases}$$

由于$v-1\neq p$，因此

$$\begin{cases} i'_m = i'_{\pi(p)} = i_m = 0 \\ j'_m = j'_{\pi(p)} = j_m = 0 \end{cases}$$

因此，有$(i',j')\in S_1$。根据文献[150]的定理 3 中的类似论证，可得

$$(-1)^{g_i+g_j}+(-1)^{g_{i'}+g_{j'}}=0,(i,j)\in S_1 \tag{4-77}$$

根据式（4-74）和式（4-77）可得

$$C_{g_0}(\tau)+C_{g_1}(\tau)+C_{h_0}(\tau)+C_{h_1}(\tau)=0,\quad \tau\neq 0$$

情形 2 如果 $p=m$，有

$$C_{g_0}(\tau)+C_{g_1}(\tau)+C_{h_0}(\tau)+C_{h_1}(\tau)=4\sum_{(i,j)\in S_2}(-1)^{g_i+g_j} \tag{4-78}$$

其中

$$S_2=\left\{(i,j)\left|\begin{array}{l}0\leqslant i<j=i+\tau\leqslant 2^{m-1}-1,\ p=m\\ i_{\pi(1)}+j_{\pi(1)}\equiv 0\ (\mathrm{mod}\,2)\\ i_{\pi(m-1)}+j_{\pi(m-1)}\equiv 0\ (\mathrm{mod}\,2)\end{array}\right.\right\} \tag{4-79}$$

类似情形 1 中的论证，可得

$$C_{g_0}(\tau)+C_{g_1}(\tau)+C_{h_0}(\tau)+C_{h_1}(\tau)=0,\quad \tau\neq 0$$

情形 3 如果 $p=1$，有

$$C_{g_0}(\tau)+C_{g_1}(\tau)+C_{h_0}(\tau)+C_{h_1}(\tau)=4\sum_{(i,j)\in S_3}(-1)^{g_i+g_j} \tag{4-80}$$

其中

$$S_3=\left\{(i,j)\left|\begin{array}{l}0\leqslant i<j=i+\tau\leqslant 2^{m-1}-1,\ p=1\\ i_{\pi(2)}+j_{\pi(2)}\equiv 0\ (\mathrm{mod}\,2)\end{array}\right.\right\} \tag{4-81}$$

类似情形 1 中的论证，可得 $C_{g_0}(\tau)+C_{g_1}(\tau)+C_{h_0}(\tau)+C_{h_1}(\tau)=0,\quad \tau\neq 0$。

接下来证明式（4-70）。

$$C_{\boldsymbol{g}}(\tau)+C_{\boldsymbol{h}}(\tau)=\\ \begin{cases}C_{g_0}(\tau)+C_{g_1}(\tau)+C_{h_0}(\tau)+C_{h_1}(\tau)+C_{g_1g_0}(2^{m-1}-\tau)+C_{h_1h_0}(2^{m-1}-\tau), 1\leqslant\tau\leqslant 2^{m-1}-1\\ C_{g_0g_1}(\tau-2^{m-1})+C_{h_0h_1}(\tau-2^{m-1}), 2^{m-1}\leqslant\tau\leqslant 2^m-1\end{cases} \tag{4-82}$$

根据式（4-69）和式（4-82），可得式（4-70）。

证毕。

引理 4-4 体现了二进制 GDJ 互补对 $(\boldsymbol{g},\boldsymbol{h})$ 性质，这有利于证明最优 OB-AZCP 的构造。为了构造最优 OB-AZCP，下面给出插入函数序列和删除函数序列的定义。

定义 4-7（插入函数序列） 对于向量 $\boldsymbol{w}=(w_0,w_1,\cdots,w_{N-1})$、一个数 d 和一个整数 $r(0\leqslant r\leqslant N)$，插入函数序列 $\boldsymbol{f}_{\mathrm{I}}(\boldsymbol{w},d,r)$ 定义为

$$\boldsymbol{f}_{\mathrm{I}}(\boldsymbol{w},d,r)=\begin{cases}(d,w_0,w_1,\cdots,w_{N-1}),\ r=0\\ (w_0,w_1,\cdots,w_{N-1},d),\ r=N\\ (w_0,w_1,\cdots,w_{r-1},d,w_r,\cdots,w_{N-1}), 1\leqslant r\leqslant N-1\end{cases} \tag{4-83}$$

定义 4-8（删除函数序列） 对于向量 $\boldsymbol{w}=(w_0,w_1,\cdots,w_{N-1})$ 和一个整数 $r(0\leqslant$

$r \leqslant N$）。删除函数序列 $\boldsymbol{f}_{\mathrm{D}}(\boldsymbol{w},r)$ 定义为

$$\boldsymbol{f}_{\mathrm{D}}(\boldsymbol{w},r)=\begin{cases}(w_1,w_2,\cdots,w_{N-1}), & r=0\\(w_0,w_1,\cdots,w_{N-2}), & r=N\\(w_0,w_1,\cdots,w_{r-1},w_{r+1},\cdots,w_{N-1}), & 1\leqslant r\leqslant N-2\end{cases} \tag{4-84}$$

对于 $\boldsymbol{w}\in Z_2^N$、$N=2^m$ 和 $d\in Z_2$，令 $\boldsymbol{w}_0=(w_0,w_1,\cdots,w_{2^{m-1}-1})$ 和 $\boldsymbol{w}_1=(w_{2^{m-1}},w_{2^{m-1}+1},\cdots,w_{2^m-1})$，则 $\boldsymbol{f}_{\mathrm{I}}(\boldsymbol{w},d,r)$ 和 $\boldsymbol{f}_{\mathrm{D}}(\boldsymbol{w},r)$ 非周期自相关函数分别为

$$C_{f_{\mathrm{I}}(\boldsymbol{w},d,r)}(\tau)=\begin{cases}C_{\boldsymbol{w}}(\tau)+(-1)^{d+w_{\tau-1}}, & r=0\\C_{\boldsymbol{w}}(\tau)+(-1)^{d+w_{2^m-\tau}}, & r=2^m\\C_{\boldsymbol{w}_0}(\tau)+C_{\boldsymbol{w}_1}(\tau)+C_{\boldsymbol{w}_0,\boldsymbol{w}_1}(2^{m-1}-\tau+1)+ & \\(-1)^d[(-1)^{w_{2^{m-1}-\tau}}+(-1)^{w_{2^{m-1}+\tau-1}}], & r=2^{m-1}\text{且}1\leqslant\tau\leqslant 2^{m-1}\end{cases} \tag{4-85}$$

$$C_{f_{\mathrm{D}}(\boldsymbol{w},r)}=\begin{cases}C_{\boldsymbol{w}}(\tau)+(-1)^{w_0+w_\tau+1}, & r=0\\C_{\boldsymbol{w}}(\tau)+(-1)^{w_{2^m-1}+w_{2^m-\tau-1}+1}, & r=2^m-1\\C_{\boldsymbol{w}_0}(\tau)+C_{\boldsymbol{w}_1}(\tau)+C_{\boldsymbol{w}_0,\boldsymbol{w}_1}(2^{m-1}-\tau-1)+ & \\(-1)^{w_{2^{m-1}-1}+1}[(-1)^{w_{2^{m-1}+\tau}}+(-1)^{w_{2^{m-1}-\tau-1}}], & r=2^{m-1}-1\text{且}\ 1\leqslant\tau\leqslant 2^{m-1}-1\\C_{\boldsymbol{w}_0}(\tau)+C_{\boldsymbol{w}_1}(\tau)+C_{\boldsymbol{w}_0,\boldsymbol{w}_1}(2^{m-1}-\tau-1)+(-1)^{w_{2^{m-1}}+1} & \\[(-1)^{w_{2^{m-1}+\tau}}+(-1)^{w_{2^{m-1}-\tau-1}}], & r=2^{m-1}\text{且}1\leqslant\tau\leqslant 2^{m-1}-1\end{cases} \tag{4-86}$$

下面给出最优 I 型 OB-AZCP 的构造定理。

定理 4-11（最优 I 型 OB-AZCP 的构造） 设 $(\boldsymbol{g},\boldsymbol{h})$ 是引理 4-3 生成的长度为 2^m 的二进制 GDJ 互补对。则由表 4-6 生成的序列对 $(\boldsymbol{a},\boldsymbol{b})$ 是长度为 2^m+1 的最优 I 型 OB-AZCP。

表 4-6 长度为 2^m+1 的最优 I 型 OB-AZCP

情形	$\boldsymbol{a}$	$\boldsymbol{b}$	约束条件
情形 1	$\boldsymbol{f}_{\mathrm{I}}(\boldsymbol{g},d_1,0)$	$\boldsymbol{f}_{\mathrm{I}}(\boldsymbol{h},d_2,0)$	$\pi(1)=m,c,d_1,d_2\in Z_2$, $d_1+d_2\equiv c+1\ (\mathrm{mod}\ 2)$
情形 2	$\boldsymbol{f}_{\mathrm{I}}(\boldsymbol{g},d_1,2^m)$	$\boldsymbol{f}_{\mathrm{I}}(\boldsymbol{h},d_2,2^m)$	$\pi(1)=m,c,d_1,d_2\in Z_2$, $d_1+d_2\equiv c\ (\mathrm{mod}\ 2)$
情形 3	$\boldsymbol{f}_{\mathrm{I}}(\boldsymbol{g},d_1,0)$	$\boldsymbol{f}_{\mathrm{I}}(\boldsymbol{h},d_2,2^m)$	$\pi(m)=m,c,c_k,d_1,d_2\in Z_2$, $d_1+d_2\equiv m+1+\sum_{k=1}^{m}c_k+c\ (\mathrm{mod}\ 2)$
情形 4	$\boldsymbol{f}_{\mathrm{I}}(\boldsymbol{g},d_1,2^m)$	$\boldsymbol{f}_{\mathrm{I}}(\boldsymbol{h},d_2,0)$	$\pi(m)=m,c,c_k,d_1,d_2\in Z_2$, $d_1+d_2\equiv m+\sum_{k=1}^{m}c_k+c\ (\mathrm{mod}\ 2)$

证明 首先，在情形 1 和情形 3 下证明$(\boldsymbol{a},\boldsymbol{b})$是长度为$2^m+1$的最优 I 型 OB-AZCP。

情形 1 根据式（4-85），对于$\tau>0$，有

$$\begin{aligned}&C_{\boldsymbol{a}}(\tau)+C_{\boldsymbol{b}}(\tau)=\\&C_{\boldsymbol{g}}(\tau)+C_{\boldsymbol{h}}(\tau)+(-1)^{d_1+g_{\tau-1}}+(-1)^{d_2+h_{\tau-1}}=\\&(-1)^{g_{\tau-1}}[(-1)^{d_1}+(-1)^{d_2+(\tau-1)_{\pi(1)}+c}]=\\&(-1)^{d_1+g_{\tau-1}}[1+(-1)^{1+(\tau-1)_m}]\end{aligned} \tag{4-87}$$

其中，$(\tau-1)_m$表示整数$\tau-1$的二进制表达式中第m位上的分量。需要注意的是，式（4-87）的最后一步是通过用下面式子替换情形 1 的约束条件来获得的。

$$(\tau-1)_m=\begin{cases}0, & 1\leqslant\tau\leqslant 2^{m-1}\\1, 2^{m-1}+1\leqslant\tau\leqslant 2^m-1\end{cases} \tag{4-88}$$

因此，在情形 1 下的$(\boldsymbol{a},\boldsymbol{b})$是长度为$2^m+1$的最优 I 型 OB-AZCP。

情形 3 根据式（4-85），对于$\tau>0$，有

$$\begin{aligned}&C_{\boldsymbol{a}}(\tau)+C_{\boldsymbol{b}}(\tau)=\\&C_{\boldsymbol{g}}(\tau)+C_{\boldsymbol{h}}(\tau)+(-1)^{d_1+g_{\tau-1}}+(-1)^{d_2+h_{2^m-\tau}}=(-1)^{d_1+g_{\tau-1}}+(-1)^{d_2+g_{2^m-\tau}+(2^m-\tau)_{\pi(1)}+c}\end{aligned} \tag{4-89}$$

其中，$(2^m-\tau)_{\pi(1)}$表示整数$2^m-\tau$的二进制表达式中第$\pi(1)$位上的分量。

需要注意的是，$2^m-1=(\tau-1)+(2^m-\tau)$。

设整数$(\tau-1)$的二进制表达式为$(x_1,x_2,\cdots,x_m)$，则整数$(2^m-\tau)$的二进制表达式为$(1-x_1,1-x_2,\cdots,1-x_m)$。因此，有

$$g_{2^m-\tau}\equiv g_{\tau-1}+m+1+(\tau-1)_{\pi(1)}+(\tau-1)_{\pi(m)}+\sum_{k=1}^{m}c_k \pmod 2 \tag{4-90}$$

根据式（4-90）和情形 3 的约束条件，式（4-89）可以化简为

$$C_{\boldsymbol{a}}(\tau)+C_{\boldsymbol{b}}(\tau)=(-1)^{d_1+g_{\tau-1}}[1+(-1)^{1+(\tau-1)_m}] \tag{4-91}$$

结合式（4-88）可知，在情形 3 下的$(\boldsymbol{a},\boldsymbol{b})$是长度为$2^m+1$的最优 I 型 OB-AZCP。

与情形 1 和情形 3 类似，可知情形 2 和情形 4 下的$(\boldsymbol{a},\boldsymbol{b})$也是长度为$2^m+1$的最优 I 型 OB-AZCP。

证毕。

接下来，将给出最优 II 型 OB-AZCP 的构造定理。

定理 4-12（最优 II 型 OB-AZCP 的构造） 设$(\boldsymbol{g},\boldsymbol{h})$是引理 4-3 生成的长度为$2^m$

的二进制GDJ互补对。则由表4-7和表4-8生成的序列对$(\boldsymbol{c},\boldsymbol{d})$分别是长度为$2^m+1$和$2^m-1$的最优II型OB-AZCP。

表4-7　长度为2^m+1的最优II型OB-AZCP

情形序号	$\boldsymbol{c}$	$\boldsymbol{d}$	约束条件
情形1	$f_1(\boldsymbol{g},d_1,0)$	$f_1(\boldsymbol{h},d_2,0)$	$\pi(1)=m,c,d_1,d_2\in Z_2$, $d_1+d_2\equiv c\ (\bmod 2)$
情形2	$f_1(\boldsymbol{g},d_1,2^m)$	$f_1(\boldsymbol{h},d_2,2^m)$	$\pi(1)=m,c,d_1,d_2\in Z_2$, $d_1+d_2\equiv c+1\ (\bmod 2)$
情形3	$f_1(\boldsymbol{g},d_1,0)$	$f_1(\boldsymbol{h},d_2,2^m)$	$\pi(m)=m,c,c_k,d_1,d_2\in Z_2$, $d_1+d_2\equiv m+\sum_{k=1}^{m}c_k+c\ (\bmod 2)$
情形4	$f_1(\boldsymbol{g},d_1,2^m)$	$f_1(\boldsymbol{h},d_2,0)$	$\pi(m)=m,c,c_k,d_1,d_2\in Z_2$, $d_1+d_2\equiv m+1+\sum_{k=1}^{m}c_k+c\ (\bmod 2)$
情形5	$f_1(\boldsymbol{g},d_1,2^{m-1})$	$f_1(\boldsymbol{h},d_2,2^{m-1})$	$d_1,d_2\in Z_2$

表4-8　长度为2^m-1的最优II型OB-AZCP

情形序号	$\boldsymbol{c}$	$\boldsymbol{d}$	约束条件
情形6	$f_{\mathrm{D}}(\boldsymbol{g},d(2^m-1))$	$f_{\mathrm{D}}(\boldsymbol{h},d(2^m-1))$	$\pi(1)=m,d\in\{0,1\}$
情形7	$f_{\mathrm{D}}(\boldsymbol{g},d(2^m-1))$	$f_{\mathrm{D}}(\boldsymbol{h},(1-d)(2^m-1))$	$\pi(m)=m,d\in\{0,1\}$
情形8	$f_{\mathrm{D}}(\boldsymbol{g},2^{m-1}-d_1))$	$f_{\mathrm{D}}(\boldsymbol{h},2^{m-1}-d_2)$	$d_1,d_2\in\{0,1\}$

证明　定理4-12中情形1～情形4的证明分别类似于定理4-11中情形1～情形4的证明。因此，只需给出情形1和情形5～情形8的证明。

情形1　根据式（4-85），对于$\tau>0$，有

$$C_{\boldsymbol{c}}(\tau)+C_{\boldsymbol{d}}(\tau)=(-1)^{d_1+g_{\tau-1}}[1+(-1)^{(\tau-1)_m}] \tag{4-92}$$

结合式（4-88）可知，在情形1下的$(\boldsymbol{c},\boldsymbol{d})$是长度为$2^m+1$的最优II型OB-AZCP。

情形5　根据式（4-85），对于$1\leqslant\tau\leqslant 2^{m-1}$，有

$$\begin{aligned}&C_{\boldsymbol{c}}(\tau)+C_{\boldsymbol{d}}(\tau)=\underbrace{C_{\boldsymbol{g}_0}(\tau)+C_{\boldsymbol{h}_0}(\tau)}+\\&\underbrace{C_{\boldsymbol{g}_1}(\tau)+C_{\boldsymbol{h}_1}(\tau)}+\underbrace{C_{\boldsymbol{g}_1,\boldsymbol{g}_0}(2^{m-1}-\tau+1)+C_{\boldsymbol{h}_1,\boldsymbol{h}_0}(2^{m-1}-\tau+1)}+\\&(-1)^{d_1}\left[(-1)^{g_{2^{m-1}-\tau}}+(-1)^{g_{2^{m-1}+\tau-1}}\right]+(-1)^{d_2}\left[(-1)^{h_{2^{m-1}-\tau}}+(-1)^{h_{2^{m-1}+\tau-1}}\right]=\\&(-1)^{d_1}\left[(-1)^{g_{2^{m-1}-\tau}}+(-1)^{g_{2^{m-1}+\tau-1}}\right]+(-1)^{d_2}\left[(-1)^{h_{2^{m-1}-\tau}}+(-1)^{h_{2^{m-1}+\tau-1}}\right]\end{aligned} \tag{4-93}$$

其中，最后一个等号是通过引理4-4获得的。

对于任何置换π，由于

$$g_{2^{m-1}-\tau}+h_{2^{m-1}-\tau}+g_{2^{m-1}+\tau-1}+h_{2^{m-1}+\tau-1}\equiv(2^{m-1}-\tau)_{\pi(1)}+(2^{m-1}+\tau-1)_{\pi(1)}\equiv 1(\bmod 2) \quad (4\text{-}94)$$

故

$$(-1)^{g_{2^{m-1}-\tau}}+(-1)^{g_{2^{m-1}+\tau-1}}=0,(-1)^{h_{2^{m-1}-\tau}}+(-1)^{h_{2^{m-1}+\tau-1}}=\pm 2 \quad (4\text{-}95)$$

或

$$(-1)^{g_{2^{m-1}-\tau}}+(-1)^{g_{2^{m-1}+\tau-1}}=\pm 2,(-1)^{h_{2^{m-1}-\tau}}+(-1)^{h_{2^{m-1}+\tau-1}}=0 \quad (4\text{-}96)$$

因此，对于$1\leqslant\tau\leqslant 2^{m-1}$，有$C_{\boldsymbol{c}}(\tau)+C_{\boldsymbol{d}}(\tau)=\pm 2$。另外，对于$2^{m-1}+1\leqslant\tau\leqslant 2^m$，有

$$C_{\boldsymbol{c}}(\tau)+C_{\boldsymbol{d}}(\tau)=C_{\boldsymbol{g}_0,\boldsymbol{g}_1}(\tau-2^{m-1}-1)+C_{\boldsymbol{h}_0,\boldsymbol{h}_1}(\tau-2^{m-1}-1)=0$$

因此，在情形 5 下的$(\boldsymbol{c},\boldsymbol{d})$是长度为$2^m+1$的最优 II 型 OB-AZCP。

情形 6　根据式（4-86），对于$\tau>0$且$d=0$，有

$$C_{\boldsymbol{c}}(\tau)+C_{\boldsymbol{d}}(\tau)=(-1)^{g_0+g_\tau+1}+(-1)^{h_0+h_\tau+1}=(-1)^{g_0+g_\tau+1}[1+(-1)^{\tau_{\pi(1)}}] \quad (4\text{-}97)$$

利用$\pi(1)=m$和

$$\tau_m=\begin{cases}0, & 1\leqslant\tau\leqslant 2^{m-1}-1\\ 1, & 2^{m-1}\leqslant\tau\leqslant 2^m-1\end{cases} \quad (4\text{-}98)$$

可知，对于$d=0$，在情形 6 下的$(\boldsymbol{c},\boldsymbol{d})$是长度为$2^m-1$的最优 II 型 OB-AZCP。类似地，对于$d=1$，在情形 6 下的$(\boldsymbol{c},\boldsymbol{d})$是长度为$2^m-1$的最优 II 型 OB-AZCP。

情形 7　根据式（4-86），对于$\tau>0$且$d=0$，有

$$C_{\boldsymbol{c}}(\tau)+C_{\boldsymbol{d}}(\tau)=(-1)^{g_0+g_\tau+1}+(-1)^{h_{2^m-1}+h_{2^m-\tau-1}+1} \quad (4\text{-}99)$$

设整数τ的二进制表达式为$(x_1,x_2,\cdots,x_m)$，则整数$(2^m-\tau-1)$的二进制表达式为$(1-x_1,1-x_2,\cdots,1-x_m)$。类似式（4-90），有

$$g_{2^m-\tau-1}\equiv g_\tau+m+1+\tau_{\pi(1)}+\tau_{\pi(m)}+\sum_{k=1}^{m}c_k\ (\bmod 2) \quad (4\text{-}100)$$

利用$\pi(1)=m$和式（4-100），可得

$$C_{\boldsymbol{c}}(\tau)+C_{\boldsymbol{d}}(\tau)=(-1)^{g_0+g_\tau+1}[1+(-1)^{\tau_m}] \quad (4\text{-}101)$$

对于$d=0$，再结合式（4-98）就完成了情形 7 的证明。类似上述论证，对于$d=1$，也可以完成情形 7 的证明。

情形 8　根据式（4-86），对于$1\leqslant\tau\leqslant 2^{m-1}-1$，有

$$C_c(\tau)+C_d(\tau)=\underbrace{C_{g_0}(\tau)+C_{h_0}(\tau)}+$$

$$\underbrace{C_{g_1}(\tau)+C_{h_1}(\tau)}+\underbrace{C_{g_1,g_0}(2^{m-1}-\tau-1)+C_{h_1,h_0}(2^{m-1}-\tau-1)}+$$

$$(-1)^{g_{2^{m-1}-d_1}+1}\left[(-1)^{g_{2^{m-1}+\tau}}+(-1)^{g_{2^{m-1}-\tau-1}}\right]+(-1)^{h_{2^{m-1}-d_2}+1}\left[(-1)^{h_{2^{m-1}+\tau}}+(-1)^{h_{2^{m-1}-\tau-1}}\right]=$$

$$(-1)^{g_{2^{m-1}-d_1}+1}\left[(-1)^{g_{2^{m-1}+\tau}}+(-1)^{g_{2^{m-1}-\tau-1}}\right]+(-1)^{h_{2^{m-1}-d_2}+1}\left[(-1)^{h_{2^{m-1}+\tau}}+(-1)^{h_{2^{m-1}-\tau-1}}\right] \quad (4\text{-}102)$$

其中，最后一个等号是通过引理 4-4 获得的。

类似式（4-94），对于任何置换π，由于

$$g_{2^{m-1}+\tau}+h_{2^{m-1}+\tau}+g_{2^{m-1}-\tau-1}+h_{2^{m-1}-\tau-1}\equiv(2^{m-1}+\tau)_{\pi(1)}+(2^{m-1}-\tau-1)_{\pi(1)}\equiv 1(\bmod 2) \quad (4\text{-}103)$$

故

$$(-1)^{g_{2^{m-1}+\tau}}+(-1)^{g_{2^{m-1}-\tau-1}}=0,(-1)^{h_{2^{m-1}+\tau}}+(-1)^{h_{2^{m-1}-\tau-1}}=\pm 2 \quad (4\text{-}104)$$

或

$$(-1)^{g_{2^{m-1}+\tau}}+(-1)^{g_{2^{m-1}-\tau-1}}=\pm 2,(-1)^{h_{2^{m-1}+\tau}}+(-1)^{h_{2^{m-1}-\tau-1}}=0 \quad (4\text{-}105)$$

因而，对于$1\leqslant\tau\leqslant 2^{m-1}-1$，有$C_c(\tau)+C_d(\tau)=\pm 2$。另一方面，对于$2^{m-1}\leqslant\tau\leqslant 2^m-2$，有

$$C_c(\tau)+C_d(\tau)=C_{g_0,g_1}(\tau-2^{m-1})+C_{h_0,h_1}(\tau-2^{m-1})=0$$

因此，可以确认在情形 8 下的$(\boldsymbol{c},\boldsymbol{d})$是长度为$2^m-1$的最优 II 型 OB-AZCP。

证毕。

下面通过实例说明定理 4-11 和定理 4-12 中提出最优 OB-AZCP（I 型或 II 型）的构造。

例 4-10 设$m=3,\pi=(1,2,3,4)$，$(c_1,c_2,c_3,c_4,c)=(0,0,0,1,0)$。根据引理 4-3，构造的长度为 16 的二进制 GDJ 互补对为

$$\begin{bmatrix}\boldsymbol{g}\\ \boldsymbol{h}\end{bmatrix}=\begin{bmatrix}+&+&+&+&+&-&-&+&-&-&+&+&-&+&-&+\\ +&-&+&-&+&+&-&-&-&+&+&-&-&-&-&-\end{bmatrix}$$

试构造最优 I 型 OB-AZCP 和最优 II 型 OB-AZCP。

解 令$d_1=d_2=0$。注意到，$\pi(m)=m$，$d_1+d_2\equiv m+1+\sum_{k=1}^{m}c_k+c\,(\bmod 2)$。利用定理 4-11 中情形 3 下的构造可得长度为 17 的二进制序列对$(\boldsymbol{a},\boldsymbol{b})$，它是最优 I 型 OB-AZCP，即

$$\begin{bmatrix} \boldsymbol{a} \\ \boldsymbol{b} \end{bmatrix} = \begin{bmatrix} (-1)^{d_1}, \boldsymbol{g} \\ \boldsymbol{h}, (-1)^{d_2} \end{bmatrix}$$

$$\left(C_{\boldsymbol{a}}(\tau)+C_{\boldsymbol{b}}(\tau)\right)_{\tau=0}^{16} = (34,0,0,0,0,0,0,0,0,-2,2,2,2,-2,2,-2,-2)$$

利用定理 4-12 中情形 3 下的构造可得长度为 17 的二进制序列对 $(\boldsymbol{c},\boldsymbol{d})$，它是最优 II 型 OB-AZCP，即

$$\begin{bmatrix} \boldsymbol{c} \\ \boldsymbol{d} \end{bmatrix} = \begin{bmatrix} (-1)^{d_1}, \boldsymbol{g} \\ \boldsymbol{h}, (-1)^{1+d_2} \end{bmatrix}$$

$$\left(C_{\boldsymbol{c}}(\tau)+C_{\boldsymbol{d}}(\tau)\right)_{\tau=0}^{16} = (34,2,2,-2,2,2,2,2,-2,0,0,0,0,0,0,0,0,)$$

对长度为 10 和 26 的二进制互补对的插入和删除，可用于构造长度为 N 的 OB-AZCP（I 型或 II 型），它们的最大零相关区长度为$\dfrac{N-1}{2}$，其中 N 是奇数长度。然而，由于它们的本原性，它们可能无法用于构造最优 OB-AZCP。下面的例子中展示了这一点。

例 4-11　长度为 26 的二进制互补对为

$$\begin{bmatrix} \boldsymbol{g} \\ \boldsymbol{h} \end{bmatrix} = \begin{bmatrix} ++++-++--+-+-+--+-++++--+++ \\ ++++-++--+-++++++-+----+--- \end{bmatrix}$$

试构造二进制 Z-互补对，并说明它是否是最优的。

解　令

$$\begin{bmatrix} \boldsymbol{a} \\ \boldsymbol{b} \end{bmatrix} = \begin{bmatrix} \boldsymbol{g},1 \\ \boldsymbol{h},1 \end{bmatrix}$$

计算可得

$$\left(C_{\boldsymbol{a}}(\tau)+C_{\boldsymbol{b}}(\tau)\right)_{\tau=0}^{26} =$$
$$(54,0,0,0,0,0,0,0,0,0,0,0,0,2,0,2,-2,2,-2,-2,2,2,-2,2,2,2,2)$$

由此可见，$(\boldsymbol{a},\boldsymbol{b})$ 是长度为 27 的二进制 AZCP，其最大零相关区长度为 13，它不是最优 I 型 OB-AZCP。但其最大零相关区长度仅比最优 I 型 OB-AZCP 的最大零相关区长度小 1，而且其零相关区外非周期自相关函数和的模最多为 2。

类似地，可以得到最优 I 型和 II 型奇数长度二进制周期 Z-互补对的构造。

4.5 偶数长度二进制零相关区互补对

在 2.2.1 节，介绍了长度为$N=2^{\alpha}10^{\beta}26^{\gamma}$（$\alpha,\beta,\gamma$为非负整数）二进制 Golay 互补对，它可以看成最大零相关区长度为N的偶数长度二进制 AZCP，故可以称它为“完备 EB-AZCP”，与之形成对比，其他偶数长度二进制 AZCP 被称为“非完备 EB-AZCP”，即它的零相关区长度$Z<N$。本节关注具有大零相关区长度的非完备 EB-AZCP，将证明非完备 EB-AZCP 的零相关区长度$Z\leqslant N-2$，这个结果部分地回答了 Fan-Yuan-Tu 的猜想[93]。此外，本节构造了具有大零相关区长度的非完备 EB-AZCP，即序列长度为$N=2^{m+1}+2^{m}$，零相关区长度$Z=2^{m+1}$。除了时间偏移为$\pm 2^{m+1}$外，非完备 EB-AZCP 的异相非周期自相关函数和为零，这显示出它具有与 Golay 互补对非常接近的相关性。

4.5.1 非完备 EB-AZCP 的零相关区长度的上界

Fan-Yuan-Tu 的猜想[93]：序列长度$N\neq 2^{a}10^{b}26^{c}$（a,b,c为非负整数）的 EB-AZCP 零相关区长度上界是$N-2$。

为了证明非完备 EB-AZCP 的零相关区长度的上界，首先给出以下定理。

定理 4-13 设$(\boldsymbol{a},\boldsymbol{b})$是一个非完备 EB-AZCP，它的零相关区长度为$\frac{N}{2}\leqslant Z<N$，则

$$\left|C_{\boldsymbol{a}}(\tau)+C_{\boldsymbol{b}}(\tau)\right|\geqslant 4 \tag{4-106}$$

证明 首先，根据式（4-14）中$E_{\boldsymbol{a},\boldsymbol{b}}(\tau)$的定义，类似引理 4-2 的证明，可得

$$E_{\boldsymbol{a},\boldsymbol{b}}(\tau)\equiv E_{\boldsymbol{a},\boldsymbol{b}}(N-\tau)\ (\mathrm{mod}\ 2) \tag{4-107}$$

其中，N为偶数长度，$1\leqslant\tau\leqslant\frac{N}{2}-1$。

接下来，对于$1\leqslant\tau\leqslant\frac{N}{2}-1$，根据式（4-2）、式（4-3）和定义 4-2 可得

$$\begin{aligned}
&C_{\boldsymbol{a}}(\tau)+C_{\boldsymbol{b}}(\tau)=\\
&\sum_{n=0}^{N-1-\tau}[1-2(a_n\oplus a_{n+\tau})+1-2(b_n\oplus b_{n+\tau})]=\\
&2(N-\tau)-2\underbrace{\sum_{n=0}^{N-1-\tau}[a_n\oplus a_{n+\tau}+b_n\oplus b_{n+\tau}]}=0
\end{aligned}$$

其中，$\oplus$表示模 2 加法。再根据式（4-14）可得

$$E_{a,b}(\tau) \equiv \tau \pmod 2 \tag{4-108}$$

注意到

$$\begin{aligned}&\frac{C_a(Z)+C_b(Z)}{2}=\\&(N-Z)-\sum_{n=0}^{N-1-Z}[a_n \oplus a_{n+Z}+b_n \oplus b_{n+Z}] \equiv\\&Z+\sum_{n=0}^{N-1-Z}[a_n \oplus a_{n+Z}+b_n \oplus b_{n+Z}] \equiv\\&Z+E_{a,b}(Z) \equiv Z+E_{a,b}(N-Z) \pmod 2\end{aligned} \tag{4-109}$$

其中，最后一个恒等号是通过式（4-107）获得的。再根据式（4-108）可得

$$\frac{C_a(Z)+C_b(Z)}{2} \equiv Z+N-Z \equiv 0 \pmod 2 \tag{4-110}$$

又注意到$C_a(Z)+C_b(Z) \neq 0$，因此，根据式（4-110）可得

$$C_a(\tau)+C_b(\tau)=\pm 4,\ \pm 8,\ \pm 12,\cdots$$

即$|C_a(\tau)+C_b(\tau)| \geqslant 4$。

证毕。

下面给出并证明非完备EB-AZCP的零相关区长度的上界。

定理4-14（非完备EB-AZCP的零相关区长度的上界）　设$(\boldsymbol{a},\boldsymbol{b})$是一个非完备EB-AZCP，它的零相关区长度为$Z$（$Z<N$），则

$$Z \leqslant N-2 \tag{4-111}$$

证明　假设$Z=N-1$，则

$$\begin{aligned}&C_a(N-1)+C_b(N-1)=\\&2-2[(a_n \oplus a_{n+\tau})+(b_n \oplus b_{n+\tau})]\end{aligned}$$

由于$C_a(N-1)+C_b(N-1) \neq 0$，则

$$(a_n \oplus a_{n+\tau})+(b_n \oplus b_{n+\tau}) \neq 1$$

故

$$|C_a(N-1)+C_b(N-1)|=2$$

这与定理4-13相矛盾，因此可得

$$Z \leqslant N-2$$

证毕。

文献[93]给出长度分别为 12 和 14 的两个非完备 EB-AZCP，它们满足最大零相关区长度是 $N-2$，其中 N 为序列长度。但是具有零相关区长度 $N-2$ 的非完备 EB-AZCP 的系统构造仍然具有挑战性，它还是一个公开的难题。

类似地，可以得到非完备偶数长度二进制周期 Z-互补对的零相关区长度的上界。

4.5.2 大零相关区非完备 EB-AZCP 的构造

实际上，具有大零相关区比率是理想的，因为它能够抑制更多的异步干扰。然而，对于非完备 EB-AZCP，目前仅有两个零相关区比率 $r=\dfrac{N-2}{N}$ 的非完备 EB-AZCP。本节将给出大零相关区长度的非完备 EB-AZCP 的构造，其构造的关键思想是在引理 4-3 中对某些二进制 GDJ 互补对首端（或尾端）四分之一序列进行截断。首先，介绍二进制 GDJ 互补对的两个性质，即引理 4-5 和引理 4-6。

引理 4-5 设序列 $\boldsymbol{f}=(f_0,f_1,\cdots,f_{2^m-1})$ 是引理 4-3 中广义布尔函数 f 生成的长度为 2^m 的 q-进制序列，$\underline{\boldsymbol{f}}=(f_{2^m-1},f_{2^m-2},\cdots,f_1,f_0)$ 表示序列 $\boldsymbol{f}$ 的倒序序列。则

$$\underline{\boldsymbol{f}}=\boldsymbol{f}+\frac{q}{2}(\boldsymbol{x}_{\pi(m)}+\boldsymbol{x}_{\pi(1)})+\left(\frac{q}{2}(m+1)+\sum_{k=1}^{m}c_k\right)\boldsymbol{1} \tag{4-112}$$

其中，q 为正偶数，π 是集合 $(1,2,\cdots,m)$ 的一个置换，$c_k\in Z_q$。

证明 设整数 $t(0\leqslant t\leqslant 2^m-1)$ 的二进制表达式为 $(x_1,x_2,\cdots,x_m)$，则整数 (2^m-t-1) 的二进制表达式为 $(1-x_1,1-x_2,\cdots,1-x_m)$。于是有

$$\begin{aligned}f_{2^m-t-1}&=\frac{q}{2}\sum_{k=1}^{m-1}(1-x_{\pi(k)})(1-x_{\pi(k+1)})+\sum_{k=1}^{m}c_k(1-x_k)+c'\equiv\\&\underbrace{\frac{q}{2}\sum_{k=1}^{m-1}x_{\pi(k)}x_{\pi(k+1)})+\sum_{k=1}^{m}c_kx_k+c'}_{f}+\frac{q}{2}(x_{\pi(m)}+x_{\pi(1)})+\underbrace{\frac{q}{2}(m+1)+\sum_{k=1}^{m}c_k}\ (\mathrm{mod}\ q)\end{aligned}$$

即式（4-112）成立。

证毕。

引理 4-6 设 $(\boldsymbol{g},\boldsymbol{h})$ 是引理 4-3 生成的长度为 2^m 的 q-进制 GDJ 互补对。$(\boldsymbol{g}',\boldsymbol{h}')$ 定义为

$$\begin{cases}\boldsymbol{g}'=\boldsymbol{f}+\dfrac{q}{2}\boldsymbol{x}_{\pi(m)}+d\boldsymbol{1}\\[2ex]\boldsymbol{h}'=\boldsymbol{g}'+\dfrac{q}{2}\boldsymbol{x}_{\pi(1)}+c\boldsymbol{1}\end{cases} \tag{4-113}$$

其中，$d \in Z_2$。则 $(\boldsymbol{g}',\boldsymbol{h}')$ 也是长度为 2^m 的 q-进制 GDJ 互补对，而且 $(\boldsymbol{g},\boldsymbol{h})$ 与 $(\boldsymbol{g}',\boldsymbol{h}')$ 相互正交，即

$$C_{g,g'}(\tau)+C_{h,h'}(\tau)=0, 0\leqslant \tau \leqslant 2^m-1$$

证明　对于给定互补对 $(\boldsymbol{g},\boldsymbol{h})$，与其相互正交的伴是 $\left(\underline{\boldsymbol{h}},\underline{\boldsymbol{g}}+\frac{q}{2}\boldsymbol{1}\right)$[86]。接下来，只需证明 $(\boldsymbol{g}',\boldsymbol{h}')$ 等价于 $\left(\underline{\boldsymbol{h}},\underline{\boldsymbol{g}}+\frac{q}{2}\boldsymbol{1}\right)$。根据式（4-112），有

$$\underline{\boldsymbol{h}}=\underline{\boldsymbol{f}}+\frac{q}{2}(\boldsymbol{1}+\boldsymbol{x}_{\pi(1)})+c\boldsymbol{1}=\boldsymbol{f}+\frac{q}{2}\boldsymbol{x}_{\pi(m)}+\left(\frac{qm}{2}+\sum_{k=1}^{m}c_k+c\right)\boldsymbol{1}$$

$$\underline{\boldsymbol{g}}+\frac{q}{2}\boldsymbol{1}=\boldsymbol{f}+\frac{q}{2}(\boldsymbol{x}_{\pi(m)}+\boldsymbol{x}_{\pi(1)})+\left(\frac{qm}{2}+\sum_{k=1}^{m}c_k\right)\boldsymbol{1}=\overline{\boldsymbol{h}}+\frac{q}{2}\boldsymbol{x}_{\pi(1)}+c\boldsymbol{1}$$

令 $d\equiv \frac{qm}{2}+\sum_{k=1}^{m}c_k+c \pmod q$，于是可知 $(\boldsymbol{g}',\boldsymbol{h}')$ 等价于 $\left(\underline{\boldsymbol{h}},\underline{\boldsymbol{g}}+\frac{q}{2}\boldsymbol{1}\right)$。

证毕。

定理 4-15　设 $q=2$，π 是 $\{1,2,\cdots,m,m+1,m+2\}$ 的置换向量，且 $\pi(m+1)=m+1$，$\pi(m+2)=m+2$。利用这个长度 $m+2$ 的置换向量和线性系数 c、c' 和 $c_k(1\leqslant k\leqslant m+2)$，根据引理 4-3 生成长度为 2^{m+2} 的二进制 GDJ 互补对，即

$$\begin{cases}\boldsymbol{g}=\boldsymbol{f}\\ \boldsymbol{h}=\boldsymbol{f}+\boldsymbol{x}_{\pi(1)}+c\boldsymbol{1}\end{cases} \tag{4-114}$$

其中

$$f(\boldsymbol{x})=\sum_{k=1}^{m+1}x_{\pi(k)}x_{\pi(k+1)}+\sum_{k=1}^{m+2}c_k x_k+c' \tag{4-115}$$

令

$$\begin{cases}\boldsymbol{g}_i=(g_{i2^m+0},g_{i2^m+1},\cdots,g_{i2^m+2^m-1}),\ i\in(0,1,2,3)\\ \boldsymbol{h}_i=(h_{i2^m+0},h_{i2^m+1},\cdots,h_{i2^m+2^m-1}),\ i\in(0,1,2,3)\end{cases}$$

再设

$$\begin{cases}\boldsymbol{a}_0=(\boldsymbol{g}_0,\boldsymbol{g}_1,\boldsymbol{g}_2)\\ \boldsymbol{b}_0=(\boldsymbol{h}_0,\boldsymbol{h}_1,\boldsymbol{h}_2)\end{cases},\quad \begin{cases}\boldsymbol{a}_1=(\boldsymbol{g}_1,\boldsymbol{g}_2,\boldsymbol{g}_3)\\ \boldsymbol{b}_1=(\boldsymbol{h}_1,\boldsymbol{h}_2,\boldsymbol{h}_3)\end{cases}$$

则 $(\boldsymbol{a}_0,\boldsymbol{b}_0)$ 是一个长度为 $2^{m+1}+2^m$ 且零相关区长度为 2^{m+1} 的 EB-AZCP，更具体地，有

$$C_{\boldsymbol{a}_0}(\tau)+C_{\boldsymbol{b}_0}(\tau)=\begin{cases}0, & \tau\neq 0,\ \tau\neq 2^{m+1}\\ \pm 2^{m+1}, & \tau=2^{m+1}\end{cases} \tag{4-116}$$

而且 $(\boldsymbol{a}_1,\boldsymbol{b}_1)$ 与 $(\boldsymbol{a}_0,\boldsymbol{b}_0)$ 具有相同的结果。

证明 只需针对 $(\boldsymbol{a}_0,\boldsymbol{b}_0)$ 进行证明，因为对 $(\boldsymbol{a}_1,\boldsymbol{b}_1)$ 的证明与 $(\boldsymbol{a}_0,\boldsymbol{b}_0)$ 的证明类似。设

$$f_m(\boldsymbol{x})=\sum_{k=1}^{m-1}x_{\pi(k)}x_{\pi(k+1)}+\sum_{k=1}^{m}c_k x_k+c'$$

由 f_m、$f_m+x_{\pi(m)}+c_{m+1}$ 和 f_m+c_{m+2} 分别生成 $\boldsymbol{g}_0$、$\boldsymbol{g}_1$ 和 $\boldsymbol{g}_2$，因此，有

$$\begin{cases}(-1)^{\boldsymbol{g}_2}=(-1)^{c_{m+2}}(-1)^{\boldsymbol{g}_0}\\ (-1)^{\boldsymbol{h}_2}=(-1)^{c_{m+2}}(-1)^{\boldsymbol{h}_0}\end{cases} \tag{4-117}$$

在引理 4-6 中，令 $d=c_{m+1}$，可知 $(\boldsymbol{g}_0,\boldsymbol{h}_0)$ 和 $(\boldsymbol{g}_1,\boldsymbol{h}_1)$ 是相互正交的 GDJ 互补对。利用式（4-117）和上述相互正交性质，继续讨论下面 3 种情形。

情形 1 对于 $1\leqslant\tau\leqslant 2^m-1$，有

$$\begin{aligned}&C_{\boldsymbol{a}_0}(\tau)+C_{\boldsymbol{b}_0}(\tau)=\\&\sum_{k=0}^{2}[C_{\boldsymbol{g}_k}(\tau)+C_{\boldsymbol{h}_k}(\tau)]+\sum_{k=0}^{1}[C_{\boldsymbol{g}_{k+1},\boldsymbol{g}_k}(2^m-\tau)+C_{\boldsymbol{h}_{k+1},\boldsymbol{h}_k}(2^m-\tau)]=\\&2[C_{\boldsymbol{g}_0}(\tau)+C_{\boldsymbol{h}_0}(\tau)]+[C_{\boldsymbol{g}_1}(\tau)+C_{\boldsymbol{h}_1}(\tau)]+\\&(1+(-1)^{c_{m+2}})[C_{\boldsymbol{g}_1,\boldsymbol{g}_0}(2^m-\tau)+C_{\boldsymbol{h}_1,\boldsymbol{h}_0}(2^m-\tau)]=0\end{aligned}$$

情形 2 对于 $2^m\leqslant\tau\leqslant 2^{m+1}-1$，有

$$\begin{aligned}C_{\boldsymbol{a}_0}(\tau)+C_{\boldsymbol{b}_0}(\tau)=&[C_{\boldsymbol{g}_0,\boldsymbol{g}_1}(\tau-2^m)+C_{\boldsymbol{h}_0,\boldsymbol{h}_1}(\tau-2^m)]+\\&(-1)^{c_{m+2}}[C_{\boldsymbol{g}_1,\boldsymbol{g}_0}(\tau-2^m)+C_{\boldsymbol{h}_1,\boldsymbol{h}_0}(\tau-2^m)]+\\&(-1)^{c_{m+2}}[C_{\boldsymbol{g}_0}(2^{m+1}-\tau)+C_{\boldsymbol{h}_0}(2^{m+1}-\tau)]=0\end{aligned}$$

情形 3 对于 $2^{m+1}\leqslant\tau\leqslant 2^{m+1}+2^m-1$，有

$$\begin{aligned}&C_{\boldsymbol{a}_0}(\tau)+C_{\boldsymbol{b}_0}(\tau)=\\&(-1)^{c_{m+2}}\left[C_{\boldsymbol{g}_0}(\tau-2^{m+1})+C_{\boldsymbol{h}_0}(\tau-2^{m+1})\right]=\\&\begin{cases}0, & 2^{m+1}<\tau\leqslant 2^{m+1}+2^m-1\\ (-1)^{c_{m+2}}2^{m+1}, & \tau=2^{m+1}\end{cases}\end{aligned}$$

综上所述，式（4-116）成立。

证毕。

例 4-12　设 $m=3$，$\pi=(2,3,1,4,5)$，$(c_1,c_2,c_3,c_4,c_5)=(1,0,0,1,0)$，$c=0$，$c'=1$。试根据定理 4-15，构造一个长度为 24 且零相关区长度为 16 的 EB-AZCP。

解　根据定理 4-15，构造的长度为 24 的二进制序列对为

$$\begin{bmatrix} \boldsymbol{a}_0 \\ \boldsymbol{b}_0 \end{bmatrix} = \begin{bmatrix} -+-+--+++++++--+-+-+--++ \\ +--+++++--++-+-++--+++++ \end{bmatrix}$$

通过计算可得

$$C_{a_0}(\tau)+C_{b_0}(\tau)=\begin{cases} 0, & 1\leqslant\tau\leqslant15\text{或}17\leqslant\tau\leqslant23 \\ 16, & \tau=16 \end{cases}$$

因此，$(\boldsymbol{a}_0,\boldsymbol{b}_0)$ 是一个长度为 24 且零相关区长度为 16 的 EB-AZCP。

使用定理 4-15 中相同的置换向量，并对 q-进制 GDJ 互补对相同的四分之一序列进行截断，也可以获得偶数长度的 q-进制 AZCP，即 $(\boldsymbol{a}_0,\boldsymbol{b}_0)$（或 $(\boldsymbol{a}_1,\boldsymbol{b}_1)$），其长度为 $2^{m+1}+2^m$ 且零相关区长度为 2^{m+1}，即

$$C_{\boldsymbol{a}}(\tau)+C_{\boldsymbol{b}}(\tau)=\begin{cases} 0, & \tau\neq0,\ \tau\neq2^{m+1} \\ \pm2^{m+1}, & \tau=2^{m+1} \end{cases}$$

共有 $2m!q^{m+4}$ 个这样的偶数长度 q-进制 AZCP。

类似地，可以得到大零相关区非完备偶数长度二进制周期 Z-互补对的构造。

4.6　二进制零相关区互补集及其伴的构造

某些二进制非周期 Z-互补对（AZCP）的构造可以自然延伸到二进制非周期 Z-互补集（AZCS）的构造，但它们之间也有所不同。类似于二进制非周期互补集及其伴的构造，可得二进制 AZCS 及其伴的构造。本节简单介绍一个二进制 AZCS 的构造和一个二进制 AZCS 伴的构造[93]。

4.6.1　二进制零相关区互补集的构造

零相关区长度为 Z 的 Z-互补序列集 $\{\boldsymbol{a}_0,\boldsymbol{a}_1,\cdots,\boldsymbol{a}_{P-1}\}$ 含有 P 个子序列，子序列长度为 N，记为 (N,P,Z)-AZCS。若 $(\boldsymbol{a},\boldsymbol{b})$ 是一个二进制 (N,Z)-AZCP，则序列集 $\{\boldsymbol{aa},\boldsymbol{bb},\boldsymbol{a}(-\boldsymbol{a}),\boldsymbol{b}(-\boldsymbol{b})\}$ 是一个二进制 $(2N,4,Z)$-AZCS。

例 4-13　设 $(\boldsymbol{a},\boldsymbol{b})$ 是一个字符集 $\{-1,1\}$ 上的二进制 $(5,3)$-AZCP，即

$$\begin{bmatrix} \boldsymbol{a} \\ \boldsymbol{b} \end{bmatrix} = \begin{bmatrix} + & + & + & + & - \\ + & - & + & + & - \end{bmatrix}$$

试由 $(\boldsymbol{a},\boldsymbol{b})$ 构造一个 $(10,4,3)$-AZCS。

解 根据上述二进制 AZCS 的构造，得到一个序列集 $\{\boldsymbol{aa},\boldsymbol{bb},\boldsymbol{a}(-\boldsymbol{a}),\boldsymbol{b}(-\boldsymbol{b})\}$，它是一个 $(10,4,3)$-AZCS，即

$$\begin{bmatrix} \boldsymbol{aa} \\ \boldsymbol{bb} \\ \boldsymbol{a}(-\boldsymbol{a}) \\ \boldsymbol{b}(-\boldsymbol{b}) \end{bmatrix} = \begin{bmatrix} + & + & + & + & - & + & + & + & + & - \\ + & - & + & + & - & + & - & + & + & - \\ + & + & + & + & - & - & - & - & - & + \\ + & - & + & + & - & - & + & - & - & + \end{bmatrix}$$

4.6.2 二进制零相关区互补集伴的构造

设 $\{\boldsymbol{a}_0,\boldsymbol{a}_1,\cdots,\boldsymbol{a}_{P-1}\}$ 是一个二进制 (N,P,Z)-AZCS，其中 P 是偶数。可以构造出另外一个二进制 (N,P,Z)-AZCS，即 $\{\boldsymbol{b}_0,\boldsymbol{b}_1,\cdots,\boldsymbol{b}_{P-1}\}=\{\underline{\boldsymbol{a}}_1,(-\underline{\boldsymbol{a}}_0),\ \cdots,\underline{\boldsymbol{a}}_{P-1},(-\underline{\boldsymbol{a}}_{P-2})\}$，而且新得到的 $\{\boldsymbol{b}_0,\boldsymbol{b}_1,\cdots,\boldsymbol{b}_{P-1}\}$ 与 $\{\boldsymbol{a}_0,\boldsymbol{a}_1,\cdots,\boldsymbol{a}_{P-1}\}$ 互为伴。当 $P=2$ 时，这个二进制 AZCS 伴的构造就简化为二进制 AZCP 伴的构造。下面首先给出二进制 AZCP 伴的构造的实例，再给出二进制 AZCS 伴的构造的实例。

例 4-14 设 $\{\boldsymbol{a}_0,\boldsymbol{a}_1\}$ 是一个字符集 $\{-1,1\}$ 上的二进制 $(5,3)$-AZCP，即

$$\begin{bmatrix} \boldsymbol{a}_0 \\ \boldsymbol{a}_1 \end{bmatrix} = \begin{bmatrix} + & + & + & + & - \\ + & - & + & + & - \end{bmatrix}$$

试构造 $\{\boldsymbol{a}_0,\boldsymbol{a}_1\}$ 的伴。

解 根据二进制 Z-互补集伴的构造，得到一个 $\{\boldsymbol{b}_0,\boldsymbol{b}_1\}$，它也是一个二进制 $(5,3)$-AZCP，即

$$\begin{bmatrix} \boldsymbol{b}_0 \\ \boldsymbol{b}_1 \end{bmatrix} = \begin{bmatrix} - & + & + & - & + \\ + & - & - & - & - \end{bmatrix}$$

而且 $\{\boldsymbol{b}_0,\boldsymbol{b}_1\}$ 与 $\{\boldsymbol{a}_0,\boldsymbol{a}_1\}$ 互为伴。

例 4-15 设 $\{\boldsymbol{a}_0,\boldsymbol{a}_1,\boldsymbol{a}_2,\boldsymbol{a}_3\}$ 是一个字符集 $\{-1,1\}$ 上二进制 $(6,2)$-AZCS，即

$$\begin{bmatrix} \boldsymbol{a}_0 \\ \boldsymbol{a}_1 \\ \boldsymbol{a}_2 \\ \boldsymbol{a}_3 \end{bmatrix} = \begin{bmatrix} + & + & + & + & + & + \\ + & - & + & + & - & + \\ + & + & + & - & - & - \\ + & - & + & - & + & - \end{bmatrix}$$

试构造 $\{\boldsymbol{a}_0, \boldsymbol{a}_1, \boldsymbol{a}_2, \boldsymbol{a}_3\}$ 的伴。

解 根据二进制非周期零相关区互补集伴的构造，得到一个序列集 $\{\boldsymbol{b}_0, \boldsymbol{b}_1, \boldsymbol{b}_2, \boldsymbol{b}_3\}$，它也是一个二进制 (6,2)-AZCS，即

$$\begin{bmatrix} \boldsymbol{b}_0 \\ \boldsymbol{b}_1 \\ \boldsymbol{b}_2 \\ \boldsymbol{b}_3 \end{bmatrix} = \begin{bmatrix} + & - & + & + & - & + \\ - & - & - & - & - & - \\ - & + & - & + & - & + \\ + & + & + & - & - & - \end{bmatrix}$$

而且 $\{\boldsymbol{b}_0, \boldsymbol{b}_1, \boldsymbol{b}_2, \boldsymbol{b}_3\}$ 与 $\{\boldsymbol{a}_0, \boldsymbol{a}_1, \boldsymbol{a}_2, \boldsymbol{a}_3\}$ 互为伴。

其他二进制非周期 Z-互补集及其伴的构造可以参考文献[93]。

类似地可以得到二进制周期 Z-互补集及其伴的构造。

4.7 本章小结

二进制零相关区互补序列可以作为多输入多输出空时分组码通信系统中信道估计的最优训练序列[94]。当所有到达信号都集中在零相关区内时，I 型 OB-AZCP 在无干扰多载波准同步 CDMA 通信中非常有用[128]。与 I 型 AZCP 不同，II 型 AZCP 在宽带无线通信系统中非常有用，其中最小干扰信号时延具有较大值[133]。在这种情形下，II 型 AZCP 在抑制异步干扰方面更有效，因为其零相关区设计用于大时间偏移。本章首先给出了字符集{0,1}上的二进制 AZCP 的概念及其 4 个初等变换，阐述了二进制 AZCP 的 3 种构造，分别给出了奇数长度和偶数长度二进制 AZCP 的零相关区长度的上界；对奇数长度 N 的二进制 AZCP，它的零相关区长度的上界为 $\frac{N+1}{2}$；对偶数长度 N 的非完备二进制 AZCP，它的零相关区长度的上界为 $N-2$，并且证明了这两个上界；提出了一种新的非二进制周期 Z-互补对递推构造方法，证明了零相关区长度 Z=3、4、5 和 6 的非二进制周期 Z-互补对存在性。其次，介绍了两种类型 OB-AZCP，定义了两种类型最优 Z-互补对，阐述了这两种类型最优 Z-互补对的 3 个性质，给出了这两种类型最优 Z-互补对的构造。再次，构造了具有大零相关区长度的非完备 EB-AZCP，即序列长度为 $N = 2^{m+1} + 2^m$，零相关区长度 $Z = 2^{m+1}$，这显示出它具有与 Golay 互补对非常接近的相关性，但是，更大零相关区长度的非完备 EB-AZCP 的构造仍然是一个公开的难题。最后，简单介绍了非二进制周期 Z-互补集及其伴的构造。

第 5 章 四相零相关区互补序列

扩频序列在无线通信系统中起到很重要的作用。扩频序列的相关特性直接影响着无线通信系统的容量、抗干扰等系统性能。因此，扩频序列不仅需要具有理想的相关特性，也需要序列的数目足够多，并且便于在硬件上实现。由于二进制序列在硬件上实现比较简单，因此，当前的无线通信系统主要使用二进制序列作为扩频编码，但其存在的数量过少，于是，很多研究者把研究兴趣转向了多相序列。在多相序列中，只有四相序列在硬件上最容易实现。四相相移键控（Quadrature Phase Shift Keying，QPSK）调制技术的发展促进了四相扩频序列的研究[54-55,69]。在一个周期内单一序列集不可能同时具有理想自相关函数和互相关特性，但是互补集在某种程度上能克服这种限制。Golay[84]和 Turyn[85]分别提出了二进制互补序列的概念之后，Tseng[86]研究了二进制互补序列，并提出了一种构造二进制完备互补序列的方法。Sivaswamy[87]进一步将二进制非周期互补序列扩展到非周期多相互补序列，介绍了一种类似 Golay 互补序列的非周期多相互补序列。Suehiro 等[132]提出了一种具有完备自相关性质，数目较多的多相正交序列，并把它用于同步系统。虽然非周期互补集可以看作周期互补集的一个特例，但周期互补集的研究比非周期互补集的研究更晚些，直到 1990 年，Bomer 等[91]首次提出周期互补集。1999 年，Feng 等[92]列出序列长度最大为 50 且序列集的大小为 12 的周期互补集存在的一个图表，这个图表表明：当序列集的大小确定时，周期互补集在某些长度不存在。不论是周期互补序列，还是非周期互补序列，它们存在的数量都不多，而且二进制非周期互补对和四相非周期互补对的长度都受到了限制。这些限制阻碍了互补序列的应用。2007 年，Fan 等[93]将 ZCZ 概念移植到非周期互补序列中，提出并构造了二进制非周期 Z-互补序列。虽然二进制非周期 Z-互补序列在硬件实现上比较简单，但二进制非周期 Z-互补对（AZCP）的数目及其零相关区长度都受到了一定的限制。四相非周期 Z-互补序列在硬件上容易实现，于是四相非周期 Z-互补序列的研究成为一个研究热点。

本章内容是在文献[95-96, 102]基础上撰写的，将阐述四相序列的初等变换和四相非周期 Z-互补对（AZCP）的初等变换，讨论四相 AZCP 的存在性，阐述四相 AZCP 及其伴的构造，以及四相非周期 Z-互补集（AZCS）及其伴的构造。

5.1　四相序列及其零相关区互补对的初等变换

本节首先阐述四相序列的初等变换，在此基础上，再阐述四相非周期 Z-互补对（AZCP）的初等变换。

5.1.1　四相序列的初等变换

在无线通信系统中，扩频序列的非周期相关特性比周期相关特性出现的频率更多。然而，与周期相关的序列设计相比，非周期相关的序列设计更加困难，因此，在传统序列设计研究方法中，绝大多数都是基于周期相关特性进行序列设计的，再分析得到的序列非周期相关特性。本节集中讨论四相序列的初等变换及变换后所得四相序列的非周期自相关函数的性质，它们是研究四相 AZCP 的理论基础。

引理 5-1　设 $\boldsymbol{a}=(a_0,a_1,\cdots,a_{N-1})$ 和 $\boldsymbol{b}=(b_0,b_1,\cdots,b_{N-1})$ 是长度为 N 的复值序列，如果 $b_n=ca_n$（$n=0,1,2,\cdots,N-1$），c 是任意复数，那么

$$C_{\boldsymbol{b}}(\tau)=|c|^2C_{\boldsymbol{a}}(\tau)\text{，}\quad \tau=0,1,2,\cdots,N-1$$

证明
$$C_{\boldsymbol{b}}(\tau)=\sum_{n=0}^{N-\tau-1}b_nb_{n+\tau}=\sum_{n=0}^{N-\tau-1}(ca_nc^*a_{n+\tau}^*)=|c|^2\sum_{n=0}^{N-\tau-1}a_na_{n+\tau}^*=|c|^2C_{\boldsymbol{a}}(\tau)$$

证毕。

字符集 $\{1,-1,\mathrm{i},-\mathrm{i}\}$ 上的四相复值序列简称四相序列。在引理 5-1 中，c 在乘法群 $\{1,-1,\mathrm{i},-\mathrm{i}\}$ 中取值时，就可得下面的引理。

引理 5-2　设 $\boldsymbol{a}=(a_0,a_1,\cdots,a_{N-1})$ 和 $\boldsymbol{b}=(b_0,b_1,\cdots,b_{N-1})$ 是长度为 N 的四相序列。如果 $b_n=ca_n$（$n=0,1,2,\cdots,N-1$），并且 b_n、a_n 和 c 都属于乘法群 $\{1,-1,\mathrm{i},-\mathrm{i}\}$，那么

$$C_{\boldsymbol{b}}(\tau)=C_{\boldsymbol{a}}(\tau)\text{，}\quad \tau=0,1,2,\cdots,N-1$$

引理 5-3　设 $\boldsymbol{a}=(a_0,a_1,\cdots,a_{N-1})$ 和 $\boldsymbol{b}=(b_0,b_1,\cdots,b_{N-1})$ 是长度为 N 的复值序列，如果 $b_n=a_{N-n-1}^*$（$n=0,1,2,\cdots,N-1$），那么

$$C_{\boldsymbol{b}}(\tau)=C_{\boldsymbol{a}}(\tau)\text{，}\quad \tau=0,1,2,\cdots,N-1$$

证明
$$C_b(\tau)=\sum_{n=0}^{N-\tau-1}b_nb_{n+\tau}^*=\sum_{n=0}^{N-\tau-1}a_{N-n-1}^*a_{N-(n+\tau)-1}$$

令$t=N-(n+\tau)-1$，且当$n=0$时，$t=N-\tau-1$；当$n=N-\tau-1$时，$t=0$。于是

$$C_{\boldsymbol{b}}(\tau)=\sum_{t=N-\tau-1}^{0} a_{t+\tau}^{*} a_{t} = \sum_{t=0}^{N-\tau-1} a_{t} a_{t+\tau}^{*} = C_{\boldsymbol{a}}(\tau)$$

证毕。

根据引理 5-2 和引理 5-3，可得到定理 5-1 如下。

定理 5-1 设$\boldsymbol{a}=(a_0, a_1, \cdots, a_{N-1})$是长度为$N$的四相序列，下列四相序列变换仍然保持变换前序列的非周期自相关函数。

① 共轭倒序变换，即$a_n \to a_{N-n-1}^{*}$（$n=0,1,2,\cdots,N-1$），记为$\underline{\boldsymbol{a}}^{*}$。

② 数乘变换，即$a_n \to ca_n$（$n=0,1,2,\cdots,N-1$），其中$c\in\{1,-1,\mathrm{i},-\mathrm{i}\}$，记为$c\boldsymbol{a}$，$c\boldsymbol{a}$称为$\boldsymbol{a}$的数乘序列，特别地，当$c=-1$时，$-\boldsymbol{a}$称为$\boldsymbol{a}$的负序列。

对一个四相序列进行上述变换后，仍然保持原来的非周期自相关函数，这样的序列变换称为四相序列的初等变换。一个四相序列经过有限次数的初等变换后，变成另一个四相序列，它们的非周期自相关函数相同，称这两个四相序列为关于非周期相关函数等价。

根据非周期相关函数性质 4 可得下面引理。

引理 5-4 设$\boldsymbol{a}=(a_0, a_1, \cdots, a_{N-1})$和$\boldsymbol{b}=(b_0, b_1, \cdots, b_{N-1})$是长度为$N$的复值序列，如果$b_n=(-1)^n a_n$或$b_n=(-1)^{n+1} a_n$（$n=0,1,2,\cdots,N-1$），则

$$C_a(\tau)+C_b(\tau)=0\text{，}\tau\text{为奇数且}0\leqslant\tau\leqslant N-1$$

5.1.2 四相零相关区互补对的初等变换

二进制 AZCP 可以作为四相 AZCP 的特例，二者既有联系也有区别。本节主要研究四相 AZCP 的变换。

根据 5.1.1 节中的定理、引理以及四相 AZCP 的定义，可得如下定理。

定理 5-2（四相 AZCP 的初等变换） 设$(\boldsymbol{s}_0, \boldsymbol{s}_1)$是一个四相 AZCP，其中$\boldsymbol{s}_n=(s_{n,0}, s_{n,1}, \cdots, s_{n,N-1}), n=0,1$，$N$为序列长度，下列变换后产生的序列对仍然是四相 AZCP。

① 交换变换，即交换两个子序列的顺序，如$(\boldsymbol{s}_0, \boldsymbol{s}_1)\to(\boldsymbol{s}_1, \boldsymbol{s}_0)$。

② 共轭倒序变换，即对任意一个子序列进行共轭倒序，如$(\boldsymbol{s}_0, \boldsymbol{s}_1)\to(\underline{\boldsymbol{s}}_0^{*}, \boldsymbol{s}_1)$。

③ 数乘变换，即c乘以任意一个子序列，其中$c\in\{1,-1,\mathrm{i},-\mathrm{i}\}$，如$(\boldsymbol{s}_0, \boldsymbol{s}_1)\to(\boldsymbol{s}_0, c\boldsymbol{s}_1)$。

④ 交替取负变换，即两个子序列中分量交替取负，如$\boldsymbol{s}_0$和$\boldsymbol{s}_1$的奇数位置上的分量变为它的负元素，偶数位置上的分量不变，所得四相 AZCP 记为$(\underset{\sim}{\boldsymbol{s}}_0, \underset{\sim}{\boldsymbol{s}}_1)$，即

$(\boldsymbol{s}_0,\boldsymbol{s}_1)\to(\underline{\boldsymbol{s}}_0,\underline{\boldsymbol{s}}_1)$。

对一个四相 AZCP 进行上述变换后，仍然保持原来的四相非周期 Z-互补性，这样的四相 AZCP 的变换称为四相 AZCP 的初等变换。上述四相 AZCP 的初等变换后，之所以得到一个新的四相序列对仍然保持原来的四相非周期 Z-互补性，原因是序列集$\{\boldsymbol{s}_0,\underline{\boldsymbol{s}}_0^*,-\boldsymbol{s}_0,-\underline{\boldsymbol{s}}_0^*,\ \mathrm{i}\boldsymbol{s}_0,\mathrm{i}\underline{\boldsymbol{s}}_0^*,-\mathrm{i}\boldsymbol{s}_0,-\mathrm{i}\underline{\boldsymbol{s}}_0^*,\}$中的每个序列都具有相同的非周期自相关函数，序列集$\{\boldsymbol{s}_1,\underline{\boldsymbol{s}}_1^*,-\boldsymbol{s}_1,-\underline{\boldsymbol{s}}_1^*,\ \mathrm{i}\boldsymbol{s}_1,\mathrm{i}\underline{\boldsymbol{s}}_1^*,-\mathrm{i}\boldsymbol{s}_1,-\mathrm{i}\underline{\boldsymbol{s}}_1^*\}$中的每个序列也都具有相同的非周期自相关函数。虽然$\underline{\boldsymbol{s}}_n$与$\boldsymbol{s}_n$（$n$=0,1）的非周期自相关函数不同，但是由$C_{\boldsymbol{s}_0}(\tau)+C_{\boldsymbol{s}_1}(\tau)=0$可以导出$C_{\underline{\boldsymbol{s}}_0}(\tau)+C_{\underline{\boldsymbol{s}}_1}(\tau)=0$。因此，一个四相 AZCP 经过有限次数的初等变换后，仍然保持原来的四相非周期 Z-互补性。文献[70]中的非周期互补对的 4 种变换可以作为四相 AZCP 的初等变换的特例。如果把定理 5-2 中$(\boldsymbol{s}_0,\boldsymbol{s}_1)\to(\boldsymbol{s}_0,c\boldsymbol{s}_1)$改为

$$(\boldsymbol{s}_0,\boldsymbol{s}_1)\to\left(\boldsymbol{s}_0,\exp\frac{2\pi\mathrm{i}}{q}\boldsymbol{s}_1\right)$$

其中，$q=1,2,3,\cdots$，则所得的四相 AZCP 的初等变换也适合于q-进制非周期 Z-互补对。

类似地，四相 AZCP 的初等变换可以推广到四相 AZCS 的初等变换，也可以推广到四相周期 Z-互补集的初等变换。

通过上述分析，可得以下定理。

定理 5-3　设$(\boldsymbol{s}_0,\boldsymbol{s}_1)$是一个四相 AZCP。对$(\boldsymbol{s}_0,\boldsymbol{s}_1)$进行初等变换，至多可得 256 个相同长度的四相 AZCP。

证明　因$(\boldsymbol{s}_0,\boldsymbol{s}_1)$是一个四相 AZCP，则从序列集$\{\boldsymbol{s}_0,\underline{\boldsymbol{s}}_0^*,-\boldsymbol{s}_0,-\underline{\boldsymbol{s}}_0^*,\ \mathrm{i}\boldsymbol{s}_0,\mathrm{i}\underline{\boldsymbol{s}}_0^*,-\mathrm{i}\boldsymbol{s}_0,-\mathrm{i}\underline{\boldsymbol{s}}_0^*,\}$中任取一个序列，再从序列集$\{\boldsymbol{s}_1,\underline{\boldsymbol{s}}_1^*,-\boldsymbol{s}_1,-\underline{\boldsymbol{s}}_1^*,\ \mathrm{i}\boldsymbol{s}_1,\mathrm{i}\underline{\boldsymbol{s}}_1^*,-\mathrm{i}\boldsymbol{s}_1,-\mathrm{i}\underline{\boldsymbol{s}}_1^*\}$中任取一个序列，然后组成的序列对一定是四相 AZCP，这样得到的四相 AZCP 共有 64 个。经过初等变换，一个四相 AZCP$(\boldsymbol{s}_0,\boldsymbol{s}_1)$可变换为另一个四相 AZCP$(\underline{\boldsymbol{s}}_0,\underline{\boldsymbol{s}}_1)$，这样初等变换得到的四相 AZCP$(\underline{\boldsymbol{s}}_0,\underline{\boldsymbol{s}}_1)$也是 64 个，上面所得四相 AZCP 经过交换变换后，所得的四相 AZCP 的数目可以成为变换前的 2 倍。因此，一个四相 AZCP 经过有限次数的初等变换，可得 256 个（包括自身）相同长度的四相 AZCP。

证毕。

定理 5-3 移植到四相周期 Z-互补对，可得类似结果。

值得注意的是，根据文献[70]，一个四相非周期互补对通过初等变换只能产生 64 个四相非周期互补对，但是根据定理 5-3，对一个四相 AZCP（如$(\boldsymbol{s}_0,\boldsymbol{s}_1)$）进行初等变换，能产生 256 个四相 AZCP。一般情形下，这 256 个相同长度的四相 AZCP 是互相不同的，基于非周期相关函数，它们是等价的，可以形成一个等

价类，用$[(\boldsymbol{s}_0,\boldsymbol{s}_1)]$表示，同时，称$(\boldsymbol{s}_0,\boldsymbol{s}_1)$为这个等价类的代表，因此，对于给定的序列长度，用等价类代表的集合能够描述这个长度的四相 AZCP。寻找四相 AZCP 的代表将是一个公开的难题。特别地，对于一个二进制 AZCP，经过有限次数的初等变换，可得 64 个（包括自身）不同的二进制 AZCP。

上面的结果可以推广到任意的 AZCP，于是得到下面的定理。

定理 5-4　对固定长度的非周期 Z-互补对的集合，一定存在有限个不等价的代表，并且该代表的集合可以确定这个非周期 Z-互补对的集合。

证明　设这个 AZCP 的集合为A，从A中取一个元素$(\boldsymbol{s}_0^1,\boldsymbol{s}_1^1)$，对$(\boldsymbol{s}_0^1,\boldsymbol{s}_1^1)$进行 AZCP 的初等变换，把所得到的 AZCP 组成一个集合A_1（即$A_1=[(\boldsymbol{s}_0^1,\boldsymbol{s}_1^1)]$），它是$A$的一个子集；作两个集合的差$A-A_1$，再从这个两个集合的差中取一个元素$(\boldsymbol{s}_0^2,\boldsymbol{s}_1^2)$，对它进行 AZCP 的初等变换，把所得到的 AZCP 组成一个集合A_2（即$A_2=[(\boldsymbol{s}_0^2,\boldsymbol{s}_1^2)]$），显然$A_1\cap A_2=\varnothing$，其中$\varnothing$表示空集，由于固定长度的 AZCP 的集合必定是有限集，因此总存在有限步，即第r步，取出$(\boldsymbol{s}_0^r,\boldsymbol{s}_1^r)$后，对$(\boldsymbol{s}_0^r,\boldsymbol{s}_1^r)$进行 AZCP 的初等变换，把所得到的 AZCP 组成一个集合A_r（$A_r=[(\boldsymbol{s}_0^r,\boldsymbol{s}_1^r)]$），使

$$A_i\cap A_j=\varnothing(1\leqslant i<j\leqslant r),\text{且}\bigcup_{i=1}^{r}A_i=A$$

换句话说，A由 AZCP 的代表组成的集合$\{(\boldsymbol{s}_0^n,\boldsymbol{s}_1^n)|n=1,2,\cdots,r\}$决定，因此对固定长度的非周期 Z-互补对的集合可以由它代表的集合确定。

证毕。

定理 5-4 移植到周期 Z-互补对可得类似结果。

例 5-1　经过计算机搜索，序列长度为 7 的四相 AZCP 共有 1 024 个，但仅有 4 个代表，其代表的集合为$\{[(\boldsymbol{a}_0,\boldsymbol{a}_1)],[(\boldsymbol{b}_0,\boldsymbol{b}_1)],[(\boldsymbol{c}_0,\boldsymbol{c}_1)],[(\boldsymbol{d}_0,\boldsymbol{d}_1)]\}$，这 4 个四相 AZCP 的代表及其自相关函数和为

$$\begin{bmatrix}\boldsymbol{a}_0\\\boldsymbol{a}_1\end{bmatrix}=\begin{bmatrix}1&1&1&1&-1&-1&1\\1&\mathrm{i}&-\mathrm{i}&1&-\mathrm{i}&\mathrm{i}&1\end{bmatrix}$$

$$\left(C_{\boldsymbol{a}_0}(\tau)+C_{\boldsymbol{a}_1}(\tau)\right)_{\tau=0}^{6}=(14,0,0,0,0,0,2)$$

$$\begin{bmatrix}\boldsymbol{b}_0\\\boldsymbol{b}_1\end{bmatrix}=\begin{bmatrix}1&1&\mathrm{i}&\mathrm{i}&-\mathrm{i}&1&-1\\1&\mathrm{i}&1&\mathrm{i}&1&-\mathrm{i}&-1\end{bmatrix}$$

$$\left(C_{\boldsymbol{b}_0}(\tau)+C_{\boldsymbol{b}_1}(\tau)\right)_{\tau=0}^{6}=(14,0,0,0,0,0,-2)$$

$$\begin{bmatrix} \boldsymbol{c}_0 \\ \boldsymbol{c}_1 \end{bmatrix} = \begin{bmatrix} 1 & 1 & 1 & -\mathrm{i} & \mathrm{i} & \mathrm{i} & -\mathrm{i} \\ 1 & \mathrm{i} & -1 & 1 & -\mathrm{i} & 1 & -\mathrm{i} \end{bmatrix}$$

$$\left(C_{c_0}(\tau)+C_{c_1}(\tau)\right)_{\tau=0}^{6}=(14,0,0,0,0,0,2\mathrm{i})$$

$$\begin{bmatrix} \boldsymbol{d}_0 \\ \boldsymbol{d}_1 \end{bmatrix} = \begin{bmatrix} 1 & 1 & 1 & \mathrm{i} & -\mathrm{i} & -\mathrm{i} & \mathrm{i} \\ 1 & \mathrm{i} & 1 & \mathrm{i} & -\mathrm{i} & -1 & \mathrm{i} \end{bmatrix}$$

$$\left(C_{d_0}(\tau)+C_{d_1}(\tau)\right)_{\tau=0}^{6}=(14,0,0,0,0,0,-2\mathrm{i})$$

但是，序列长度为 7 的二进制 AZCP 共有 192 个，因此，一般来说，序列长度相同的四相 AZCP 的数目比二进制 AZCP 的数目多得多。

例 5-2 经过计算机搜索，序列长度为 5 的二进制 AZCP 共有 96 个，它最大零相关区长度是 3，它有 4 代表，其代表的集合为$\{[(\boldsymbol{a}_0,\boldsymbol{a}_1)],[(\boldsymbol{b}_0,\boldsymbol{b}_1)], [(\boldsymbol{c}_0,\boldsymbol{c}_1)], [(\boldsymbol{d}_0,\boldsymbol{d}_1)]\}$，其中

$$\begin{bmatrix} \boldsymbol{a}_0 \\ \boldsymbol{a}_1 \end{bmatrix} = \begin{bmatrix} + & + & + & + & - \\ + & - & + & + & - \end{bmatrix}$$

$$\left(C_{a_0}(\tau)+C_{a_1}(\tau)\right)_{\tau=0}^{4}=(10,0,0,2,-2)$$

$$\begin{bmatrix} \boldsymbol{b}_0 \\ \boldsymbol{b}_1 \end{bmatrix} = \begin{bmatrix} + & + & + & - & + \\ + & + & - & + & + \end{bmatrix}$$

$$\left(C_{b_0}(\tau)+C_{b_1}(\tau)\right)_{\tau=0}^{4}=(10,0,0,2,2)$$

$$\begin{bmatrix} \boldsymbol{c}_0 \\ \boldsymbol{c}_1 \end{bmatrix} = \begin{bmatrix} + & + & + & - & + \\ + & - & - & - & + \end{bmatrix}$$

$$\left(C_{c_0}(\tau)+C_{c_1}(\tau)\right)_{\tau=0}^{4}=(10,0,0,-2,2)$$

$$\begin{bmatrix} \boldsymbol{d}_0 \\ \boldsymbol{d}_1 \end{bmatrix} = \begin{bmatrix} + & + & + & - & - \\ + & + & - & + & - \end{bmatrix}$$

$$\left(C_{d_0}(\tau)+C_{d_1}(\tau)\right)_{\tau=0}^{4}=(10,0,0,-2,-2)$$

因此，用 AZCP 的代表的集合表示相同长度的 AZCP 的集合，这种表现形式不仅具体，而且是研究 AZCP 很有价值的工具。

经过计算机搜索得到长度 $N\leqslant 9$ 的四相 AZCP 的代表、最大零相关区长度 $Z_{\max}$ 与非周期自相关函数和如表 5-1 所示。表 5-1 中，两个子序列用分号隔开。

表 5-1 四相 AZCP 的代表及其非周期自相关函数和

N	$Z_{\max}$	四相 AZCP 的代表	非周期自相关函数和
3	3	(1,1,–1; 1,i,1)	(6,0,0)
4	4	(1,1,1,–1; 1,1,–1,1)	(8,0,0,0)
5	5	(1,1,1, –i , i ;1,i, –i ,1, i)	(10,0,0,0,0)
6	6	(1,1,1,i,–1,1; 1,1, –i ,–1,1,–1)	(12,0,0,0,0,0)
7	6	(1,1,1,1,–1,–1,1; 1, i , –i ,1, –i ,i,1)	(14,0,0,0,0,0,2)
8	8	(1,1,1,1,1,–1,–1,1; 1,1,–1,–1,1,–1,1,–1)	(16,0,0,0,0,0,0,0)
9	8	(1,–1,i,1,i, –i , –i , –i ,1;1,1,1,i, –i ,1,–1,i,1)	(18,0,0,0,0,0,0,0,2)

表 5-1 表明序列长度 $N=3,4,5,6,8$ 的四相 AZCP 就是四相非周期互补对，即 $Z_{\max}=N$。表 5-1 与表 4-1 比较可知：一般来说，对同一长度，四相 AZCP 的最大零相关区长于二进制 AZCP 的最大零相关区。

另外，观察表 5-1 可以产生下面的猜想。

猜想 1 对满足 $2\leqslant Z\leqslant N$ 的相关区长度 Z，四相 AZCP 在所有长度上都存在。

猜想 2 对序列长度为 N 的四相 AZCP，最大零相关区 $Z_{\max}=N$ 或 $Z_{\max}=N-1$。

5.2 四相零相关区互补对的存在性

序列长度为 7、9、15 的四相互补对是不存在的[70]。5.1.2 节的猜想 1 表明，对于某个零相关区长度 Z，四相 AZCP 在所有长度上都存在。类似于第 2 章二进制 AZCP 的存在性，本节讨论对任意序列长度的四相 AZCP 的存在性，但序列长度 1 除外。

定理 5-5 对于任意序列长度 N，且 $N\geqslant 2$，零相关区长度为 2 的四相 AZCP 是存在的。精确地说，设 $(\boldsymbol{s}_0,\boldsymbol{s}_1)$ 是字符集 $\{1,-1,\mathrm{i},-\mathrm{i}\}$ 上四相序列对，其中 $\boldsymbol{s}_m=(s_{m,0},s_{m,1},\cdots,s_{m,N-1}),m=0,1$。如果 $s_{0,n}=(-1)^n s_{1,n}$ 或 $s_{0,n}=(-1)^{n+1}s_{1,n}$，则 $(\boldsymbol{s}_0,\boldsymbol{s}_1)$ 是一个零相关区长度为 2 的四相 AZCP。

证明 根据引理 5-4，有

$$C_{s_1}(1)+C_{s_2}(1)=0$$

所以$(\boldsymbol{s}_0,\boldsymbol{s}_1)$是一个零相关区长度为 2 的四相非周期 Z-互补对。

证毕。

下面讨论零相关区长度大于 2 的四相 AZCP 的存在性。类似 4.3 节中的二进制 AZCP 的递归构造方法，本节给出一种字符集$\{1,-1,\mathrm{i},-\mathrm{i}\}$上的四相 AZCP 的递归构造方法，具体如下。

设$\boldsymbol{A}_0$是一个长度为N的四相序列对，其序列分量在字符集$\{1,-1,\mathrm{i},-\mathrm{i}\}$上取值，其矩阵形式为

$$\boldsymbol{A}_0=\begin{bmatrix}\boldsymbol{A}_{0,1}\\ \boldsymbol{A}_{0,2}\end{bmatrix}=\begin{bmatrix}a_{1,0},a_{1,1},\cdots,a_{1,N-1}\\ a_{2,0},a_{2,1},\cdots,a_{2,N-1}\end{bmatrix}$$

设$\boldsymbol{C}$和$\boldsymbol{D}$分别是长度为M的四相序列对，其序列的分量在字符集$\{1,-1,\mathrm{i},-\mathrm{i}\}$上取值，它们的矩阵形式分别为

$$\boldsymbol{C}=\begin{bmatrix}\boldsymbol{C}_1\\ \boldsymbol{C}_2\end{bmatrix}=\begin{bmatrix}c_{1,0},c_{1,1},\cdots,c_{1,M-1}\\ c_{2,0},c_{2,1},\cdots,c_{2,M-1}\end{bmatrix}$$

$$\boldsymbol{D}=\begin{bmatrix}\boldsymbol{D}_1\\ \boldsymbol{D}_2\end{bmatrix}=\begin{bmatrix}d_{1,0},d_{1,1},\cdots,d_{1,M-1}\\ d_{2,0},d_{2,1},\cdots,d_{2,M-1}\end{bmatrix}$$

递归构造式为

$$\boldsymbol{A}_{2n-1}=\begin{bmatrix}\boldsymbol{A}_{2n-1,1}\\ \boldsymbol{A}_{2n-1,2}\end{bmatrix}=\begin{bmatrix}\boldsymbol{A}_{2n-2,1}\boldsymbol{C}_1\\ \boldsymbol{A}_{2n-2,2}\boldsymbol{C}_2\end{bmatrix} \tag{5-1}$$

$$\boldsymbol{A}_{2n}=\begin{bmatrix}\boldsymbol{A}_{2n,1}\\ \boldsymbol{A}_{2n,2}\end{bmatrix}=\begin{bmatrix}\boldsymbol{A}_{2n-1,1}\boldsymbol{D}_1\\ \boldsymbol{A}_{2n-1,2}\boldsymbol{D}_2\end{bmatrix} \tag{5-2}$$

其中，$\boldsymbol{A}_{2n-2,m}\boldsymbol{C}_m$表示$\boldsymbol{A}_{2n-2,m}$和$\boldsymbol{C}_m$的级联，$\boldsymbol{A}_{2n-1,m}\boldsymbol{D}_m$表示$\boldsymbol{A}_{2n-1,m}$和$\boldsymbol{D}_m$的级联，且$m=1,2$，$n=1,2,3,\cdots$于是，根据式（5-1）和式（5-2）可得更长的字符集$\{1,-1,\mathrm{i},-\mathrm{i}\}$上的四相序列对。

假设$\boldsymbol{A}_0$是一个序列长度为N且零相关区长度为Z的四相 AZCP，记为(N,Z)-AZCP，$\boldsymbol{C}$是长度为M的四相序列对，其序列分量在字符集$\{1,-1,\mathrm{i},-\mathrm{i}\}$上取值，并且满足

$$\sum_{i=1}^{2}\left(\sum_{j=0}^{\min\{\tau-1,M-1\}}a_{i,N+j-\tau}c_{i,j}+\sum_{j=\tau}^{M-1}c_{i,j-\tau}c_{i,j}\right)=0,\ \tau=1,2,\cdots,Z-1 \tag{5-3}$$

其中，$N\geqslant 2M$，$Z\leqslant 2M$。由于$\boldsymbol{A}_0$是一个四相(N,Z)-AZCP，根据式（5-3），可得

$$\sum_{i=1}^{2}\left(\sum_{j=0}^{N-\tau-1}a_{i,j}a_{i,j+\tau}+\sum_{j=0}^{\tau-1}a_{i,N+j-\tau}c_{i,j}+\sum_{j=\tau}^{M-1}c_{i,j-\tau}c_{i,j}\right)=0,1\leqslant\tau\leqslant M$$

$$\sum_{i=1}^{2}\left(\sum_{j=0}^{N-\tau-1}a_{i,j}a_{i,j+\tau}+\sum_{j=0}^{M-1}a_{i,N+j-\tau}c_{i,j}\right)=0,\quad M+1\leqslant\tau\leqslant Z-1$$

根据字符集 $\{1,-1,\mathrm{i},-\mathrm{i}\}$ 上四相 AZCP 的定义可知，由式（5-1）构造的四相序列对 $\boldsymbol{A}_1$ 是一个四相 $(N+M,Z)$-AZCP。

设 $\boldsymbol{D}$ 是一个长度为 M 的四相序列对，其序列分量在字符集 $\{1,-1,\mathrm{i},-\mathrm{i}\}$ 上取值，并且满足

$$\sum_{i=1}^{2}\left(\sum_{j=0}^{\tau-1}c_{i,M+j-\tau}d_{i,j}+\sum_{j=\tau}^{M-1}d_{i,j-\tau}d_{i,j}\right)=0,1\leqslant\tau\leqslant M \tag{5-4}$$

$$\sum_{i=1}^{2}\left(\sum_{j=0}^{\tau-1-M}a_{i,N+M+j-\tau}d_{i,j}+\sum_{j=\tau-M}^{M-1}c_{i,M+j-\tau}d_{i,j}\right)=0,M+1\leqslant\tau\leqslant Z-1 \tag{5-5}$$

其中，$N\geqslant 2M$，$Z\leqslant 2M$。通过相似的计算可知，由式（5-2）构造的四相序列对 $\boldsymbol{A}_2$ 是一个四相 $(N+2M,Z)$-AZCP。

设 $\boldsymbol{C}$ 和 $\boldsymbol{D}$ 进一步满足

$$\sum_{i=1}^{2}\left(\sum_{j=0}^{\tau-1}d_{i,M+j-\tau}c_{i,j}+\sum_{j=\tau}^{M-1}c_{i,j-\tau}c_{i,j}\right)=0,1\leqslant\tau\leqslant M \tag{5-6}$$

$$\sum_{i=1}^{2}\left(\sum_{j=0}^{\tau-1-M}c_{i,2M+j-\tau}c_{i,j}+\sum_{j=\tau-M}^{M-1}d_{i,M+j-\tau}c_{i,j}\right)=0,\quad M+1\leqslant\tau\leqslant Z-1 \tag{5-7}$$

$$\sum_{i=1}^{2}\left(\sum_{j=0}^{\tau-1-M}d_{i,2M+j-\tau}d_{i,j}+\sum_{j=\tau-M}^{M-1}c_{i,M+j-\tau}d_{i,j}\right)=0,\quad M+1\leqslant\tau\leqslant Z-1 \tag{5-8}$$

其中，$N\geqslant 2M$，$Z\leqslant 2M$。通过相似的计算可知，由式（5-1）构造的四相序列对 $\boldsymbol{A}_3$ 是一个四相 $(N+3M,Z)$-AZCP，由式（5-2）构造的四相序列对 $\boldsymbol{A}_4$ 是一个四相 $(N+4M,Z)$-AZCP。上面的过程重复进行，可得下面的定理。

定理 5-6 设 $\boldsymbol{A}_0$ 是一个四相 (N,Z)-AZCP，$\boldsymbol{C}$ 和 $\boldsymbol{D}$ 是长度为 M 的四相序列对，其序列分量在字符集 $\{1,-1,\mathrm{i},-\mathrm{i}\}$ 上取值。若 $N\geqslant 2M$，$Z\leqslant 2M$，式（5-3）～式（5-8）都成立，那么 $\boldsymbol{A}_{2n-1}$ 和 $\boldsymbol{A}_{2n}$ （$n=1,2,3,\cdots$）分别是四相 $(N+(2n-1)M,Z)$-AZCP 和 $(N+2nM,Z)$-AZCP。

定理 5-6 移植到周期四相 Z-互补对可得类似结果，定理 5-6 也可以推广到多相序列。

通过计算机程序搜索到初始四相 (N,Z)-AZCP 的 $\boldsymbol{A}_0$、递归序列对 $\boldsymbol{C}$ 和 $\boldsymbol{D}$，如表 5-2 所示。表 5-2 中，两个序列用分号隔开。

表 5-2　初始四相 AZCP 和递归序列对

Z	初始四相（N，Z）-AZCP 的 $\boldsymbol{A}_0$	递归序列对 $\boldsymbol{C}$	递归序列对 $\boldsymbol{D}$
4	(−i , i , −i , −i ; −i , −i , −i , i)	(−1,1; −1,−1)	(1,1; 1,−1)
4	(−i , −i , i , −i , −i , −i , i ; −i , −i , −i , i , −i , i , i)	(i , i ; −i , i)	(i , −i ; −i , −i)

根据定理 5-6、表 5-1 和表 5-2 可得下面的定理。

定理 5-7　四相 $(N,3)$-AZCP 都存在，其中 $N \geqslant 3$；四相 $(N,4)$-AZCP 都存在，其中 $N \geqslant 4$。

证明　根据表 5-2 中第二行中的初始的四相 AZCP 和递归序列对，可得四相 $(4+2k,4)$-AZCP 都存在，其中 $k=0,1,2,\cdots$。同理可得，四相 $(4+2k,3)$-AZCP 都存在，其中 $k=0,1,2,\cdots$。另一方面，根据表 5-2 的第三行中的初始的四相 AZCP 和递归序列对，可得四相 $(5+2k,3)$-AZCP 都存在，其中 $k=0,1,2,\cdots$。综上所述，可得四相 $(N,3)$-AZCP 都存在，其中 $N \geqslant 3$。用类似的方法可以证明四相 $(N,4)$-AZCP 都存在，其中 $N \geqslant 4$。

证毕。

定理 5-7 移植到周期四相 Z-互补对，可得类似结果。

5.3　四相零相关区互补对及其伴的构造

本节首先阐述四相非周期零相关区互补对的构造，然后在此基础上，阐述四相非周期零相关区互补对伴的构造。

5.3.1　四相零相关区互补对的构造

四相非周期互补对是四相非周期零相关区互补对的特例，在四相非周期互补对构造方法的启发下，下面给出 3 种四相 AZCP 的构造方法，这些方法是对已经有的四相非周期互补对构造方法[70]的修改和完善。为了说明构造过程，本节给出了相应示例。从序列长度较短的四相 AZCP 开始，构造序列长度更长的四相 AZCP，所得到的四相 AZCP 保持了原有的四相非周期 Z-互补性，甚至具有更优越的四相非周期 Z-互补性。

1．四相非周期 Z-互补对的第一种构造

设 $(\boldsymbol{a}_0,\boldsymbol{a}_1)$ 是一个四相 (N,Z)-AZCP，通过下面关系式都可以导出另一个四相

$(2N,Z)$-AZCP，即

$$(\boldsymbol{b}_0,\boldsymbol{b}_1)=(\boldsymbol{a}_0\boldsymbol{a}_1,\boldsymbol{a}_0(-\boldsymbol{a}_1)) \tag{5-9}$$

其中，$\boldsymbol{a}_0\boldsymbol{a}_1$ 表示两个序列 $\boldsymbol{a}_0$ 和 $\boldsymbol{a}_1$ 的级联，$-\boldsymbol{a}_1$ 表示 $\boldsymbol{a}_1$ 的负序列，可以把式（5-9）作为这种递归构造的基本公式。在文献[70]中多相情形下的证明也适合这种递归构造基本公式的证明。对于一个四相 (N,Z)-AZCP，利用式（5-9）和四相 AZCP 的初等变换可以导出四相 $(2N,Z)$-AZCP。下面 5 个四相 AZCP 的递归构造式都可以由式（5-9）和四相 AZCP 的初等变换得到。

$$(\boldsymbol{b}_0^0,\boldsymbol{b}_1^0)=(\boldsymbol{a}_0\boldsymbol{a}_1,\underline{\boldsymbol{a}}_1^*(-\underline{\boldsymbol{a}}_0^*)) \tag{5-10}$$

$$(\boldsymbol{b}_0^1,\boldsymbol{b}_1^1)=(\boldsymbol{a}_0\boldsymbol{a}_1,(-\underline{\boldsymbol{a}}_1^*)(\underline{\boldsymbol{a}}_0^*)) \tag{5-11}$$

$$(\boldsymbol{b}_0^2,\boldsymbol{b}_1^2)=(\boldsymbol{a}_0\boldsymbol{a}_1,(-\boldsymbol{a}_0)\boldsymbol{a}_1) \tag{5-12}$$

$$(\boldsymbol{b}_0^3,\boldsymbol{b}_1^3)=(\boldsymbol{a}_0\underline{\boldsymbol{a}}_1^*,\boldsymbol{a}_1(-\underline{\boldsymbol{a}}_0^*)) \tag{5-13}$$

$$(\boldsymbol{b}_0^4,\boldsymbol{b}_1^4)=(\boldsymbol{a}_0(\mathrm{i}\boldsymbol{a}_1),\boldsymbol{a}_0(-\mathrm{i}\boldsymbol{a}_1)) \tag{5-14}$$

因为 $\boldsymbol{a}_0(-\boldsymbol{a}_1)=-((-\boldsymbol{a}_0)\boldsymbol{a}_1)$，$[\boldsymbol{a}_0(-\boldsymbol{a}_1)]^*=(-\boldsymbol{a}_1)^*\boldsymbol{a}_0^*)$，$[(-\boldsymbol{a}_0)\boldsymbol{a}_1]^*=\boldsymbol{a}_1^*(-\boldsymbol{a}_0^*)$，所以用式(5-9)和四相 AZCP 的初等变换可以推导出式(5-10)～式(5-12)。由于 $(\boldsymbol{a}_0,\boldsymbol{a}_1)$ 是一个四相 AZCP，利用四相 AZCP 的初等变换性质可知，$(\boldsymbol{a}_0,\underline{\boldsymbol{a}}_1^*)$ 和 $(\boldsymbol{a}_0,\mathrm{i}\boldsymbol{a}_1)$ 也是四相 AZCP，再利用式（5-9）就可得式（5-13）和式（5-14）。设 $(\boldsymbol{a}_0,\boldsymbol{a}_1)$ 是一个四相 (N,Z)-AZCP，利用四相 AZCP 的递归构造式进行 k 次递归，就可得四相 $(2^kN,Z)$-AZCP。在一般情形下，从一个四相 (N,Z)-AZCP 出发，所得到的四相 $(2N,Z)$-AZCP 的个数仍然为 256，而且随着递归的次数增加，所得到的某个长度的四相 AZCP 的数目不变，而且零相关区的长度保持不变。

例 5-3 设 $(\boldsymbol{a}_0,\boldsymbol{a}_1)$ 是一个四相 $(7,6)$-AZCP），即

$$\begin{bmatrix}\boldsymbol{a}_0\\\boldsymbol{a}_1\end{bmatrix}=\begin{bmatrix}1&1&\mathrm{i}&\mathrm{i}&-\mathrm{i}&1&-1\\1&\mathrm{i}&1&\mathrm{i}&1&-\mathrm{i}&-1\end{bmatrix}$$

$$\left(C_{\boldsymbol{a}_0}(\tau)+C_{\boldsymbol{a}_1}(\tau)\right)_{\tau=0}^{6}=(14,0,0,0,0,0,-2)$$

试用式（5-9）～式（5-14）的递归构造各一次，求得 6 个 $(14,6)$-AZCP。

解 使用式（5-9）～式（5-14）的递归构造各一次，可得 6 个 $(14,6)$-AZCP，即

$$\begin{bmatrix} \boldsymbol{b}_0 \\ \boldsymbol{b}_1 \end{bmatrix} = \begin{bmatrix} 1 & 1 & \mathrm{i} & \mathrm{i} & -\mathrm{i} & 1 & -1 & 1 & \mathrm{i} & 1 & \mathrm{i} & 1 & -\mathrm{i} & -1 \\ 1 & 1 & \mathrm{i} & \mathrm{i} & -\mathrm{i} & 1 & -1 & -1 & -\mathrm{i} & -1 & -\mathrm{i} & -1 & \mathrm{i} & 1 \end{bmatrix}$$

$$\begin{bmatrix} \boldsymbol{b}_0^0 \\ \boldsymbol{b}_1^0 \end{bmatrix} = \begin{bmatrix} 1 & 1 & \mathrm{i} & \mathrm{i} & -\mathrm{i} & 1 & -1 & 1 & \mathrm{i} & 1 & \mathrm{i} & 1 & -\mathrm{i} & -1 \\ -1 & \mathrm{i} & 1 & -\mathrm{i} & 1 & -\mathrm{i} & 1 & 1 & -1 & -\mathrm{i} & \mathrm{i} & \mathrm{i} & -1 & -1 \end{bmatrix}$$

$$\begin{bmatrix} \boldsymbol{b}_0^1 \\ \boldsymbol{b}_1^1 \end{bmatrix} = \begin{bmatrix} 1 & 1 & \mathrm{i} & \mathrm{i} & -\mathrm{i} & 1 & -1 & 1 & \mathrm{i} & 1 & \mathrm{i} & 1 & -\mathrm{i} & -1 \\ 1 & -\mathrm{i} & -1 & \mathrm{i} & -1 & \mathrm{i} & -1 & -1 & 1 & \mathrm{i} & -\mathrm{i} & -\mathrm{i} & 1 & 1 \end{bmatrix}$$

$$\begin{bmatrix} \boldsymbol{b}_0^2 \\ \boldsymbol{b}_1^2 \end{bmatrix} = \begin{bmatrix} 1 & 1 & \mathrm{i} & \mathrm{i} & -\mathrm{i} & 1 & -1 & 1 & \mathrm{i} & 1 & \mathrm{i} & 1 & -\mathrm{i} & -1 \\ -1 & -1 & -\mathrm{i} & -\mathrm{i} & \mathrm{i} & -1 & 1 & 1 & \mathrm{i} & 1 & \mathrm{i} & 1 & -\mathrm{i} & -1 \end{bmatrix}$$

$$\begin{bmatrix} \boldsymbol{b}_0^3 \\ \boldsymbol{b}_1^3 \end{bmatrix} = \begin{bmatrix} 1 & 1 & \mathrm{i} & \mathrm{i} & -\mathrm{i} & 1 & -1 & -1 & \mathrm{i} & 1 & -\mathrm{i} & 1 & -\mathrm{i} & 1 \\ 1 & \mathrm{i} & 1 & \mathrm{i} & 1 & -\mathrm{i} & -1 & 1 & -1 & -\mathrm{i} & \mathrm{i} & \mathrm{i} & -1 & -1 \end{bmatrix}$$

$$\begin{bmatrix} \boldsymbol{b}_0^4 \\ \boldsymbol{b}_1^4 \end{bmatrix} = \begin{bmatrix} 1 & 1 & \mathrm{i} & \mathrm{i} & -\mathrm{i} & 1 & -1 & \mathrm{i} & -1 & \mathrm{i} & -1 & \mathrm{i} & 1 & -\mathrm{i} \\ 1 & 1 & \mathrm{i} & \mathrm{i} & -\mathrm{i} & 1 & -1 & -\mathrm{i} & 1 & -\mathrm{i} & 1 & -\mathrm{i} & -1 & \mathrm{i} \end{bmatrix}$$

注意，这6个四相AZCP的自相关函数和都是一样的，即

$$(28,0,0,0,0,0,-4,0,0,0,0,0,0,0)$$

2．四相非周期Z-互补对的第二种构造

设$(\boldsymbol{a}_0,\boldsymbol{a}_1)$是一个四相$(N_1,Z_1)$-AZCP，其伴为$(\boldsymbol{a}_0',\boldsymbol{a}_1')$。$(\boldsymbol{b}_0,\boldsymbol{b}_1)$是另一个四相$(N_2,Z_2)$-AZCP，则通过式（5-15）构造出的$(\boldsymbol{t}_0,\boldsymbol{t}_1)$是一个$(2N_1N_2,Z)$-AZCP，即

$$(\boldsymbol{t}_0,\boldsymbol{t}_1)=((\boldsymbol{b}_0\otimes\boldsymbol{a}_0)(\boldsymbol{b}_1\otimes\boldsymbol{a}_0'),(\boldsymbol{b}_0\otimes\boldsymbol{a}_1)(\boldsymbol{b}_1\otimes\boldsymbol{a}_1')) \tag{5-15}$$

其中，当$Z_1<N_1$时，$Z=Z_1$；当$Z_1=N_1$时，$Z=Z_1Z_2$，$\otimes$表示Kronecker积。

上述两种情形的示例分别如下。

例5-4 设$(\boldsymbol{a}_0,\boldsymbol{a}_1)$是一个序列长度为3的四相非周期互补对，即

$$\begin{bmatrix} \boldsymbol{a}_0 \\ \boldsymbol{a}_1 \end{bmatrix} = \begin{bmatrix} 1 & \mathrm{i} & 1 \\ 1 & 1 & -1 \end{bmatrix}$$

$$\left(C_{\boldsymbol{a}_0}(\tau)+C_{\boldsymbol{a}_1}(\tau)\right)_{\tau=0}^{2}=(6,0,0)$$

它的伴为$(\boldsymbol{a}_0',\boldsymbol{a}_1')$，即

$$\begin{bmatrix} \boldsymbol{a}_0' \\ \boldsymbol{a}_1' \end{bmatrix} = \begin{bmatrix} 1 & -1 & -1 \\ 1 & -\mathrm{i} & 1 \end{bmatrix}$$

$$\left(C_{\boldsymbol{a}_0'}(\tau) + C_{\boldsymbol{a}_1'}(\tau)\right)_{\tau=0}^{2} = (6,0,0)$$

$$\left(C_{\boldsymbol{a}_0\boldsymbol{a}_0'}(\tau) + C_{\boldsymbol{a}_1\boldsymbol{a}_1'}(\tau)\right)_{\tau=0}^{2} = (0,0,0)$$

再设$(\boldsymbol{b}_0, \boldsymbol{b}_1)$是另一个四相(7,6)-AZCP，即

$$\begin{bmatrix} \boldsymbol{b}_0 \\ \boldsymbol{b}_1 \end{bmatrix} = \begin{bmatrix} 1 & 1 & \mathrm{i} & \mathrm{i} & -\mathrm{i} & 1 & -1 \\ 1 & \mathrm{i} & 1 & \mathrm{i} & 1 & -\mathrm{i} & -1 \end{bmatrix}$$

$$\left(C_{\boldsymbol{b}_0}(\tau) + C_{\boldsymbol{b}_1}(\tau)\right)_{\tau=0}^{6} = (14,0,0,0,0,0,-2)$$

试由此构造出(42,18)-AZCP。

解 由式（5-15）构造出的$(\boldsymbol{t}_0, \boldsymbol{t}_1)$，它是一个四相(42,18)-AZCP，即

$$\boldsymbol{t}_0 = (1,\mathrm{i},1,1,\mathrm{i},1,\mathrm{i},-1,\mathrm{i},\mathrm{i},-1,\mathrm{i},-\mathrm{i},1,-\mathrm{i},1,\mathrm{i},1,-1,-\mathrm{i},-1,1,$$

$$-1,-1,\mathrm{i},-\mathrm{i},-\mathrm{i},1,-1,-1,\mathrm{i},-\mathrm{i},-\mathrm{i},1,-1,-1,-\mathrm{i},\mathrm{i},\mathrm{i},-1,1,1)$$

$$\boldsymbol{t}_1 = (1,1,-1,1,1,-1,\mathrm{i},\mathrm{i},-\mathrm{i},\mathrm{i},\mathrm{i},-\mathrm{i},-\mathrm{i},-\mathrm{i},\mathrm{i},1,1,-1,-1,-1,$$

$$1,1,-\mathrm{i},1,\mathrm{i},1,\mathrm{i},1,-\mathrm{i},1,\mathrm{i},1,\mathrm{i},1,-\mathrm{i},1,-\mathrm{i},-1,-\mathrm{i},-1,\mathrm{i},-1)$$

$$\left(C_{\boldsymbol{t}_0}(\tau) + C_{\boldsymbol{t}_1}(\tau)\right)_{\tau=0}^{41} = (84,0,0,0,0,0,0,0,0,0,0,0,0,0,0,0,0,0,-12,0,0,$$
$$0,0,0,0,0,0,0,0,0,0,0,0,0,0,0,0,0,0,0,0,0)$$

例 5-5 设$(\boldsymbol{a}_0, \boldsymbol{a}_1)$是一个四相(7,6)-AZCP，即

$$\begin{bmatrix} \boldsymbol{a}_0 \\ \boldsymbol{a}_1 \end{bmatrix} = \begin{bmatrix} 1 & 1 & \mathrm{i} & \mathrm{i} & -\mathrm{i} & 1 & -1 \\ 1 & \mathrm{i} & 1 & \mathrm{i} & 1 & -\mathrm{i} & -1 \end{bmatrix}$$

$$\left(C_{\boldsymbol{a}_0}(\tau) + C_{\boldsymbol{a}_1}(\tau)\right)_{\tau=0}^{6} = (14,0,0,0,0,0,-2)$$

它的伴为$(\boldsymbol{a}_0', \boldsymbol{a}_1')$，即

$$\begin{bmatrix} \boldsymbol{a}_0' \\ \boldsymbol{a}_1' \end{bmatrix} = \begin{bmatrix} -1 & \mathrm{i} & 1 & -\mathrm{i} & 1 & -\mathrm{i} & 1 \\ 1 & -1 & -\mathrm{i} & \mathrm{i} & \mathrm{i} & -1 & -1 \end{bmatrix}$$

$$\left(C_{a_0'}(\tau)+C_{a_1'}(\tau)\right)_{\tau=0}^{6}=(14,0,0,0,0,0,-2)$$

$$\left(C_{a_0a_0'}(\tau)+C_{a_1a_1'}(\tau)\right)_{\tau=0}^{6}=(0,0,0,0,0,0,0)$$

再设$(\boldsymbol{b}_0,\boldsymbol{b}_1)$是另一个四相(9,8)-AZCP，即

$$\begin{bmatrix}\boldsymbol{b}_0\\ \boldsymbol{b}_1\end{bmatrix}=\begin{bmatrix}1 & 1 & 1 & \mathrm{i} & -\mathrm{i} & 1 & -1 & \mathrm{i} & 1\\ 1 & -1 & \mathrm{i} & 1 & \mathrm{i} & -\mathrm{i} & -\mathrm{i} & -\mathrm{i} & 1\end{bmatrix}$$

$$\left(C_{b_0}(\tau)+C_{b_1}(\tau)\right)_{\tau=0}^{8}=(18,0,0,0,0,0,0,0,2)$$

由式（5-15）可以构造出一个四相(126,6)-AZCP，由于序列太长，此处未列出。

3．四相非周期Z-互补对的第三种构造

若$(\boldsymbol{d}_0^0,\boldsymbol{d}_1^0)$是一个四相$(N_0,Z_0)$-AZCP，通过式（5-16）或式（5-17）所示的递归构造式，经过n次迭代，可以构造出一个四相$(2^nN_0,2^nZ_0)$-AZCP，即

$$(\boldsymbol{d}_0^n,\boldsymbol{d}_1^n)=(I(\boldsymbol{d}_0^{n-1},\boldsymbol{d}_1^{n-1}),I(\boldsymbol{d}_0^{n-1},-\boldsymbol{d}_1^{n-1})),\quad n=1,2,\cdots \tag{5-16}$$

$$(\boldsymbol{d}_0^n,\boldsymbol{d}_1^n)=(I(\mathrm{i}\boldsymbol{d}_0^{n-1},\mathrm{i}\boldsymbol{d}_1^{n-1}),I(\mathrm{i}\boldsymbol{d}_0^{n-1},-\mathrm{i}\boldsymbol{d}_1^{n-1})),\quad n=1,2,\cdots \tag{5-17}$$

其中，$-\boldsymbol{d}_1^{n-1}$表示$\boldsymbol{d}_1^{n-1}$的负序列，$I(\boldsymbol{d}_0^{n-1},\boldsymbol{d}_1^{n-1})$表示两个序列$\boldsymbol{d}_0^{n-1}$和$\boldsymbol{d}_1^{n-1}$按位交织后得到的按位交织序列。

例5-6 设$(\boldsymbol{a}_0,\boldsymbol{a}_1)$是一个四相(7,6)-AZCP，即

$$\begin{bmatrix}\boldsymbol{d}_0^0\\ \boldsymbol{d}_1^0\end{bmatrix}=\begin{bmatrix}1 & 1 & \mathrm{i} & \mathrm{i} & -\mathrm{i} & 1 & -1\\ 1 & \mathrm{i} & 1 & \mathrm{i} & 1 & -\mathrm{i} & -1\end{bmatrix}$$

$$\left(C_{d_0^0}(\tau)+C_{d_1^0}(\tau)\right)_{\tau=0}^{6}=(14,0,0,0,0,0,-2)$$

试根据式（5-16），经过一次迭代，构造一个四相(14,12)-AZCP。

解 根据式（5-16），经过一次迭代，可以构造出一个四相(14,12)-AZCP为

$$\begin{bmatrix}\boldsymbol{d}_0^1\\ \boldsymbol{d}_1^1\end{bmatrix}=\begin{bmatrix}1 & 1 & 1 & \mathrm{i} & \mathrm{i} & 1 & \mathrm{i} & \mathrm{i} & -\mathrm{i} & 1 & 1 & -\mathrm{i} & -1 & -1\\ 1 & -1 & 1 & -\mathrm{i} & \mathrm{i} & -1 & \mathrm{i} & -\mathrm{i} & -\mathrm{i} & -1 & 1 & \mathrm{i} & -1 & 1\end{bmatrix}$$

$$\left(C_{d_0^1}(\tau)+C_{d_1^1}(\tau)\right)_{\tau=0}^{13}=(28,0,0,0,0,0,0,0,0,0,0,0,-4,0)$$

实质上，可以通过四相 AZCP 的初等变换，由式（5-16）推导出式（5-17）。类似第三种构造的分析，在一般情形下，从一个四相 AZCP 的代表出发，所得到的长度为 $2N$ 四相 AZCP 的数目仍然是 256，而且随着递归的次数增加，所得到的某个长度的四相 AZCP 的数目不变。

注意，第三种构造比第一种构造好，因为，对于某个序列长度，虽然它们得到的四相 AZCP 的数目相同，但第三种构造得到四相 AZCP 的零相关区比第一种构造的长很多。

类似地，可以得到四相周期零相关区互补对的 3 种构造。

5.3.2 四相零相关区互补对伴的构造

在实际应用中，希望互补对或互补集伴数目越多越好，但一个二进制非周期互补对和一个四相非周期互补对都只有两个伴。为了得到更多的伴，只能缩短 AZCP 的零相关区长度。事实证明，如果零相关区长度变短，有可能增加伴的数目。任意一个二进制 AZCP 有且仅有两个伴，本节介绍关于四相 AZCP 伴的研究结果，给出四相 AZCP 伴的构造。

引理 5-5 设 $\boldsymbol{a}=(a_0,a_1,\cdots,a_{N-1})$、$\boldsymbol{b}=(b_0,b_1,\cdots,b_{N-1})$、$\boldsymbol{c}=(c_0,c_1,\cdots,c_{N-1})$ 和 $\boldsymbol{d}=(d_0,d_1,\cdots,d_{N-1})$ 都是长度为 N 的复值序列，如果 $c_n=kb_{N-n-1}^*$ 和 $d_n=-ka_{N-n-1}^*$（$n=0,1,2,\cdots,N-1$），k 是复数常数，则

$$C_{\boldsymbol{a},\boldsymbol{c}}(\tau)+C_{\boldsymbol{b},\boldsymbol{d}}(\tau)=0,\quad (\tau=0,1,2,\cdots,N-1) \tag{5-18}$$

证明

$$C_{\boldsymbol{a},\boldsymbol{c}}(\tau)+C_{\boldsymbol{b},\boldsymbol{d}}(\tau)=$$

$$\sum_{n=0}^{N-\tau-1}(a_nk^*c_{n+\tau}^*+b_nk^*d_{n+\tau}^*)=$$

$$k^*\sum_{n=0}^{N-\tau-1}(a_nc_{n+\tau}^*+b_nd_{n+\tau}^*)=$$

$$k^*\sum_{n=0}^{N-\tau-1}(a_nb_{N-(n+\tau)-1}-b_na_{N-(n+\tau)-1})=$$

$$k^*[\sum_{n=0}^{N-\tau-1}(a_nb_{N-(n+\tau)-1})-\sum_{n=0}^{N-\tau-1}(b_na_{N-(n+\tau)-1})]$$

令$t=N-(n+\tau)-1$，且当$n=0$时，$t=N-\tau-1$；当$n=N-\tau-1$时，$t=0$，则

$$\sum_{n=0}^{N-\tau-1}(b_n a_{N-(n+\tau)-1})=$$
$$\sum_{t=N-\tau-1}^{0}(b_{N-(t+\tau)-1}a_t)=$$
$$\sum_{t=0}^{N-\tau-1}(a_t b_{N-(t+\tau)-1})$$

所以可得

$$C_{a,c}(\tau)+C_{b,d}(\tau)=0$$

证毕。

根据引理 5-5 和四相 AZCP 的初等变换，可得下面的定理。

定理 5-8　对于一个四相 AZCP (s_0,s_1)，它的伴为

$$R_{2,N}=\{k\underline{s}_1^*,-k\underline{s}_0^*\},k\in\{1,-1,\mathrm{i},-\mathrm{i}\} \tag{5-19}$$

例 5-7　设 (s_0,s_1) 是一个四相 (7,6)-AZCP，即

$$\begin{bmatrix} s_0 \\ s_1 \end{bmatrix}=\begin{bmatrix} 1 & 1 & \mathrm{i} & \mathrm{i} & -\mathrm{i} & 1 & -1 \\ 1 & \mathrm{i} & 1 & \mathrm{i} & 1 & -\mathrm{i} & -1 \end{bmatrix}$$

$$\left(C_{s_0}(\tau)+C_{s_1}(\tau)\right)_{\tau=0}^{6}=(14,0,0,0,0,0,-2)$$

试根据式（5-19），构造出它的伴。

解　根据式（5-19），可得它的 4 个伴分别为

$$\begin{bmatrix} s_0'^0 \\ s_1'^0 \end{bmatrix}=\begin{bmatrix} -1 & \mathrm{i} & 1 & -\mathrm{i} & 1 & -\mathrm{i} & 1 \\ 1 & -1 & -\mathrm{i} & \mathrm{i} & \mathrm{i} & -1 & -1 \end{bmatrix}$$

$$\begin{bmatrix} s_0'^1 \\ s_1'^1 \end{bmatrix}=\begin{bmatrix} 1 & -\mathrm{i} & -1 & \mathrm{i} & -1 & \mathrm{i} & -1 \\ -1 & 1 & \mathrm{i} & -\mathrm{i} & -\mathrm{i} & 1 & 1 \end{bmatrix}$$

$$\begin{bmatrix} s_0'^2 \\ s_1'^2 \end{bmatrix}=\begin{bmatrix} -\mathrm{i} & -1 & \mathrm{i} & 1 & \mathrm{i} & 1 & \mathrm{i} \\ \mathrm{i} & -\mathrm{i} & 1 & -1 & -1 & -\mathrm{i} & -\mathrm{i} \end{bmatrix}$$

$$\begin{bmatrix} s_0'^3 \\ s_1'^3 \end{bmatrix}=\begin{bmatrix} \mathrm{i} & 1 & -\mathrm{i} & -1 & -\mathrm{i} & -1 & -\mathrm{i} \\ -\mathrm{i} & \mathrm{i} & -1 & 1 & 1 & \mathrm{i} & \mathrm{i} \end{bmatrix}$$

当它的零相关区长度为 4 时，增加的 4 个伴为

$$\begin{bmatrix} s_0''^0 \\ s_1''^0 \end{bmatrix} = \begin{bmatrix} -1 & -i & -1 & -i & -1 & i & 1 \\ 1 & 1 & i & i & -i & 1 & -1 \end{bmatrix}$$

$$\begin{bmatrix} s_0''^1 \\ s_1''^1 \end{bmatrix} = \begin{bmatrix} 1 & i & 1 & i & 1 & -i & -1 \\ -1 & -1 & -i & -i & i & -1 & 1 \end{bmatrix}$$

$$\begin{bmatrix} s_0''^2 \\ s_1''^2 \end{bmatrix} = \begin{bmatrix} -i & 1 & -i & 1 & -i & -1 & i \\ i & i & -1 & -1 & 1 & i & -i \end{bmatrix}$$

$$\begin{bmatrix} s_0''^3 \\ s_1''^3 \end{bmatrix} = \begin{bmatrix} i & -1 & i & -1 & i & 1 & -i \\ -i & -i & 1 & 1 & -1 & -i & i \end{bmatrix}$$

下面验证当它的零相关区长度为 6 时，(s_0, s_1) 与 $(s_0'^0, s_1'^0)$ 互为伴；当它的零相关区长度为 4 时，(s_0, s_1) 与 $(s_0''^0, s_1''^0)$ 互为伴，这是因为

$$\left(C_{s_0'^0}(\tau) + C_{s_1'^0}(\tau)\right)_{\tau=0}^{6} = (14,0,0,0,0,0,-2)$$

$$\left(C_{s_0, s_0'^0}(\tau) + C_{s_1, s_1'^0}(\tau)\right)_{\tau=0}^{6} = (0,0,0,0,0,0,0)$$

$$\left(C_{s_0''^0}(\tau) + C_{s_1''^0}(\tau)\right)_{\tau=0}^{6} = (14,0,0,0,0,0,-2)$$

$$\left(C_{s_0, s_0''^0}(\tau) + C_{s_1, s_1''^0}(\tau)\right)_{\tau=0}^{6} = (0,0,0,0,-2+2i,2-2i,0)$$

同样可以验证当它的零相关区长度为 6 时，(s_0, s_1) 与 $(s_0'^n, s_1'^n)$（$n = 0,1,2,3$）互为伴；当它的零相关区长度为 4 时，(s_0, s_1) 与 $(s_0''^n, s_1''^n)$（$n = 0,1,2,3$）互为伴。

对于任意一个四相 AZCP，它至少存在 4 个伴。例 5-7 表明，当四相 AZCP 的零相关区长度缩短时，会增加伴的数目。

类似地，可以得到四相周期零相关区互补对伴的构造。

5.4 四相零相关区互补集及其伴的构造

本节首先阐述四相非周期零相关区互补集（AZCS）的构造。然后，在此基础上，阐述四相 AZCS 伴的构造。

5.4.1　四相零相关区互补集的构造

一个四相 AZCP 很容易推广到含有两个以上的序列的四相 AZCS。四相非周期互补集是四相 AZCS 的特例，下面给出 3 种四相 AZCS 构造方法，这些方法是对已经有的四相非周期互补集构造方法[70]的修改和完善。为了说明构造过程，本节给出了相应示例。从序列长度较短的四相 AZCS 开始，构造序列长度更长的四相 AZCS。所得到的四相 AZCS 不仅保持了原有的四相非周期 Z-互补性，而且比原有四相 AZCS 更优越。

1．四相非周期 Z-互补集的第一种构造

设 $\{\boldsymbol{a}_0,\boldsymbol{a}_1,\cdots,\boldsymbol{a}_{2P-1}\}$ 是含有 $2P$ 个长度为 N 的子序列且零相关区长度为 Z 的四相非周期 Z-互补集（记为四相 $(N,2P,Z)$-AZCS），其中 P 是正整数。通过式(5-20)，可以构造出一个四相 $(2N,2P,Z)$-AZCS，即

$$\begin{cases}\boldsymbol{b}_{2k}=\boldsymbol{a}_{2k}\boldsymbol{a}_{2k+1}\\ \boldsymbol{b}_{2k+1}=\boldsymbol{a}_{2k}(-\boldsymbol{a}_{2k+1})\end{cases} \tag{5-20}$$

其中，$\boldsymbol{a}_{2k}\boldsymbol{a}_{2k+1}$ 表示两个序列 $\boldsymbol{a}_{2k}$ 与 $\boldsymbol{a}_{2k+1}$ 的级联，$k=0,1,\cdots,P-1$。

实质上，式（5-20）是式（5-9）的推广。用式（5-20）进行 r 次递归，可以从一个四相 $(N,2P,Z)$-AZCS 构造出另一个四相 $(2^r N,2P,Z)$-AZCS。

例 5-8　给定一个四相 $(7,4,6)$-AZCS 的代表 $\{\boldsymbol{a}_0,\boldsymbol{a}_1,\boldsymbol{a}_2,\boldsymbol{a}_3\}$，即

$$\begin{bmatrix}\boldsymbol{a}_0\\ \boldsymbol{a}_1\\ \boldsymbol{a}_2\\ \boldsymbol{a}_3\end{bmatrix}=\begin{bmatrix}1&1&\mathrm{i}&\mathrm{i}&-\mathrm{i}&1&-1\\ 1&\mathrm{i}&1&\mathrm{i}&1&-\mathrm{i}&-1\\ 1&1&1&-\mathrm{i}&\mathrm{i}&\mathrm{i}&-\mathrm{i}\\ 1&\mathrm{i}&-1&1&-\mathrm{i}&1&-\mathrm{i}\end{bmatrix}$$

$$\left(C_{\boldsymbol{a}_0}(\tau)+C_{\boldsymbol{a}_1}(\tau)+C_{\boldsymbol{a}_2}(\tau)+C_{\boldsymbol{a}_3}(\tau)\right)_{\tau=0}^{6}=(28,0,0,0,0,0,-2+2\mathrm{i})$$

试由 $\{\boldsymbol{a}_0,\boldsymbol{a}_1,\boldsymbol{a}_2,\boldsymbol{a}_3\}$ 构造一个四相 $(14,4,6)$-AZCS。

解　由式（5-20）构造出一个四相 $(14,4,6)$-AZCS，即

$$\begin{bmatrix}\boldsymbol{b}_0\\ \boldsymbol{b}_1\\ \boldsymbol{b}_2\\ \boldsymbol{b}_3\end{bmatrix}=\begin{bmatrix}1&1&\mathrm{i}&\mathrm{i}&-\mathrm{i}&1&-1&1&\mathrm{i}&1&\mathrm{i}&1&-\mathrm{i}&-1\\ 1&1&\mathrm{i}&\mathrm{i}&-\mathrm{i}&1&-1&-1&-\mathrm{i}&-1&-\mathrm{i}&-1&\mathrm{i}&1\\ 1&1&1&-\mathrm{i}&\mathrm{i}&\mathrm{i}&-\mathrm{i}&1&\mathrm{i}&-1&1&-\mathrm{i}&1&-\mathrm{i}\\ 1&1&1&-\mathrm{i}&\mathrm{i}&\mathrm{i}&-\mathrm{i}&-1&-\mathrm{i}&1&-1&\mathrm{i}&-1&\mathrm{i}\end{bmatrix}$$

$$\left(C_{\boldsymbol{b}_0}(\tau)+C_{\boldsymbol{b}_1}(\tau)+C_{\boldsymbol{b}_2}(\tau)+C_{\boldsymbol{b}_3}(\tau)\right)_{\tau=0}^{13}=(56,0,0,0,0,0,-4+4\mathrm{i},0,0,0,0,0,0,0)$$

2．四相非周期Z-互补集的第二种构造

设$(\boldsymbol{a}_0,\boldsymbol{a}_1)$是一个四相$(N_1,Z_1)$-AZCP，其伴为$(\boldsymbol{a}_0',\boldsymbol{a}_1')$，再设$\{\boldsymbol{b}_0,\boldsymbol{b}_1,\cdots,\boldsymbol{b}_{2P-1}\}$是一个四相$(N_2,2P,Z_2)$-AZCS，则通过式（5-21）可以构造出另一个四相$\{\boldsymbol{t}_0,\boldsymbol{t}_1,\cdots,\boldsymbol{t}_{2P-1}\}$，它是一个$(2N_1N_2,2P,Z)$-AZCS。

$$\begin{cases}\boldsymbol{t}_{2k}=(\boldsymbol{b}_{2k}\otimes\boldsymbol{a}_0)(\boldsymbol{b}_{2k+1}\otimes\boldsymbol{a}_0')\\ \boldsymbol{t}_{2k+1}=(\boldsymbol{b}_{2k}\otimes\boldsymbol{a}_1)(\boldsymbol{b}_{2k+1}\otimes\boldsymbol{a}_1')\end{cases}\tag{5-21}$$

其中，$k=0,1,\cdots,P-1$；当$Z_1<N_1$时，$Z=Z_1$；当$Z_1=N_1$时，$Z=Z_1Z_2$，$\otimes$表示Kronecker积。

实质上，式（5-15）是式（5-21）的特例。

例 5-9 设$(\boldsymbol{a}_0,\boldsymbol{a}_1)$是一个序列长度为3的四相非周期互补对，即

$$\begin{bmatrix}\boldsymbol{a}_0\\ \boldsymbol{a}_1\end{bmatrix}=\begin{bmatrix}1 & \mathrm{i} & 1\\ 1 & 1 & -1\end{bmatrix}$$

$$\left(C_{\boldsymbol{a}_0}(\tau)+C_{\boldsymbol{a}_1}(\tau)\right)_{\tau=0}^{2}=(6,0,0)$$

它的伴为$(\boldsymbol{a}_0',\boldsymbol{a}_1')$，即

$$\begin{bmatrix}\boldsymbol{a}_0'\\ \boldsymbol{a}_1'\end{bmatrix}=\begin{bmatrix}1 & -1 & -1\\ 1 & -\mathrm{i} & 1\end{bmatrix}$$

$$\left(C_{\boldsymbol{a}_0'}(\tau)+C_{\boldsymbol{a}_1'}(\tau)\right)_{\tau=0}^{2}=(6,0,0)$$

$$\left(C_{\boldsymbol{a}_0\boldsymbol{a}_0'}(\tau)+C_{\boldsymbol{a}_1\boldsymbol{a}_1'}(\tau)\right)_{\tau=0}^{2}=(0,0,0)$$

再设$\{\boldsymbol{b}_0,\boldsymbol{b}_1,\boldsymbol{b}_2,\boldsymbol{b}_3\}$是一个四相$(7,4,6)$-AZCS，即

$$\begin{bmatrix}\boldsymbol{b}_0\\ \boldsymbol{b}_1\\ \boldsymbol{b}_2\\ \boldsymbol{b}_3\end{bmatrix}=\begin{bmatrix}1 & 1 & \mathrm{i} & \mathrm{i} & -\mathrm{i} & 1 & -1\\ 1 & \mathrm{i} & 1 & \mathrm{i} & 1 & -\mathrm{i} & -1\\ 1 & 1 & 1 & -\mathrm{i} & \mathrm{i} & \mathrm{i} & -\mathrm{i}\\ 1 & \mathrm{i} & -1 & 1 & -\mathrm{i} & 1 & -\mathrm{i}\end{bmatrix}$$

$$\left(C_{\boldsymbol{b}_0}(\tau)+C_{\boldsymbol{b}_1}(\tau)+C_{\boldsymbol{b}_2}(\tau)+C_{\boldsymbol{b}_3}(\tau)\right)_{\tau=0}^{6}=(28,0,0,0,0,0,-2+2\mathrm{i})$$

试由此构造一个四相$(42,4,18)$-AZCS。

解 由式（5-21）构造出$(\boldsymbol{t}_0,\boldsymbol{t}_1,\boldsymbol{t}_2,\boldsymbol{t}_3)$，它是一个四相$(42,4,18)$-AZCS，即

$$\begin{aligned}\boldsymbol{t}_0=&(1,\mathrm{i},1,1,\mathrm{i},1,\mathrm{i},-1,\mathrm{i},\mathrm{i},-1,\mathrm{i},-\mathrm{i},1,-\mathrm{i},1,\mathrm{i},1,-1,-\mathrm{i},\\ &-1,1,-1,-1,\mathrm{i},-\mathrm{i},-\mathrm{i},1,-1,-1,\mathrm{i},-\mathrm{i},-\mathrm{i},1,-1,-1,-\mathrm{i},\mathrm{i},\mathrm{i},-1,1,1)\end{aligned}$$

$$\boldsymbol{t}_1=(1,1,-1,1,1,-1,\mathrm{i},\mathrm{i},-\mathrm{i},\mathrm{i},\mathrm{i},-\mathrm{i},-\mathrm{i},-\mathrm{i},\mathrm{i},1,1,-1,-1,-1,\\1,1,-\mathrm{i},1,\mathrm{i},1,\mathrm{i},1,-\mathrm{i},1,\mathrm{i},1,\mathrm{i},1,-\mathrm{i},1,-\mathrm{i},-1,-\mathrm{i},-1,\mathrm{i},-1)$$

$$\boldsymbol{t}_2=(1,\mathrm{i},1,1,\mathrm{i},1,1,\mathrm{i},1,-\mathrm{i},1,-\mathrm{i},\mathrm{i},-1,\mathrm{i},\mathrm{i},-1,\mathrm{i},-\mathrm{i},1,\\-\mathrm{i},1,-1,-1,\mathrm{i},-\mathrm{i},-\mathrm{i},-1,1,1,1,-1,-1,-\mathrm{i},\mathrm{i},\mathrm{i},1,-1,-1,-\mathrm{i},\mathrm{i},\mathrm{i})$$

$$\boldsymbol{t}_3=(1,1,-1,1,1,-1,1,1,-1,-\mathrm{i},-\mathrm{i},\mathrm{i},\mathrm{i},\mathrm{i},-\mathrm{i},\mathrm{i},\mathrm{i},-\mathrm{i},-\mathrm{i},-\mathrm{i},\\\mathrm{i},1,-\mathrm{i},1,\mathrm{i},1,\mathrm{i},-1,\mathrm{i},-1,1,-\mathrm{i},1,-\mathrm{i},-1,-\mathrm{i},1,-\mathrm{i},1,-\mathrm{i},-1,-\mathrm{i})$$

$$\left(C_{t_0}(\tau)+C_{t_1}(\tau)+C_{t_2}(\tau)+C_{t_3}(\tau)\right)_{\tau=0}^{41}=\\(168,0,0,0,0,0,0,0,0,0,0,0,0,0,0,0,0,0,12+12\mathrm{i},\\0,0,0,0,0,0,0,0,0,0,0,0,0,0,0,0,0,0,0,0,0,0,0)$$

3．四相非周期 Z-互补集的第三种构造

设 $(\boldsymbol{d}_0^0,\boldsymbol{d}_1^0,\cdots,\boldsymbol{d}_{2P-1}^0)$ 是一个四相 $(N_0,2P,Z_0)$-AZCS，通过式（5-22）所示的递归构造式，经过 n 次迭代，可以构造出一个四相 $(2^n N_0,2P,2^n Z_0)$-AZCS。

$$\begin{cases}\boldsymbol{d}_{2k}^n=I(\boldsymbol{d}_{2k}^{n-1},\boldsymbol{d}_{2k+1}^{n-1})\\\boldsymbol{d}_{2k+1}^n=I(\boldsymbol{d}_{2k}^{n-1},-\boldsymbol{d}_{2k+1}^{n-1})\end{cases}\tag{5-22}$$

其中，$k=0,1,\cdots,P$，$n=1,2,\cdots$，$-\boldsymbol{d}_{2k+1}^{n-1}$ 表示 $\boldsymbol{d}_{2k+1}^{n-1}$ 的负序列，$I(\boldsymbol{d}_{2k}^{n-1},\boldsymbol{d}_{2k+1}^{n-1})$ 表示两个序列 $\boldsymbol{d}_{2k}^{n-1}$ 和 $\boldsymbol{d}_{2k+1}^{n-1}$ 按位交织后得到的按位交织序列。

实质上，式（5-22）是式（5-16）的推广。

例 5-10 设 $(\boldsymbol{d}_0^0,\boldsymbol{d}_1^0,\boldsymbol{d}_2^0,\boldsymbol{d}_3^0)$ 是一个四相 $(7,4,6)$-AZCS，即

$$\begin{bmatrix}\boldsymbol{d}_0^0\\\boldsymbol{d}_1^0\\\boldsymbol{d}_2^0\\\boldsymbol{d}_3^0\end{bmatrix}=\begin{bmatrix}1&1&\mathrm{i}&\mathrm{i}&-\mathrm{i}&1&-1\\1&\mathrm{i}&1&\mathrm{i}&1&-\mathrm{i}&-1\\1&1&1&-\mathrm{i}&\mathrm{i}&\mathrm{i}&-\mathrm{i}\\1&\mathrm{i}&-1&1&-\mathrm{i}&1&-\mathrm{i}\end{bmatrix}$$

$$\left(C_{d_0^0}(\tau)+C_{d_1^0}(\tau)+C_{d_2^0}(\tau)+C_{d_3^0}(\tau)\right)_{\tau=0}^{6}=(28,0,0,0,0,0,-2)$$

试由 $(\boldsymbol{d}_0^0,\boldsymbol{d}_1^0,\boldsymbol{d}_2^0,\boldsymbol{d}_3^0)$ 构造一个四相 $(14,4,12)$-AZCS。

解 根据式（5-22）构造出 $(\boldsymbol{d}_0^1,\boldsymbol{d}_1^1,\boldsymbol{d}_2^1,\boldsymbol{d}_3^1)$，它是一个四相 $(14,4,12)$-AZCS，即

$$\begin{bmatrix}\boldsymbol{d}_0^1\\\boldsymbol{d}_1^1\\\boldsymbol{d}_2^1\\\boldsymbol{d}_3^1\end{bmatrix}=\begin{bmatrix}1&1&1&\mathrm{i}&\mathrm{i}&1&\mathrm{i}&\mathrm{i}&-\mathrm{i}&1&1&-\mathrm{i}&-1&-1\\1&-1&1&-\mathrm{i}&\mathrm{i}&-1&\mathrm{i}&-\mathrm{i}&-\mathrm{i}&-1&1&\mathrm{i}&-1&1\\1&1&1&\mathrm{i}&1&-1&-\mathrm{i}&1&\mathrm{i}&-\mathrm{i}&\mathrm{i}&1&-\mathrm{i}&-\mathrm{i}\\1&-1&1&-\mathrm{i}&1&1&-\mathrm{i}&-1&\mathrm{i}&\mathrm{i}&\mathrm{i}&-1&-\mathrm{i}&\mathrm{i}\end{bmatrix}$$

$$\left(C_{d_0^1}(\tau)+C_{d_1^1}(\tau)+C_{d_2^1}(\tau)+C_{d_3^1}(\tau)\right)_{\tau=0}^{13}=(56,0,0,0,0,0,0,0,0,0,0,0,-4+4\mathrm{i},0)$$

类似地，可以得到四相周期 Z-互补集的 3 种构造。

5.4.2 四相零相关区互补集伴的构造

四相 AZCS 伴是一个四相 AZCP 伴的自然推广，把式（5-19）进行推广到四相 AZCS，于是得到一个四相 AZCS（如 $(\boldsymbol{s}_0,\boldsymbol{s}_1,\cdots,\boldsymbol{s}_{2P-1})$ ）伴为

$$\{k\underline{\boldsymbol{s}}_1^*,-k\underline{\boldsymbol{s}}_0^*,k\underline{\boldsymbol{s}}_3^*,-k\underline{\boldsymbol{s}}_2^*,\cdots,k\underline{\boldsymbol{s}}_{2P-1}^*,-k\underline{\boldsymbol{s}}_{2P-2}^*\},\quad k\in\{1,-1,\mathrm{i},-\mathrm{i}\} \tag{5-23}$$

所得伴集中子序列数目等于原来四相 AZCS 中子序列的数目，每个子序列的长度都一样。

例 5-11 设 $(\boldsymbol{s}_0,\boldsymbol{s}_1,\boldsymbol{s}_2,\boldsymbol{s}_3)$ 是一个四相 $(7,4,6)$-AZCS，即

$$\begin{bmatrix}\boldsymbol{s}_0\\\boldsymbol{s}_1\\\boldsymbol{s}_2\\\boldsymbol{s}_3\end{bmatrix}=\begin{bmatrix}1&1&\mathrm{i}&\mathrm{i}&-\mathrm{i}&1&-1\\1&\mathrm{i}&1&\mathrm{i}&1&-\mathrm{i}&-1\\1&1&1&-\mathrm{i}&\mathrm{i}&\mathrm{i}&-\mathrm{i}\\1&\mathrm{i}&-1&1&-\mathrm{i}&1&-\mathrm{i}\end{bmatrix}$$

$$\left(C_{\boldsymbol{s}_0}(\tau)+C_{\boldsymbol{s}_1}(\tau)+C_{\boldsymbol{s}_2}(\tau)+C_{\boldsymbol{s}_3}(\tau)\right)_{\tau=0}^{6}=(28,0,0,0,0,0,-2+2\mathrm{i})$$

试由式（5-23）构造 $(\boldsymbol{s}_0,\boldsymbol{s}_1,\boldsymbol{s}_2,\boldsymbol{s}_3)$ 的伴。

解 由式（5-23）构造出序列长度为 7 且零相关区长度为 6 的伴为

$$\begin{bmatrix}\boldsymbol{s}_0'^0\\\boldsymbol{s}_1'^0\\\boldsymbol{s}_2'^0\\\boldsymbol{s}_3'^0\end{bmatrix}=\begin{bmatrix}-1&\mathrm{i}&1&-\mathrm{i}&1&-\mathrm{i}&1\\1&-1&-\mathrm{i}&\mathrm{i}&\mathrm{i}&-1&-1\\\mathrm{i}&1&\mathrm{i}&1&-1&-\mathrm{i}&1\\-\mathrm{i}&\mathrm{i}&\mathrm{i}&-\mathrm{i}&-1&-1&-1\end{bmatrix}$$

$$\left(C_{\boldsymbol{s}_0'^0}(\tau)+C_{\boldsymbol{s}_1'^0}(\tau)+C_{\boldsymbol{s}_2'^0}(\tau)+C_{\boldsymbol{s}_3'^0}(\tau)\right)_{\tau=0}^{6}=(28,0,0,0,0,0,-2+2\mathrm{i})$$

$$\left(C_{\boldsymbol{s}_0\boldsymbol{s}_0'^0}(\tau)+C_{\boldsymbol{s}_1\boldsymbol{s}_1'^0}(\tau)+C_{\boldsymbol{s}_2\boldsymbol{s}_2'^0}(\tau)+C_{\boldsymbol{s}_3\boldsymbol{s}_3'^0}(\tau)\right)_{\tau=0}^{6}=(0,0,0,0,0,0,0)$$

$$\begin{bmatrix}\boldsymbol{s}_0'^1\\\boldsymbol{s}_1'^1\\\boldsymbol{s}_2'^1\\\boldsymbol{s}_3'^1\end{bmatrix}=\begin{bmatrix}1&-\mathrm{i}&-1&\mathrm{i}&-1&\mathrm{i}&-1\\-1&1&\mathrm{i}&-\mathrm{i}&-\mathrm{i}&1&1\\-\mathrm{i}&-1&-\mathrm{i}&-1&1&\mathrm{i}&-1\\\mathrm{i}&-\mathrm{i}&-\mathrm{i}&\mathrm{i}&1&1&1\end{bmatrix}$$

$$\left(C_{s_0'^1}(\tau)+C_{s_1'^1}(\tau)+C_{s_2'^1}(\tau)+C_{s_3'^1}(\tau)\right)_{\tau=0}^{6}=(28,0,0,0,0,0,-2+2\mathrm{i})$$

$$\left(C_{s_0s_0'^1}(\tau)+C_{s_1s_1'^1}(\tau)+C_{s_2s_2'^1}(\tau)+C_{s_3s_3'^1}(\tau)\right)_{\tau=0}^{6}=(0,0,0,0,0,0,0)$$

$$\begin{bmatrix}\boldsymbol{s}_0'^2\\ \boldsymbol{s}_1'^2\\ \boldsymbol{s}_2'^2\\ \boldsymbol{s}_3'^2\end{bmatrix}=\begin{bmatrix}-\mathrm{i} & -1 & \mathrm{i} & 1 & \mathrm{i} & 1 & \mathrm{i}\\ \mathrm{i} & -\mathrm{i} & 1 & -1 & -1 & -\mathrm{i} & -\mathrm{i}\\ -1 & \mathrm{i} & -1 & \mathrm{i} & -\mathrm{i} & 1 & \mathrm{i}\\ 1 & -1 & -1 & 1 & -\mathrm{i} & -\mathrm{i} & -\mathrm{i}\end{bmatrix}$$

$$\left(C_{s_0'^2}(\tau)+C_{s_1'^2}(\tau)+C_{s_2'^2}(\tau)+C_{s_3'^2}(\tau)\right)_{\tau=0}^{6}=(28,0,0,0,0,0,-2+2\mathrm{i})$$

$$\left(C_{s_0s_0'^2}(\tau)+C_{s_1s_1'^2}(\tau)+C_{s_2s_2'^2}(\tau)+C_{s_3s_3'^2}(\tau)\right)_{\tau=0}^{6}=(0,0,0,0,0,0,0)$$

$$\begin{bmatrix}\boldsymbol{s}_0'^3\\ \boldsymbol{s}_1'^3\\ \boldsymbol{s}_2'^3\\ \boldsymbol{s}_3'^3\end{bmatrix}=\begin{bmatrix}\mathrm{i} & 1 & -\mathrm{i} & -1 & -\mathrm{i} & -1 & -\mathrm{i}\\ -\mathrm{i} & \mathrm{i} & -1 & 1 & 1 & \mathrm{i} & \mathrm{i}\\ 1 & -\mathrm{i} & 1 & -\mathrm{i} & \mathrm{i} & -1 & -\mathrm{i}\\ -1 & 1 & 1 & -1 & \mathrm{i} & \mathrm{i} & \mathrm{i}\end{bmatrix}$$

$$\left(C_{s_0'^3}(\tau)+C_{s_1'^3}(\tau)+C_{s_2'^3}(\tau)+C_{s_3'^3}(\tau)\right)_{\tau=0}^{6}=(28,0,0,0,0,0,-2+2\mathrm{i})$$

$$\left(C_{s_0s_0'^3}(\tau)+C_{s_1s_1'^3}(\tau)+C_{s_2s_2'^3}(\tau)+C_{s_3s_3'^3}(\tau)\right)_{\tau=0}^{6}=(0,0,0,0,0,0,0)$$

实际上，要构造更大的四相 AZCS 伴的集合，一般通过递归过程可得。首先，用矩阵来表示四相 AZCS 伴的集合。设 M 个互为伴的四相 AZCS 的集合 $\{\{\boldsymbol{s}_i^0\},\{\boldsymbol{s}_i^1\},\cdots,\{\boldsymbol{s}_i^m\},\cdots\{\boldsymbol{s}_i^{M-1}\}\}$，其中 $i=0,1,2,\cdots,P-1$，每个伴是一个包含 P 个长度为 N 子序列且零相关区长度为 Z 的四相 AZCS，记为四相 (N,P,Z)-AZCS，它的矩阵表示为

$$\mathrm{QZCS}_{P,N}^{M,Z}=\begin{bmatrix}\boldsymbol{s}_0^0 & \boldsymbol{s}_0^1 & \cdots & \boldsymbol{s}_0^{M-1}\\ \boldsymbol{s}_1^0 & \boldsymbol{s}_1^1 & \cdots & \boldsymbol{s}_1^{M-1}\\ \vdots & \vdots & \cdots & \vdots\\ \boldsymbol{s}_{P-1}^0 & \boldsymbol{s}_{P-1}^1 & \cdots & \boldsymbol{s}_{P-1}^{M-1}\end{bmatrix}$$

其中，$\{\boldsymbol{s}_i^m\}=\{\boldsymbol{s}_0^m,\boldsymbol{s}_1^m,\cdots,\boldsymbol{s}_{P-1}^m\}$（$m=0,1,\cdots,M-1$）是四相 AZCS，它对应上面矩阵的一列，在该矩阵中列与列之间对应子序列的非周期互相关函数和为零。

类似文献[86]中的定理 13，可得四相 AZCS 伴的第一种构造。

1．四相非周期 Z-互补集伴的第一种构造

设 $\mathrm{QZCS}_{P,N}^{M,Z}$ 是 M 个互为伴的四相 (N,P,Z)-AZCS 的集合。可以由式（5-24）构造出 $\mathrm{QZCS}_{2P,2N}^{2M,Z}$，它是 $2M$ 个互为伴的四相 $(2N,2P,Z)$-AZCS 的集合。

$$\mathrm{QZCS}_{2P,2N}^{2M,Z}=\begin{bmatrix}\mathrm{QZCS}_{P,N}^{M,Z}\mathrm{QZCS}_{P,N}^{M,Z} & -\mathrm{QZCS}_{P,N}^{M,Z}\mathrm{QZCS}_{P,N}^{M,Z}\\ -\mathrm{QZCS}_{P,N}^{M,Z}\mathrm{QZCS}_{P,N}^{M,Z} & \mathrm{QZCS}_{P,N}^{M,Z}\mathrm{QZCS}_{P,N}^{M,Z}\end{bmatrix}\tag{5-24}$$

其中，$-\mathrm{QZCS}_{P,N}^{M,Z}\mathrm{QZCS}_{P,N}^{M,Z}$ 中第 n 个子序列是 $-\mathrm{QZCS}_{P,N}^{M,Z}$ 中第 n 个子序列和 $\mathrm{QZCS}_{P,N}^{M,Z}$ 中第 n 个子序列的级联，$0\leqslant n\leqslant MP-1$；$-\mathrm{QZCS}_{P,N}^{M,Z}$ 表示 $\mathrm{QZCS}_{P,N}^{M,Z}$ 对应位置上负序列形成的矩阵。从 $\mathrm{QZCS}_{P,N}^{M,Z}$ 开始，连续使用式（5-24）r 次，可得 $\mathrm{QZCS}_{2^rP,2^rN}^{2^rM,Z}$，它是 2^rM 个互为伴的四相 AZCS 伴的集合，每个伴是一个四相 $(2^rN,\ 2^rP,Z)$-AZCS。

例 5-12 设 $\mathrm{QZCS}_{2,7}^{2,6}$ 是两个互为伴的四相 AZCS 的集合，每个伴是一个四相 $(7,2,6)$-AZCS，可以由式（5-24）构造出 $\mathrm{QZCS}_{4,14}^{4,6}$，它是 4 个互为伴的四相 AZCS 的集合，每个伴是一个四相 $(14,4,6)$-AZCS，它们分别为

$$\mathrm{QZCS}_{2,7}^{2,6}=\begin{bmatrix}1,1,\mathrm{i},\mathrm{i},-\mathrm{i},1,-1; & 1,\mathrm{i},1,\mathrm{i},1,-\mathrm{i},-1\\ -1,\mathrm{i},1,-\mathrm{i},1,-\mathrm{i},1; & 1,-1,-\mathrm{i},\mathrm{i},\mathrm{i},-1,-1\end{bmatrix}$$

$$\mathrm{QZCS}_{4,14}^{4,6}=\begin{bmatrix}\mathrm{QZCS}_{2,7}^{2,6}\mathrm{QZCS}_{2,7}^{2,6} & -\mathrm{QZCS}_{2,7}^{2,6}\mathrm{QZCS}_{2,7}^{2,6}\\ -\mathrm{QZCS}_{2,7}^{2,6}\mathrm{QZCS}_{2,7}^{2,6} & \mathrm{QZCS}_{2,7}^{2,6}\mathrm{QZCS}_{2,7}^{2,6}\end{bmatrix}$$

其中

$$\mathrm{QZCS}_{2,7}^{2,6}\mathrm{QZCS}_{2,7}^{2,6}=\begin{bmatrix}1,1,\mathrm{i},\mathrm{i},-\mathrm{i},1,-1,1,1,\mathrm{i},\mathrm{i},-\mathrm{i},1,-1; & 1,\mathrm{i},1,\mathrm{i},1,-\mathrm{i},-1,1,\mathrm{i},1,\mathrm{i},1,-\mathrm{i},-1\\ -1,\mathrm{i},1,-\mathrm{i},1,-\mathrm{i},1,-1,\mathrm{i},1,-\mathrm{i},1,-\mathrm{i},1; & 1,-1,-\mathrm{i},\mathrm{i},\mathrm{i},-1,-1,1,-1,-\mathrm{i},\mathrm{i},\mathrm{i},-1,-1\end{bmatrix}$$

$$-\mathrm{QZCS}_{2,7}^{2,6}\mathrm{QZCS}_{2,7}^{2,6}=\begin{bmatrix}-1,-1,-\mathrm{i},-\mathrm{i},\mathrm{i},-1,1,1,1,\mathrm{i},\mathrm{i},-\mathrm{i},1,-1; & -1,-\mathrm{i},-1,-\mathrm{i},-1,\mathrm{i},1,1,\mathrm{i},1,\mathrm{i},1,-\mathrm{i},-1\\ 1,-\mathrm{i},-1,\mathrm{i},-1,\mathrm{i},-1,-1,\mathrm{i},1,-\mathrm{i},1,-\mathrm{i},1; & -1,1,\mathrm{i},-\mathrm{i},-\mathrm{i},1,1,1,-1,-\mathrm{i},\mathrm{i},\mathrm{i},-1,-1\end{bmatrix}$$

类似文献[86]中的定理 12，可得四相非周期 Z-互补集伴的第二种构造。

2．四相非周期 Z-互补集伴的第二种构造

设 $\mathrm{QZCS}_{P,N}^{M,Z}$ 是 M 个互为伴的四相 AZCS 的集合，每个伴是一个四相

(N,P,Z)-AZCS。可以由式（5-25）构造出 $\mathrm{QZCS}_{2P,2N}^{2M,2Z}$，它是 $2M$ 个互为伴的四相 AZCS 的集合，每个伴是一个四相 $(2N,2P,2Z)$-AZCS。

$$\mathrm{QZCS}_{2P,2N}^{2M,2Z}=\begin{bmatrix} I(\mathrm{QZCS}_{P,N}^{M,Z},\mathrm{QZCS}_{P,N}^{M,Z}) & I(-\mathrm{QZCS}_{P,N}^{M,Z},\mathrm{QZCS}_{P,N}^{M,Z}) \\ I(-\mathrm{QZCS}_{P,N}^{M,Z},\mathrm{QZCS}_{P,N}^{M,Z}) & I(\mathrm{QZCS}_{P,N}^{M,Z},\mathrm{QZCS}_{P,N}^{M,Z}) \end{bmatrix} \tag{5-25}$$

其中，$I(-\mathrm{QZCS}_{P,N}^{M,Z},\mathrm{QZCS}_{P,N}^{M,Z})$ 中第 n 个子序列是 $-\mathrm{QZCS}_{P,N}^{M,Z}$ 中第 n 个子序列和 $\mathrm{QZCS}_{P,N}^{M,Z}$ 中第 n 个子序列按位交织而得到的，$0\leqslant n\leqslant MP-1$。从 $\mathrm{QZCS}_{P,N}^{M,Z}$ 开始，连续使用式（5-25）r 次，可得 $\mathrm{QZCS}_{2^rP,2^rN}^{2^rM,2^rZ}$，它是 2^rM 个互为伴的四相 AZCS 的集合，每个伴是一个四相 $(2^rN,2^rP,2^rZ)$-AZCS。

例 5-13　设 $\mathrm{QZCS}_{2,7}^{2,6}$ 是两个互为伴的四相 AZCS 的集合，每个伴是一个 $(7,2,6)$-AZCS，可以由式（5-25）构造出 $\mathrm{QZCS}_{4,14}^{4,12}$，它是 4 个互为伴的四相 AZCS 的集合，每个伴是一个四相 $(14,4,12)$-AZCS。

3．四相非周期 Z-互补集伴的第三种构造

设 $\mathrm{QZCS}_{2P,N}^{M,Z}$ 是 M 个互为伴的四相 AZCS 的集合，每个伴是一个四相 $(N,2P,Z)$-AZCS。可以由式（5-22）构造出 $\mathrm{QZCS}_{2P,2N}^{M,2Z}$，它是 M 个互为伴的四相 AZCS 的集合，每个伴是一个四相 $(2N,2P,2Z)$-AZCS。从 $\mathrm{QZCS}_{2P,N}^{M,Z}$ 开始，连续使用式（5-22）r 次，可得 $\mathrm{QZCS}_{2P,2^rN}^{M,2^rZ}$，它是 M 个互为伴的四相 AZCS 的集合，每个伴是一个四相 $(2^rN,2P,2^rZ)$-AZCS。

例 5-14　设 $\mathrm{QZCS}_{4,14}^{4,6}$ 是 4 个互为伴的四相 AZCS 的集合，每个伴是一个 $(14,4,6)$-AZCS，可以由式（5-22）构造出 $\mathrm{QZCS}_{4,28}^{4,12}$，它是 4 个互为伴的四相 AZCS 的集合，每个伴是一个四相 $(28,4,12)$-AZCS

类似地，可以得到四相周期零相关区互补集伴的 3 种构造。

5.5　四相零相关区互补对的线性构造

本节利用定理 5-8 中四相 AZCP 伴，给出四相 AZCP 的线性构造方法。这种线性构造方法不仅适用于构造其他 AZCP，也适用于构造周期 Z-互补对。

二进制序列可以看成四相序列的特例，四相序列与二进制序列相互关系非常密切。因此，给定一个长度为 N 的二进制序列对 $(\boldsymbol{a},\boldsymbol{b})$，通过式（5-26）可以构造出一个四相序列[174]。

$$c_n=\frac{1}{2}(1+\mathrm{i})a_n+\frac{1}{2}(1-\mathrm{i})b_n,\quad n=0,1,\cdots,N-1 \tag{5-26}$$

引理 5-6 设$\boldsymbol{a}=(a_0,a_1,\cdots,a_{N-1})$、$\boldsymbol{b}=(b_0,b_1,\cdots,b_{N-1})$、$\boldsymbol{c}=(c_0,c_1,\cdots,c_{N-1})$和$\boldsymbol{d}=(d_0,d_1,\cdots,d_{N-1})$都是长度为$N$的复值序列，如果$c_n=kb^*_{N-n-1}$和$d_n=-ka^*_{N-n-1}$（$n=1,2,\cdots,N-1$），其中复值常数$k$的模为 1，即$|k|=1$，则

$$C_{\boldsymbol{a},\boldsymbol{b}}(\tau)+C_{\boldsymbol{c},\boldsymbol{d}}(\tau)=0,\quad \tau=0,1,2,\cdots,N-1 \tag{5-27}$$

$$C_{\boldsymbol{b},\boldsymbol{a}}(\tau)+C_{\boldsymbol{d},\boldsymbol{c}}(\tau)=0,\quad \tau=0,1,2,\cdots,N-1 \tag{5-28}$$

证明

$$C_{\boldsymbol{a},\boldsymbol{b}}(\tau)+C_{\boldsymbol{c},\boldsymbol{d}}(\tau)=$$

$$\sum_{n=0}^{N-\tau-1}(a_nb^*_{n+\tau}+c_nd^*_{n+\tau})=$$

$$\sum_{n=0}^{N-\tau-1}a_nb^*_{n+\tau}-|k|^2\sum_{n=0}^{N-\tau-1}b^*_{N-n-1}a_{N-(n+\tau)-1}=$$

$$\sum_{n=0}^{N-\tau-1}a_nb^*_{n+\tau}-\sum_{n=0}^{N-\tau-1}b^*_{N-n-1}a_{N-(n+\tau)-1}$$

令$t=N-(n+\tau)-1$，当$n=0$时，$t=N-\tau-1$；当$n=N-\tau-1$时，$t=0$，则

$$\sum_{n=0}^{N-\tau-1}b^*_{N-n-1}a_{N-(n+\tau)-1}=$$

$$\sum_{t=N-\tau-1}^{0}(b^*_{t+\tau}a_t)=$$

$$\sum_{t=0}^{N-\tau-1}a_tb^*_{t+\tau}$$

所以可得

$$C_{\boldsymbol{a},\boldsymbol{b}}(\tau)+C_{\boldsymbol{c},\boldsymbol{d}}(\tau)=0$$

根据非周期相关函数性质 2（见 2.1.3 节），即非周期互相关函数的对称性，由式（5-27）可得式（5-28）成立。

证毕。

引理 5-7 设$\boldsymbol{a}=(a_0,a_1,\cdots,a_{N-1})$和$\boldsymbol{b}=(b_0,b_1,\cdots,b_{N-1})$是长度为$N$的复值序列，$s$和$t$是常数，则

$$C_{s\boldsymbol{a}+t\boldsymbol{b}}(\tau)=|s|^2C_{\boldsymbol{a}}(\tau)+|t|^2C_{\boldsymbol{b}}(\tau)+st^*C_{\boldsymbol{a},\boldsymbol{b}}(\tau)+ts^*C_{\boldsymbol{b},\boldsymbol{a}}(\tau),\quad \tau=0,1,2,\cdots,N-1 \tag{5-29}$$

证明

$$C_{sa+tb}(\tau)=$$

$$\sum_{n=0}^{N-\tau-1}(sa_n+tb_n)(sa_{n+\tau}+tb_{n+\tau})^*=$$

$$\sum_{n=0}^{N-\tau-1}(ss^*a_na_{n+\tau}^*+tt^*b_nb_{n+\tau}^*+st^*a_nb_{n+\tau}^*+ts^*b_na_{n+\tau}^*)=$$

$$|s|^2C_{a}(\tau)+|t|^2C_{b}(\tau)+st^*C_{a,b}(\tau)+ts^*C_{b,a}(\tau)$$

证毕。

类似地，对周期相关函数，可得与引理 5-7 相似的结果。

定理 5-9　设 $(\boldsymbol{a},\boldsymbol{b})$ 是一个四相非周期 Z-互补对，$(\boldsymbol{c},\boldsymbol{d})$ 是 $(\boldsymbol{a},\boldsymbol{b})$ 的一个伴（由式（5-19）产生的伴），则 $(s\boldsymbol{a}+t\boldsymbol{b},s\boldsymbol{c}+t\boldsymbol{d})$ 是一个新的非周期 Z-互补，其中 s 和 t 是复值常数，且 $|s|=|t|$。

证明　根据引理 5-7，可得

$$C_{sa+tb}(\tau)+C_{sc+td}(\tau)=$$

$$|s|^2C_{a}(\tau)+|t|^2C_{b}(\tau)+st^*C_{a,b}(\tau)+ts^*C_{b,a}(\tau)+$$

$$|s|^2C_{c}(\tau)+|t|^2C_{d}(\tau)+st^*C_{c,d}(\tau)+ts^*C_{d,c}(\tau)=$$

$$|s|^2[C_{a}(\tau)+C_{b}(\tau)]+|t|^2[C_{c}(\tau)+C_{d}(\tau)]+$$

$$st^*[C_{a,b}(\tau)+C_{c,d}(\tau)]+ts^*[C_{b,a}(\tau)+C_{d,c}(\tau)]$$

再根据引理 5-6 和式（5-19），可得

$$C_{sa+tb}(\tau)+C_{sc+td}(\tau)=0$$

证毕。

利用定理 5-9 可得四相非周期零相关区互补对的线性构造如下。

四相非周期零相关区互补对的线性构造　设 $(\boldsymbol{a},\boldsymbol{b})$ 是一个二进制非周期 Z-互补对，根据 4.6.2 节中二进制非周期零相关区互补集伴的构造，可得 $(\boldsymbol{a},\boldsymbol{b})$ 的一个伴 $(\boldsymbol{c},\boldsymbol{d})$。令 $s=\frac{1}{2}(1+\mathrm{i})$，$t=\frac{1}{2}(1-\mathrm{i})$。根据定理 5-9 和式（5-26）可得，$(s\boldsymbol{a}+t\boldsymbol{b},s\boldsymbol{c}+t\boldsymbol{d})$ 是一个新的四相非周期 Z-互补对。

例 5-15 设$(\boldsymbol{a},\boldsymbol{b})$是一个二进制 AZCP，零相关区长度$Z=4$，即

$$\begin{bmatrix}\boldsymbol{a}\\\boldsymbol{b}\end{bmatrix}=\begin{bmatrix}1&1&1&1&-1&-1&1\\1&1&-1&1&-1&1&1\end{bmatrix}$$

$$\left(C_{\boldsymbol{a}}(\tau)+C_{\boldsymbol{b}}(\tau)\right)_{\tau=0}^{6}=(14,0,0,0,-2,2,2)$$

令$s=\frac{1}{2}(1+\mathrm{i})$，$t=\frac{1}{2}(1-\mathrm{i})$。$(\boldsymbol{c},\boldsymbol{d})$是$(\boldsymbol{a},\boldsymbol{b})$的一个伴，即$\boldsymbol{c}=\underline{\boldsymbol{b}}$，$\boldsymbol{d}=-\underline{\boldsymbol{a}}$。试通过四相非周期零相关区互补对的线性构造，构造出一个零相关区长度$Z=4$的四相 AZCP。

解 根据四相非周期零相关区互补对的线性构造，可得一个零相关区长度$Z=4$的四相 AZCP，即

$$\begin{bmatrix}s\boldsymbol{a}+t\boldsymbol{b}\\s\boldsymbol{c}+t\boldsymbol{d}\end{bmatrix}=\begin{bmatrix}1&1&\mathrm{i}&1&-1&-\mathrm{i}&1\\\mathrm{i}&1&-\mathrm{i}&\mathrm{i}&-1&\mathrm{i}&\mathrm{i}\end{bmatrix}$$

$$\left(C_{s\boldsymbol{a}+t\boldsymbol{b}}(\tau)+C_{s\boldsymbol{c}+t\boldsymbol{d}}(\tau)\right)_{\tau=0}^{6}=(14,0,0,0,-2,2,2)$$

在四相 AZCP 的线性构造中，令$s=\pm\frac{1}{2}$，$t=\pm\frac{1}{2}$，就可得到三进制 AZCP。

类似地，可以得到四相周期零相关区互补对的线性构造。

5.6 本章小结

本章阐述了四相序列的初等变换，一个四相序列经过初等变换后得到一个新四相序列，这两个四相序列的非周期相关函数相同，也阐述了四相 AZCP 的初等变换。一个四相 AZCP 的初等变换后，所得到一个新的四相序列对仍然保持原来的四相非周期 Z-互补性，阐述了四相 AZCP 的等价类代表的概念。对一个固定序列长度的四相 AZCP，可以用这个等价类的代表构成的集合表示。通过计算机搜索，找到了序列长度小于或等于 9 的四相 AZCP 的代表，并提出了两个猜想。更多q-进制 AZCP 的初等变换可以参考文献[175]。讨论了四相 AZCP 的存在性，对于任意序列长度$N(N\geqslant 4)$，零相关区长度为 4 的四相 AZCP 都存在。在非周期四相互补集及其伴构造方法的基础上，阐述了四相 AZCS 及其伴的构造。四相 AZCS 伴与零相关区长度的关系如下：一般来说，零相关区长度越短，则四相 AZCS 件的数目就越多。最后，利用定理 5-8 中的四相 AZCP 的伴，给出四相 AZCP 的线性构造方法。这种线性构造方法不仅适用于构造其他 AZCP，也适用于构造周期零相关区 Z-互补对。

第6章 四电平和三进制零相关区互补序列

由于雷达技术发展需要，Golay[84]和 Turyn[85]分别深入研究了二进制非周期互补序列及其变换。Tseng[86]将非周期互补对的概念推广到非周期互补集，并提出了级联、交织等构造互补集的方法。Sivaswamy[87]进一步将二进制非周期互补序列扩展到非周期多相互补序列。由于二进制非周期互补集的长度只能是偶数，为了突破这种限制，1988 年 Darnell[88]提出了非周期多电平互补集的概念，给出了非周期多电平互补集及其伴的构造方法，他所研究的多电平互补集的长度不仅有偶数的，还有奇数的。1989 年，Kemp[89]推广了 Darnell 的非周期多电平互补集伴的构造方法。1990 年，Budisin[90]给出了生成非周期多电平互补对的新算法，并且把非周期多电平互补序列应用于雷达脉冲压缩技术和噪声生成。2007 年，Fan 等[93]将 ZCZ 概念移植到非周期互补序列中，提出并构造了二进制非周期 Z-互补序列。虽然已经有文献[88-90]研究了多电平互补集，但这些多电平互补集都是在比较大的大字符集上研究的。在小字符集研究多电平 Z-互补序列将会更有实用价值，因此本章内容在文献[97,176]基础上撰写，主要阐述四电平和三进制非周期 Z-互补序列及其相关研究结果。

本章给出了四电平和三进制非周期 Z-互补序列的概念，给出了四电平和三进制 AZCP 的初等变换，比较了二进制 AZCP、四相 AZCP 和四电平 AZCP，给出了四电平和三进制 AZCS 及其伴的构造。

6.1 四电平零相关区互补序列

一般来说，在 4 个字符组成的字符集上定义的序列就是四电平序列。如果没有特别声明，本章研究的四电平序列特指定义在字符集 $\{1,-1,2,-2\}$ 上的序列。首先，阐述了四电平零相关区互补序列的概念；其次，研究了四电平 AZCP 的初等变换，比较了二进制 AZCP、四相 AZCP 和四电平 AZCP；最后，研究了四电平

AZCS 及其伴的构造。

6.1.1 四电平序列及其零相关区互补序列的初等变换

定义 6-1（四电平非周期零相关区互补集） 设含有 P 个长度为 N 的四电平序列的集合 $\boldsymbol{A}=\{\boldsymbol{a}_0,\boldsymbol{a}_1,\cdots,\boldsymbol{a}_{P-1}\}$，若满足

$$\sum_{i=0}^{P-1} C_{\boldsymbol{a}_i}(\tau)=\begin{cases} NP, & \tau=0 \\ 0, & 0<\tau<Z \end{cases} \tag{6-1}$$

则称 $\boldsymbol{A}$ 为一个四电平非周期零相关区互补集，简称四电平非周期 Z-互补集，记为四电平 (N,P,Z)-ZACS，其中 Z 表示零相关区长度。当 $P=2$ 时，式（6-1）的定义就简化为四电平非周期 Z-互补对的定义，记为四电平 (N,Z)-AZCP。

定义 6-2（四电平非周期零相关区互补集伴） 设 $\boldsymbol{A}=\{\boldsymbol{a}_0,\boldsymbol{a}_1,\cdots,\boldsymbol{a}_{P-1}\}$ 和 $\boldsymbol{B}=\{\boldsymbol{b}_0,\boldsymbol{b}_1,\cdots,\boldsymbol{b}_{P-1}\}$ 是两个四电平 (N,P,Z)-AZCS，若满足

$$\sum_{i=0}^{P-1} C_{\boldsymbol{a}_i,\boldsymbol{b}_i}(\tau)=0, 0\leqslant\tau<Z \tag{6-2}$$

则这两个四电平非周期 Z-互补集 $\boldsymbol{A}$ 和 $\boldsymbol{B}$ 相互称为伴。当 $P=2$ 时，式（6-2）的定义就简化为四电平非周期 Z-序列对伴的定义。

类似地，可以得到四电平周期零相关区互补集及其伴的定义。

类似于定理 5-1，有关四电平序列的初等变换的定理叙述如下。

定理 6-1 设 $\boldsymbol{a}=(a_0,a_1,\cdots,a_{N-1})$ 是长度为 N 的四电平序列。下列四电平序列变换仍然保持变换前序列的非周期自相关函数。

（1）倒序变换，即 $a_n\to a_{N-n-1}\ (n=0,1,2,\cdots,N-1)$，记为 $\underline{\boldsymbol{a}}$。

（2）数乘变换，即 $a_n\to ca_n\ (n=0,1,2,\cdots,N-1)$，记为 $c\boldsymbol{a}$。一般情形下，$c\in\{1,-1\}$；当 $\boldsymbol{a}=(a_0,a_1,\cdots,a_{N-1})$ 的分量 $a_i\in\{1,-1\}$ 时，$c\in\{1,-1,2,-2\}$；当 $\boldsymbol{a}=(a_0,a_1,\cdots,a_{N-1})$ 的分量 $a_i\in\{2,-2\}$ 时，$c\in\left\{1,-1,\frac{1}{2},-\frac{1}{2}\right\}$。

若一个四电平序列进行上述变换后，仍然保持原来的非周期自相关函数，这样的四电平序列变换称为四电平序列的初等变换。一个四电平序列经过有限次数的初等变换后，变成另一个四电平序列，它们的非周期自相关函数相同，称这两个序列是关于非周期自相关函数等价。

基于定理 6-1，并且类似于定理 5-2，将给出四电平 AZCP 的初等变换的定理如下。

定理 6-2 设 $(\boldsymbol{s}_0,\boldsymbol{s}_1)$ 是一个四电平 (N,Z)-AZCP，其中 $\boldsymbol{s}_n=(s_{n,0},s_{n,1},\cdots,s_{n,N-1})$，$n$=0,1。下列变换产生的序列对仍然是四电平 (N,Z)-AZCP。

（1）交换变换，即交换两个子序列的顺序，如$(\boldsymbol{s}_0,\boldsymbol{s}_1)\to(\boldsymbol{s}_1,\boldsymbol{s}_0)$。

（2）倒序变换，即对任意一个子序列进行倒序变换，如 $(\boldsymbol{s}_0,\boldsymbol{s}_1)\to(\underline{\boldsymbol{s}}_0,\boldsymbol{s}_1)$。

（3）数乘变换，即 c 乘以四电平 (N,Z)-AZCP 中的任意一个子序列，如$(\boldsymbol{s}_0,\boldsymbol{s}_1)\to(\boldsymbol{s}_0,c\boldsymbol{s}_1)$。一般情形下，$c\in\{1,-1\}$；当 $\boldsymbol{s}_1$ 的分量 $s_{1,i}\in\{1,-1\}$ 时，c 属于 $\{1,-1,2,-2\}$；当 $\boldsymbol{s}_1$ 的分量 $s_{1,i}\in\{2,-2\}$ 时，$c\in\left\{1,-1,\frac{1}{2},-\frac{1}{2}\right\}$。

（4）交替取负变换，即两个子序列中分量交换取负，如 $\boldsymbol{s}_0$ 和 $\boldsymbol{s}_1$ 的奇数位置上的分量变为它的负元素，偶数位置上的分量不变，所得四电平 AZCP 记为$(\utilde{\boldsymbol{s}}_0,\utilde{\boldsymbol{s}}_1)$，即$(\boldsymbol{s}_0,\boldsymbol{s}_1)\to(\utilde{\boldsymbol{s}}_0,\utilde{\boldsymbol{s}}_1)$。

若一个四电平 AZCP 进行上述变换后，仍然保持原来的四电平非周期 Z-互补性，这样的四电平 AZCP 的变换称为四电平 AZCP 的初等变换。上述四电平 AZCP 经初等变换后，所得的新的四电平序列对仍然保持原来的四电平非周期Z-互补性，其原因为，序列集$\{\boldsymbol{s}_0,\underline{\boldsymbol{s}}_0,-\boldsymbol{s}_0,-\underline{\boldsymbol{s}}_0\}$中的每个序列都具有相同的非周期自相关函数，序列集$\{\boldsymbol{s}_1,\underline{\boldsymbol{s}}_1,-\boldsymbol{s}_1,-\underline{\boldsymbol{s}}_1\}$中的每个序列也都具有相同的非周期自相关函数。虽然$\utilde{\boldsymbol{s}}_0$和 $\boldsymbol{s}_0$、$\utilde{\boldsymbol{s}}_1$ 和 $\boldsymbol{s}_1$ 的非周期自相关函数不同，但可以由 $C_{\boldsymbol{s}_0}(\tau)+C_{\boldsymbol{s}_1}(\tau)=0$ 导出 $C_{\utilde{\boldsymbol{s}}_0}(\tau)+C_{\utilde{\boldsymbol{s}}_1}(\tau)=0$。因此，一个四电平 AZCP 对经过有限次数的初等变换后，所得新的序列对仍然是一个四电平 AZCP。

四电平 AZCP 的初等变换可以推广到四电平 AZCS 的初等变换。通过上面的讨论，可以得到下面的结果。

设$(\boldsymbol{s}_0,\boldsymbol{s}_1)$是一个四电平$(N,Z)$-AZCP，对$(\boldsymbol{s}_0,\boldsymbol{s}_1)$进行初等变换，最多可得 64 个四电平$(N,Z)$-AZCP。这是因为，当序列长度很短时，进行四电平 AZCP 的初等变换，得到的四电平 AZCP 可能某些是相同的。一般情形下，这 64 个相同长度的四电平 AZCP 是互不相同的，基于四电平 AZCP 的初等变换，它们是等价的，可以形成一个等价类，用$[(\boldsymbol{s}_0,\boldsymbol{s}_1)]$表示。同时，称$(\boldsymbol{s}_0,\boldsymbol{s}_1)$为这个等价类的代表。因此，对于给定的序列长度，用等价类的代表的集合能够描述这个长度的四电平 AZCP。如果四电平非周期 Z-互补对$(\boldsymbol{s}_0,\boldsymbol{s}_1)$的分量都取值于$\{1,-1\}$或$\{2,-2\}$，那么$(\boldsymbol{s}_0,\boldsymbol{s}_1)$经过四电平 AZCP 的初等变换后，最多可得 128 个相同长度的四电平 AZCP。

例 6-1　经过计算机搜索，四电平$(7,6)$-AZCP 总共 256 个，但仅有 7 个代表，即

$$\begin{bmatrix}\boldsymbol{s}_0^0\\\boldsymbol{s}_1^0\end{bmatrix}=\begin{bmatrix}1&1&-1&1&1&1&-1\\2&1&1&-1&-1&1&-2\end{bmatrix}$$

$$\left(C_{\boldsymbol{s}_0^0}(\tau)+C_{\boldsymbol{s}_1^0}(\tau)\right)_{\tau=0}^{6}=(20,0,0,0,0,0,-5)$$

$$\begin{bmatrix}\boldsymbol{s}_0^1\\\boldsymbol{s}_1^1\end{bmatrix}=\begin{bmatrix}1&1&-1&-1&1&1&-1\\2&1&1&1&-1&1&-2\end{bmatrix}$$

$$\left(C_{s_0^1}(\tau)+C_{s_1^1}(\tau)\right)_{\tau=0}^{6}=(20,0,0,0,0,0,-5)$$

$$\begin{bmatrix} s_0^2 \\ s_1^2 \end{bmatrix}=\begin{bmatrix} 1 & 1 & -1 & 2 & 1 & 1 & -1 \\ 2 & 1 & 1 & -2 & -1 & 1 & -2 \end{bmatrix}$$

$$\left(C_{s_0^2}(\tau)+C_{s_1^2}(\tau)\right)_{\tau=0}^{6}=(26,0,0,0,0,0,-5)$$

$$\begin{bmatrix} s_0^3 \\ s_1^3 \end{bmatrix}=\begin{bmatrix} 1 & 1 & -1 & -2 & 1 & 1 & -1 \\ 2 & 1 & 1 & 2 & -1 & 1 & -2 \end{bmatrix}$$

$$\left(C_{s_0^3}(\tau)+C_{s_1^3}(\tau)\right)_{\tau=0}^{6}=(26,0,0,0,0,0,-5)$$

$$\begin{bmatrix} s_0^4 \\ s_1^4 \end{bmatrix}=\begin{bmatrix} 1 & 2 & -1 & 1 & -2 & 2 & 2 \\ 2 & 1 & -2 & 1 & -1 & -2 & -2 \end{bmatrix}$$

$$\left(C_{s_0^4}(\tau)+C_{s_1^4}(\tau)\right)_{\tau=0}^{6}=(38,0,0,0,0,0,-2)$$

$$\begin{bmatrix} s_0^5 \\ s_1^5 \end{bmatrix}=\begin{bmatrix} 1 & 2 & 2 & 1 & -2 & 2 & -1 \\ 1 & 2 & 2 & -1 & -2 & 2 & -1 \end{bmatrix}$$

$$\left(C_{s_0^5}(\tau)+C_{s_1^5}(\tau)\right)_{\tau=0}^{6}=(38,0,0,0,0,0,-2)$$

$$\begin{bmatrix} s_0^6 \\ s_1^6 \end{bmatrix}=\begin{bmatrix} 1 & 2 & 2 & 2 & -2 & 2 & -1 \\ 1 & 2 & 2 & -2 & -2 & 2 & -1 \end{bmatrix}$$

$$\left(C_{s_0^6}(\tau)+C_{s_1^6}(\tau)\right)_{\tau=0}^{6}=(44,0,0,0,0,0,-2)$$

经过计算机搜索得到序列长度 $N \leqslant 9$ 的四电平 AZCP 的代表、最大零相关区长度 $Z_{\max}$ 与自相关函数和如表 6-1 所示。表 6-1 中，两个子序列用分号隔开。表 6-1 表明，序列长度 N=2,4,8 的四电平 AZCP 就是四电平非周期互补对，即 $Z_{\max}=N$ 。

表6-1 四电平AZCP的代表及其自相关函数和

N	Z_{max}	四电平AZCP的代表	自相关函数和
2	2	(1,2; 1,−2)	(10,0)
3	2	(1,1,2; 1,−1,2)	(12,0,4)
4	4	(1,1,−1,−2; 1,2,−1,2)	(17,0,0,0)
5	4	(1,1,1,1,−2; 1,−1,1,−1,−2)	(16,0,0,0,−4)
6	4	(1,1,1,1,−1,2; 1,−1,1,2,2,−2)	(24,0,0,0,5,0)
7	6	(1,1,−1,1,1,1,−1; 2,1,1,−1,−1,1,−2)	(20,0,0,0,0,0,−5)
8	8	(1,1,1,−1,2,2,−2,2; 1,−1,1,1,2,−2,−2,−2)	(40,0,0,0,0,0,0,0)
9	8	(1,1,1,1,2,−1,2,−1,−1; 1,−1,−2,−1,2,1,−1,1,−1)	(30,0,0,0,0,0,0,0,−2)

下面比较二进制AZCP、四相AZCP和四电平AZCP，基于表4-1、表5-1和表6-1，给出序列长度相同条件下二进制、四电平和四相AZCP的最大零相关区长度，如表6-2所示。

表6-2 二进制AZCP、四电平AZCP和四相AZCP的最大零相关区长度

N	二进制AZCP的Z_{max}	四电平AZCP的Z_{max}	四相AZCP的Z_{max}
2	2	2	2
3	2	2	3
4	4	4	4
5	3	4	5
6	4	4	6
7	4	6	6
8	8	8	8
9	5	8	8

由表6-2可知，一般来说，序列长度相同条件下，四电平AZCP和四相AZCP的最大零相关区长度Z_{max}几乎相同，它们的最大零相关区长度大于或等于二进制AZCP的最大零相关区长度。

类似地，可以得到四电平周期零相关区互补对的初等变换。

6.1.2 四电平零相关区互补集的构造

5.4.1节中的四相AZCS的3种构造结构同样适用于四电平AZCS。本节总结了四电平AZCS的构造方法，四电平AZCP为四电平AZCS的特例。为了说明构造过程和表达方便，本节仅给出了四电平AZCP构造的示例。从序列长度较短的四电平AZCP开始，构造序列长度较长的四电平AZCP，所得到的四电平AZCP保持了原有的四电平非周期Z-互补性，甚至比原有四电平非周期Z-互补性更优越。

1. 四电平非周期 Z-互补集的第一种构造

四相 AZCS 的第一种构造也适用于四电平 AZCS，即对于给定的一个四电平 AZCS，由式（5-20）可构造出另一个四电平 AZCS，给出一个例子如下。

例 6-2 $(\boldsymbol{a}_0, \boldsymbol{a}_1)$ 是一个四电平 $(7,6)$-AZCP，即

$$\begin{bmatrix}\boldsymbol{a}_0\\ \boldsymbol{a}_1\end{bmatrix}=\begin{bmatrix}1 & 1 & -1 & 1 & 1 & 1 & -1\\ 2 & 1 & 1 & -1 & -1 & 1 & -2\end{bmatrix}$$

$$\left(C_{\boldsymbol{a}_0}(\tau)+C_{\boldsymbol{a}_1}(\tau)\right)_{\tau=0}^{6}=(20,0,0,0,0,0,-5)$$

试由 $(\boldsymbol{a}_0, \boldsymbol{a}_1)$ 构造出一个四电平 $(14,6)$-AZCP。

解 由式（5-20）构造出 $(\boldsymbol{b}_0, \boldsymbol{b}_1)$，它是一个四电平 $(14,6)$-AZCP，即

$$\begin{bmatrix}\boldsymbol{b}_0\\ \boldsymbol{b}_1\end{bmatrix}=\begin{bmatrix}1 & 1 & -1 & 1 & 1 & 1 & -1 & 2 & 1 & 1 & -1 & -1 & 1 & -2\\ 1 & 1 & -1 & 1 & 1 & 1 & -1 & -2 & -1 & -1 & 1 & 1 & -1 & 2\end{bmatrix}$$

$$\left(C_{\boldsymbol{b}_0}(\tau)+C_{\boldsymbol{b}_1}(\tau)\right)_{\tau=0}^{13}=(40,0,0,0,0,0,-10,0,0,0,0,0,0,0)$$

2. 四电平非周期 Z-互补集的第二种构造

四相 AZCS 第二种构造也同样适用于四电平 AZCS。具体地说，设 $(\boldsymbol{a}_0,\boldsymbol{a}_1)$ 是一个四电平 (N_1,Z_1)-AZCP，其伴为 $(\boldsymbol{a}_0',\boldsymbol{a}_1')$，再设 $\{\boldsymbol{b}_0,\boldsymbol{b}_1,\cdots,\boldsymbol{b}_{2P-1}\}$ 是一个四电平 $(N_2,2P,Z_2)$-AZCS，通过式（5-21）构造出另一个四电平 $\{\boldsymbol{t}_0,\boldsymbol{t}_1,\cdots,\boldsymbol{t}_{2P-1}\}$，它是一个 $(2N_1N_2,2P,Z)$-AZCS，其中，当 $Z_1<N_1$ 时，$Z=Z_1$；当 $Z_1=N_1$ 时，$Z=Z_1Z_2$。给出一个例子如下。

例 6-3 设 $(\boldsymbol{a}_0,\boldsymbol{a}_1)$ 是一个序列长度为 2 的二进制非周期互补对，即

$$\begin{bmatrix}\boldsymbol{a}_0\\ \boldsymbol{a}_1\end{bmatrix}=\begin{bmatrix}1 & 1\\ 1 & -1\end{bmatrix}$$

$$\left(C_{\boldsymbol{a}_0}(\tau)+C_{\boldsymbol{a}_1}(\tau)\right)_{\tau=0}^{1}=(4,0)$$

它的伴为 $(\boldsymbol{a}_0',\boldsymbol{a}_1')$，即

$$\begin{bmatrix}\boldsymbol{a}_0'\\ \boldsymbol{a}_1'\end{bmatrix}=\begin{bmatrix}-1 & 1\\ -1 & -1\end{bmatrix}$$

$$\left(C_{\boldsymbol{a}_0'}(\tau)+C_{\boldsymbol{a}_1'}(\tau)\right)_{\tau=0}^{1}=(4,0)$$

$$\left(C_{\boldsymbol{a}_0\boldsymbol{a}_0'}(\tau)+C_{\boldsymbol{a}_1\boldsymbol{a}_1'}(\tau)\right)_{\tau=0}^{1}=(0,0)$$

再设 $\{\boldsymbol{b}_0,\boldsymbol{b}_1\}$ 是一个四电平 $(3,2)$-AZCP，即

$$\begin{bmatrix}\boldsymbol{b}_0\\ \boldsymbol{b}_1\end{bmatrix}=\begin{bmatrix}1 & 1 & 2\\ 1 & -1 & 2\end{bmatrix}$$

$$\left(C_{b_0}(\tau)+C_{b_1}(\tau)\right)_{\tau=0}^{3}=(12,0,4)$$

由此构造出一个 $(2N_1N_2,2P,Z)$-AZCS。

解　由式（5-21）构造出 $(\boldsymbol{t}_0,\boldsymbol{t}_1)$，它是一个四电平 $(12,4)$-AZCP，即

$$\begin{bmatrix}\boldsymbol{t}_0\\ \boldsymbol{t}_1\end{bmatrix}=\begin{bmatrix}1 & 1 & 1 & 1 & 2 & 2 & -1 & 1 & 1 & -1 & -2 & 2\\ 1 & -1 & 1 & -1 & 2 & -2 & -1 & -1 & 1 & 1 & -2 & -2\end{bmatrix}$$

$$\left(C_{t_0}(\tau)+C_{t_1}(\tau)\right)_{\tau=0}^{11}=(48,0,0,0,16,0,0,0,0,0,0,0)$$

3．四电平非周期 Z-互补集的第三种构造

四相 AZCS 第三种构造也适用于四电平 AZCS，即对于给定的一个四电平 AZCS，由式（5-22）可构造出另一个四电平 AZCS，而且最大零相关区长度增长一倍，给出一个例子如下。

例 6-4　设 $(\boldsymbol{d}_0^0,\boldsymbol{d}_1^0)$ 是一个四电平 $(7,6)$-AZCP，即

$$\begin{bmatrix}\boldsymbol{d}_0^0\\ \boldsymbol{d}_1^0\end{bmatrix}=\begin{bmatrix}1 & 1 & -1 & 1 & 1 & 1 & -1\\ 2 & 1 & 1 & -1 & -1 & 1 & -2\end{bmatrix}$$

$$\left(C_{d_0^0}(\tau)+C_{d_1^0}(\tau)\right)_{\tau=0}^{6}=(20,0,0,0,0,0,-5)$$

试由 $(\boldsymbol{d}_0^0,\boldsymbol{d}_1^0)$ 构造出一个四电平 $(14,12)$-AZCP。

解　根据式（5-22）构造出 $(\boldsymbol{d}_0^1,\boldsymbol{d}_1^1,\boldsymbol{d}_2^1,\boldsymbol{d}_3^1)$，它是一个四电平 $(14,12)$-AZCP，即

$$\begin{bmatrix}\boldsymbol{d}_0^1\\ \boldsymbol{d}_1^1\end{bmatrix}=\begin{bmatrix}1 & 2 & 1 & 1 & -1 & 1 & 1 & -1 & 1 & -1 & 1 & 1 & -1 & -2\\ 1 & -2 & 1 & -1 & -1 & -1 & 1 & 1 & 1 & 1 & 1 & -1 & -1 & 2\end{bmatrix}$$

$$\left(C_{d_0^1}(\tau)+C_{d_1^1}(\tau)\right)_{\tau=0}^{13}=(40,0,0,0,0,0,0,0,0,0,0,0,-10,0)$$

类似地，可以得到四电平周期零相关区互补集的 3 种构造。

6.1.3　四电平零相关区互补集伴的构造

类似文献[70]互补对伴的构造，一般来说，对于一个四电平非周期 Z-互补对

$(\boldsymbol{s}_0,\boldsymbol{s}_1)$，它的伴为

$$\{c\underline{\boldsymbol{s}}_1,-c\underline{\boldsymbol{s}}_0\} \tag{6-3}$$

其中，通常 c 可取值于$\{1,-1\}$；当序列 $\boldsymbol{s}_0$ 和 $\boldsymbol{s}_1$ 的分量仅取于$\{1,-1\}$时，c 可取值于$\{1,-1,2,-2\}$；当 $\boldsymbol{s}_0$ 和 $\boldsymbol{s}_1$ 的分量仅取值于$\{2,-2\}$时，c 可取值于$\left\{1,-1,\frac{1}{2},-\frac{1}{2}\right\}$。

四电平 AZCS 伴是一个四电平 AZCP 伴的自然推广，把式（6-3）推广到四电平 AZCS，可得到一个四电平非周期 Z-互补集$(\boldsymbol{s}_0,\boldsymbol{s}_1,\cdots,\boldsymbol{s}_{2P-1})$伴为

$$\{c\underline{\boldsymbol{s}}_1,-c\underline{\boldsymbol{s}}_0,c\underline{\boldsymbol{s}}_3,-c\underline{\boldsymbol{s}}_2,\cdots,c\underline{\boldsymbol{s}}_{2P-1},-c\underline{\boldsymbol{s}}_{2P-2}\} \tag{6-4}$$

通常 c 可取值于$\{1，-1\}$；当$(\boldsymbol{s}_0,\boldsymbol{s}_1,\cdots,\boldsymbol{s}_{2P-1})$中序列的分量仅取值于$\{1,-1\}$时，$c$ 可取值于$\{1，-1,2,-2\}$；当$(\boldsymbol{s}_0,\boldsymbol{s}_1,\cdots,\boldsymbol{s}_{2P-1})$中序列的分量仅取值于$\{2,-2\}$时，$c$ 可取值于$\left\{1,-1,\frac{1}{2},-\frac{1}{2}\right\}$。

例 6-5 设$(\boldsymbol{s}_0,\boldsymbol{s}_1)$是一个四电平$(5,4)$-AZCP，即

$$\begin{bmatrix}\boldsymbol{s}_0\\ \boldsymbol{s}_1\end{bmatrix}=\begin{bmatrix}1 & 1 & 1 & 1 & -2\\ 1 & -1 & 1 & -1 & -2\end{bmatrix}$$

$$\left(C_{\boldsymbol{s}_0}(\tau)+C_{\boldsymbol{s}_1}(\tau)\right)_{\tau=0}^{4}=(16,0,0,0,-4)$$

试构造出$(\boldsymbol{s}_0,\boldsymbol{s}_1)$的两个伴，并且验证。

解 根据式（6-3），可得它的两个伴分别为

$$\begin{bmatrix}\boldsymbol{s}_0'^0\\ \boldsymbol{s}_1'^0\end{bmatrix}=\begin{bmatrix}-2 & -1 & 1 & -1 & 1\\ 2 & -1 & -1 & -1 & -1\end{bmatrix}$$

$$\begin{bmatrix}\boldsymbol{s}_0'^1\\ \boldsymbol{s}_1'^1\end{bmatrix}=\begin{bmatrix}2 & 1 & -1 & 1 & -1\\ -2 & 1 & 1 & 1 & 1\end{bmatrix}$$

下面验证$(\boldsymbol{s}_0,\boldsymbol{s}_1)$与$(\boldsymbol{s}_0'^0,\boldsymbol{s}_1'^0)$和$(\boldsymbol{s}_0,\boldsymbol{s}_1)$与$(\boldsymbol{s}_0'^1,\boldsymbol{s}_1'^1)$互为伴。

$$\left(C_{\boldsymbol{s}_0'^0}(\tau)+C_{\boldsymbol{s}_1'^0}(\tau)\right)_{\tau=0}^{6}=(16,0,0,0,-4)$$

$$\left(C_{\boldsymbol{s}_0,\boldsymbol{s}_0'^0}(\tau)+C_{\boldsymbol{s}_1,\boldsymbol{s}_1'^0}(\tau)\right)_{\tau=0}^{6}=(0,0,0,0,0)$$

$$\left(C_{\boldsymbol{s}_0'^1}(\tau)+C_{\boldsymbol{s}_1'^1}(\tau)\right)_{\tau=0}^{6}=(16,0,0,0,-4)$$

$$\left(C_{s_0,s_0'^1}(\tau)+C_{s_1,s_1'^1}(\tau)\right)_{\tau=0}^{6}=(0,0,0,0,0)$$

很多四相 AZCS 件的构造方法也适用于四电平 AZCS 件的构造。本节总结了四电平 AZCS 件的构造方法。

设 M 个互为伴的四电平 AZCS 的集合 $\{\{\boldsymbol{s}_i^0\},\{\boldsymbol{s}_i^1\},\cdots,\{\boldsymbol{s}_i^m\},\cdots,\{\boldsymbol{s}_i^{M-1}\}\}$，其中 $i=0,1,2,\cdots,P-1$，每个件是一个四电平 (N,P,Z)-AZCS，它的矩阵表示为

$$\mathbf{FZCS}_{P,N}^{M,Z}=\begin{bmatrix}\boldsymbol{s}_0^0 & \boldsymbol{s}_0^1 & \cdots & \boldsymbol{s}_0^{M-1}\\ \boldsymbol{s}_1^0 & \boldsymbol{s}_1^1 & \cdots & \boldsymbol{s}_1^{M-1}\\ \vdots & \vdots & \vdots & \vdots\\ \boldsymbol{s}_{P-1}^0 & \boldsymbol{s}_{P-1}^1 & \cdots & \boldsymbol{s}_{P-1}^{M-1}\end{bmatrix}$$

其中，$\{\boldsymbol{s}_i^m\}=\{\boldsymbol{s}_0^m,\boldsymbol{s}_1^m,\cdots,\boldsymbol{s}_{P-1}^m\}\,(m=0,1,\cdots,M-1)$ 是四电平 AZCS，它对应上面矩阵的一个列，在该矩阵中列与列之间对应子序列的非周期互相关函数和为零。类似 5.4.2 节中的四相 AZCS 件的 3 种构造，只需把式中的 $\mathbf{QZCS}_{P,N}^{M,Z}$ 换成 $\mathbf{FZCS}_{P,N}^{M,Z}$，就可以得到四电平 AZCS 件的 3 种构造。

1．四电平非周期 Z-互补集伴的第一种构造

四相 AZCS 件的第一构造也适用于四电平 AZCS 件的构造，即对于给定的一个四电平 AZCS 件的集合 $\mathbf{FZCS}_{P,N}^{M,Z}$，由式（5-24）构造出另一个四电平 AZCS 件的集合 $\mathbf{FZCS}_{2P,2N}^{2M,Z}$。给出一个例子如下。

例 6-6　设 $\mathbf{FZCS}_{2,3}^{2,2}$ 是两个互为伴的四电平 AZCS 的集合，每个伴包含两个四电平序列，每个序列长度为 3，零相关区长度为 2，即

$$\mathbf{FZCS}_{2,3}^{2,2}=\begin{bmatrix}1,1,2; & 2,-1,2\\ 1,-1,2; & -1,-1,2\end{bmatrix}$$

试用 $\mathbf{FZCS}_{2,3}^{2,2}$ 构造出一个 $\mathbf{FZCS}_{4,6}^{4,2}$。

解　由式（5-24）构造出 $\mathbf{FZCS}_{4,6}^{4,2}$，它是 4 个互为伴的四电平 AZCS 的集合，每个伴包含 4 个四电平序列，每个序列长度为 6，零相关区长度为 2，即

$$\mathbf{FZCS}_{4,6}^{4,2}=$$
$$\begin{bmatrix}1,1,2,1,1,2; & 2,-1,1,2,-1,1; & -1,-1,-2,1,1,2; & -2,1,-1,2,-1,1\\ 1,-1,2,1,-1,2; & -1,-1,-2,-1,-1,-2; & -1,1,-2,1,-1,2; & 1,1,2,-1,-1,-2\\ -1,-1,-2,1,1,2; & -2,1,-1,2,-1,1; & 1,1,2,1,1,2; & 2,-1,1,2,-1,1\\ -1,1,-2,1,-1,2; & 1,1,2,-1,-1,-2; & 1,-1,2,1,-1,2; & -1,-1,-2,-1,-1,-2\end{bmatrix}$$

2．四电平非周期 Z-互补集伴的第二种构造

四相 AZCS 伴的第二种构造也适用于四电平 AZCS 伴的构造，即对于给定的一个四电平 AZCS 伴的集合 $\mathbf{FZCS}_{P,N}^{M,Z}$，可以由式(5-25)构造出另一个四电平 AZCS 伴的集合 $\mathbf{FZCS}_{2P,2N}^{2M,2Z}$，给出一个例子如下。

例 6-7 设 $\mathbf{FZCS}_{2,3}^{2,2}$ 是例 6-6 中的四电平 AZCS 伴的集合。试用 $\mathbf{FZCS}_{2,3}^{2,2}$ 构造出 $\mathbf{FZCS}_{4,6}^{4,4}$。

解 由式（5-25）构造出 $\mathbf{FZCS}_{4,6}^{4,4}$，它是 4 个互为伴的四电平 AZCS 的集合，每个伴包含 4 个四电平序列，每个序列长度为 6，零相关区长度为 4，即

$$\mathbf{FZCS}_{4,6}^{4,2}=$$

$$\begin{bmatrix} 1,1,1,1,1,2,2; & 2,2,-1,-1,1,1; & -1,1,-1,1,-2,2; & -2,2,1,-1,-1,1 \\ 1,1,-1,-1,2,2; & -1,-1,-1,-1,-2,-2; & -1,1,1,-1,-2,2; & 1,-1,1,-1,2,-2 \\ -1,1,-1,1,-2,2; & -2,2,1,-1,-1,1; & 1,1,1,1,1,2,2; & 2,2,-1,-1,1,1 \\ -1,1,1-1,-2,2; & 1,-1,1,-1,2,-2; & 1,1,-1,-1,2,2; & -1,-1,-1,-1,-2,-2 \end{bmatrix}$$

3．四电平非周期 Z-互补集伴的第三种构造

四相 AZCS 伴的第三种构造也适用于四电平 AZCS 伴的构造，即对于给定的一个四电平 AZCS 伴的集合 $\mathbf{FZCS}_{2P,N}^{M,Z}$，由式（5-22）构造出另一个四电平 AZCS 伴的集合 $\mathbf{FZCS}_{2P,2N}^{M,2Z}$。给出一个例子如下。

例 6-8 设 $\mathbf{FZCS}_{2,5}^{2,4}$ 是两个互为伴的四电平 AZCS 的集合，每个伴包含两个四电平序列，每个序列长度为 5，零相关区长度为 4，即

$$\mathbf{FZCS}_{2,5}^{2,2}=\begin{bmatrix} 1,1,1,1,-2; & -2,-1,1,-1,1 \\ 1,-1,1,-1,-2; & 2,-1,-1,-1,-1 \end{bmatrix}$$

试用 $\mathbf{FZCS}_{2,5}^{2,4}$ 构造出一个 $\mathbf{FZCS}_{2,10}^{2,8}$。

解 由式（5-22）构造出 $\mathbf{FZCS}_{2,10}^{2,8}$，它是两个互为伴的四电平 AZCS 的集合，每个伴包含两个四电平序列，每个序列长度为 10，零相关区长度为 8，即

$$\mathbf{FZCS}_{2,10}^{2,8}=\begin{bmatrix} 1,1,1,-1,1,1,1,-1,-2,-2; & -2,2,-1,-1,1,-1,-1,-1,1,-1 \\ 1,-1,1,1,1,-1,1,1,-2,2; & -2,-2,-1,1,1,1,-1,1,1,1 \end{bmatrix}$$

类似地，可以得到四电平周期零相关区互补集伴的 3 种构造。

6.2 三进制零相关区互补序列

字符集$\{-1,0,1\}$上的序列称为三进制序列，具有少量零分量的三进制完备序列

可以参考文献[177]。本节阐述三进制非周期 Z-互补集（AZCS），它是三进制互补集的推广[176]。首先阐述三进制序列及其零相关区互补对的初等变换，其次阐述三进制 AZCS 的构造，最后阐述三进制 AZCS 伴的构造。

6.2.1　三进制序列及其零相关区互补对的初等变换

定义 6-3（三进制非周期零相关区互补集）　设含有 P 个长度为 N 三进制序列的集合 $\boldsymbol{A}=\{\boldsymbol{a}_0,\boldsymbol{a}_1,\cdots,\boldsymbol{a}_{P-1}\}$，若满足

$$\sum_{i=0}^{P-1}C_{\boldsymbol{a}_i}(\tau)=\begin{cases}NP, & \tau=0\\ 0, & 0<\tau<Z\end{cases} \tag{6-5}$$

则称 $\boldsymbol{A}$ 为一个三进制非周期零相关区互补集，简称三进制非周期 Z-互补集，记为三进制 (N,P,Z)-AZCS，其中 Z 表示零相关区长度。当 $P=2$ 时，式（6-5）的定义就简化为三进制非周期 Z-序列对的定义，记为三进制 (N,Z)-AZCP。

定义 6-4（三进制非周期零相关区互补集伴）　设 $\boldsymbol{A}=\{\boldsymbol{a}_0,\boldsymbol{a}_1,\cdots,\boldsymbol{a}_{P-1}\}$ 和 $\boldsymbol{B}=\{\boldsymbol{b}_0,\boldsymbol{b}_1,\cdots,\boldsymbol{b}_{P-1}\}$ 是两个三进制 (N,P,Z)-AZCS，若满足

$$\sum_{i=0}^{P-1}C_{\boldsymbol{a}_i,\boldsymbol{b}_i}(\tau)=0,0\leqslant\tau<Z \tag{6-6}$$

则这两个三进制非周期 Z-互补集 $\boldsymbol{A}$ 和 $\boldsymbol{B}$ 相互称为伴。当 $P=2$ 时，式（6-6）的定义就简化为三进制非周期 Z-序列对的伴定义。

类似地，可以得到三进制周期零相关区互补集及其伴的定义。

类似于定理 6-1，有关三进制序列的初等变换的定理叙述如下。

定理 6-3　设 $\boldsymbol{a}=(a_0,a_1,\cdots,a_{N-1})$ 是长度为 N 的三进制序列，下列三进制序列变换后仍然保持变换前序列的非周期自相关函数。

（1）倒序变换，即 $a_n\to a_{N-n-1}\ (n=0,1,2,\cdots,N-1)$，记为 $\underline{a}$。

（2）数乘变换，即 $a_n\to ca_n\ (c\in\{1,-1\},n=0,1,2,\cdots,N-1)$，记为 ca。

若一个三进制序列进行上述变换后，仍然保持原来的非周期自相关函数，这样的三进制序列变换被称为三进制序列的初等变换。一个三进制序列经过有限次数的初等变换后，变成另一个三进制序列，它们非周期自相关函数相同，称这两个序列是关于非周期自相关函数等价。

基于定理 6-3，并且类似于定理 6-2，给出三进制非周期零相关区互补对的初等变换的定理如下。

定理 6-4　设 $(\boldsymbol{s}_0,\boldsymbol{s}_1)$ 是一个三进制 (N,Z)-AZCP，其中 $\boldsymbol{s}_n=(s_{n,0},s_{n,1},\cdots,s_{n,N-1})$，$n=0,1$，下列变换产生的序列对仍然是三进制 (N,Z)-AZCP。

（1）交换变换，即交换两个子序列的顺序，如 $(\boldsymbol{s}_0,\boldsymbol{s}_1)\to(\boldsymbol{s}_1,\boldsymbol{s}_0)$。

（2）倒序变换，即对任意一个子序列进行倒序变换，如$(\boldsymbol{s}_0,\boldsymbol{s}_1)\rightarrow(\underline{\boldsymbol{s}}_0,\boldsymbol{s}_1)$。

（3）数乘变换，即$c(c\in\{1,-1\})$乘以三进制(N,Z)-AZCP中的任意一个子序列，如$(\boldsymbol{s}_0,\boldsymbol{s}_1)\rightarrow(\boldsymbol{s}_0,c\boldsymbol{s}_1)$。

（4）交替取负变换，即两个子序列中分量交替取负，如$\boldsymbol{s}_0$和$\boldsymbol{s}_1$的奇数位置上的分量变为它的负元素，偶数位置上的分量不变，所得三进制 AZCP 表示为$(\utilde{\boldsymbol{s}}_0,\utilde{\boldsymbol{s}}_1)$，即$(\boldsymbol{s}_0,\boldsymbol{s}_1)\rightarrow(\utilde{\boldsymbol{s}}_0,\utilde{\boldsymbol{s}}_1)$。

若一个三进制 AZCP 进行上述变换后，仍然保持原来的三进制非周期 Z-互补性，这样的三进制 AZCP 的变换称为三进制 AZCP 的初等变换。上述三进制 AZCP 的初等变换后，所得的一个新的三进制序列对仍然保持原来的三进制非周期 Z-互补性，其原因如下。三进制序列集$\{\boldsymbol{s}_0,\underline{\boldsymbol{s}}_0,-\boldsymbol{s}_0,-\underline{\boldsymbol{s}}_0\}$中的每个序列都具有相同的非周期自相关函数，三进制序列集$\{\boldsymbol{s}_1,\underline{\boldsymbol{s}}_1,-\boldsymbol{s}_1,-\underline{\boldsymbol{s}}_1\}$中的每个序列也都具有相同的非周期自相关函数。虽然$\utilde{\boldsymbol{s}}_0$和$\boldsymbol{s}_0$、$\utilde{\boldsymbol{s}}_1$和$\boldsymbol{s}_1$的非周期自相关函数不同，但可以由$C_{\boldsymbol{s}_0}(\tau)+C_{\boldsymbol{s}_1}(\tau)=0$导出$C_{\utilde{\boldsymbol{s}}_0}(\tau)+C_{\utilde{\boldsymbol{s}}_1}(\tau)=0$。因此，一个三进制 AZCP 经过有限次数的初等变换后，所得的序列对仍然是一个三进制 AZCP。

类似地，可以得到三进制周期 Z-互补对的初等变换。

对一个三进制 AZCP，进行有限次三进制 AZCP 的初等变换后，得到一个新的三进制 AZCP，则称这两个三进制 AZCP 是等价的。所有等价的三进制 AZCP 形成一个等价类，这个三进制 AZCP 的等价类中任意选择的一个元素称为这个等价类的代表，因此，对于给定的序列长度，用等价类的代表的集合能够描述这个长度的三进制 AZCP。

经过计算机搜索得到序列长度$N\leqslant 10$的三进制 AZCP 的代表、最大零相关区长度$Z_{\max}$与自相关函数和，如表 6-3 所示。表 6-3 中，两个子序列用分号隔开。由表 6-3 可以猜想，对于序列长度N，三进制非周期 Z-互补对的$Z_{\max}$满足$N-1\leqslant Z_{\max}\leqslant N$。再经过计算机搜索可得，对于序列长度$N\leqslant 10$且$Z_{\max}=N-1$，三进制 AZCP 和三进制非周期互补对的个数如表 6-4 所示。由表 6-4 可知，对于序列长度N，三进制非周期互补对的个数少于$Z_{\max}=N-1$的三进制 AZCP 的个数。

表 6-3　三进制 AZCP 的代表及其自相关函数和

N	$Z_{\max}$	三进制 AZCP 的代表	自相关函数和
3	2	(1,1,−1; 1,0,−1)	(5,0,2)
4	3	(1,1,1,−1; 1,−1,0,0)	(6,0,0,−1)
5	4	(1,1,1,−1,1; 1,1,0,−1,1)	(9,0,0,0,2)
6	5	(1,1,0,−1,1,−1; 1,0,1,1,0,−1)	(9,0,0,0,0,−2)
7	6	(1,1,1,1,−1,1,−1; 1,1,−1,−1,1,0,0)	(12,0,0,0,0,0,−1)
8	7	(1,1,1,1,−1,0,−1,1; 1,1,0,−1,1,1,−1,1)	(14,0,0,0,0,0,0,2)
9	8	(1,1,1,1,1,−1,−1,0,1; 1,−1,1,−1,1,1,−1,0,1)	(18,0,0,0,0,0,0,0,2)
10	9	(1,1,1,0,0,1,−1,−1,1,0; 1,1,−1,−1,0,−1,1,−1,0,−1)	(15,0,0,0,0,0,0,0,0,−1)

表 6-4　三进制 AZCP 和三进制非周期互补对的比较

N	三进制非周期互补对的个数	$Z_{max}=N-1$ 的三进制 AZCP 的个数
3	49	125
4	140	258
5	335	787
6	762	1 184
7	1 613	2 889
8	3 256	4 318
9	6 283	9 023
10	11 526	12 668

6.2.2　三进制零相关区互补集的构造

5.4.1 节中的四相 AZCS 的 3 种构造同样适用于三进制 AZCS。本节总结了三进制 AZCS 的构造方法，并给出了相应示例。从序列长度较短的三进制 AZCS 开始，构造序列长度更长的三进制 AZCS，所得到的三进制 AZCS 保持了原有的三进制非周期 Z-互补性，甚至比原有三进制非周期 Z-互补性更优越。

1．三进制非周期 Z-互补集的第一种构造

四相 AZCS 的第一种构造也适用于三进制 AZCS，即对于给定的一个三进制 AZCS，由式（5-20）构造出另一个三进制 AZCS，给出一个例子如下。

例 6-9　给定一个三进制 $(5,4,4)$-AZCS 的代表 $\{\boldsymbol{a}_0,\boldsymbol{a}_1,\boldsymbol{a}_2,\boldsymbol{a}_3\}$，即

$$\begin{bmatrix}\boldsymbol{a}_0\\\boldsymbol{a}_1\\\boldsymbol{a}_2\\\boldsymbol{a}_3\end{bmatrix}=\begin{bmatrix}1&1&1&-1&1\\1&1&0&-1&1\\-1&-1&0&1&-1\\-1&1&-1&-1&-1\end{bmatrix}$$

$$\left(C_{\boldsymbol{a}_0}(\tau)+C_{\boldsymbol{a}_1}(\tau)+C_{\boldsymbol{a}_2}(\tau)+C_{\boldsymbol{a}_3}(\tau)\right)_{\tau=0}^{4}=(18,0,0,0,4)$$

试用 $\{\boldsymbol{a}_0,\boldsymbol{a}_1,\boldsymbol{a}_2,\boldsymbol{a}_3\}$ 构造一个三进制 $(10,4,4)$-AZCS。

解　由式（5-20）构造出一个三进制 $(10,4,4)$-AZCS，即

$$\begin{bmatrix}\boldsymbol{b}_0\\\boldsymbol{b}_1\\\boldsymbol{b}_2\\\boldsymbol{b}_3\end{bmatrix}=\begin{bmatrix}1&1&1&-1&1&1&1&0&-1&1\\1&1&1&-1&1&-1&-1&0&1&-1\\-1&-1&0&1&-1&-1&1&-1&-1&-1\\-1&-1&0&1&-1&1&-1&1&1&1\end{bmatrix}$$

$$\left(C_{\boldsymbol{b}_0}(\tau)+C_{\boldsymbol{b}_1}(\tau)+C_{\boldsymbol{b}_2}(\tau)+C_{\boldsymbol{b}_3}(\tau)\right)_{\tau=0}^{9}=(36,0,0,0,8,0,0,0,0,0)$$

2．三进制非周期 Z-互补集的第二种构造

四相 AZCS 的第二种构造也同样适用于三进制 AZCS，具体地说，设 $(\boldsymbol{a}_0,\boldsymbol{a}_1)$ 是一个三进制 (N_1,Z_1)-AZCP，其伴为 $(\boldsymbol{a}_0',\boldsymbol{a}_1')$，再设 $\{\boldsymbol{b}_0,\boldsymbol{b}_1,\cdots,\boldsymbol{b}_{2P-1}\}$ 是一个三进制 $(N_2,2P,Z_2)$-AZCS，通过式（5-21）构造出另一个三进制序列集 $\{\boldsymbol{t}_0,\boldsymbol{t}_1,\cdots,\boldsymbol{t}_{2P-1}\}$，它是一个三进制 $(2N_1N_2,2P,Z)$-AZCS，给出一个例子如下。

例 6-10 设 $(\boldsymbol{a}_0,\boldsymbol{a}_1)$ 是一个序列长度为 3 的三进制非周期互补对，即

$$\begin{bmatrix}\boldsymbol{a}_0\\\boldsymbol{a}_1\end{bmatrix}=\begin{bmatrix}1&1&-1\\1&0&1\end{bmatrix}$$

它的伴为 $(\boldsymbol{a}_0',\boldsymbol{a}_1')$，即

$$\begin{bmatrix}\boldsymbol{a}_0'\\\boldsymbol{a}_1'\end{bmatrix}=\begin{bmatrix}1&0&1\\1&-1&-1\end{bmatrix}$$

再设 $\{\boldsymbol{b}_0,\boldsymbol{b}_1,\boldsymbol{b}_2,\boldsymbol{b}_3\}$ 是一个三进制 $(5,4,4)$-AZCS，即

$$\begin{bmatrix}\boldsymbol{b}_0\\\boldsymbol{b}_1\\\boldsymbol{b}_2\\\boldsymbol{b}_3\end{bmatrix}=\begin{bmatrix}1&1&1&-1&1\\1&1&0&-1&1\\-1&-1&0&1&-1\\-1&1&-1&-1&-1\end{bmatrix}$$

$$\left(C_{\boldsymbol{b}_0}(\tau)+C_{\boldsymbol{b}_1}(\tau)+C_{\boldsymbol{b}_2}(\tau)+C_{\boldsymbol{b}_3}(\tau)\right)_{\tau=0}^{4}=(18,0,0,0,4)$$

由此构造一个三进制 $(30,4,12)$-AZCS。

解 由式（5-21）构造出 $(\boldsymbol{t}_0,\boldsymbol{t}_1,\boldsymbol{t}_2,\boldsymbol{t}_3)$，它是一个三进制 $(30,4,12)$-AZCS，即

$$\boldsymbol{t}_0=(1,1,-1,1,1,-1,1,1,-1,-1,-1,1,1,1,-1,1,0,1,1,0,1,0,0,0,-1,0,-1,1,0,1)$$

$$\boldsymbol{t}_1=(1,0,1,1,0,1,1,0,1,-1,0,-1,1,0,1,1,-1,-1,1,-1,-1,0,0,0,-1,1,1,1,-1,-1)$$

$$\boldsymbol{t}_2=(-1,-1,1,-1,-1,1,0,0,0,1,1,-1,-1,-1,1,-1,0,-1,1,0,1,-1,0,-1,-1,0,-1,-1,0,-1)$$

$$\boldsymbol{t}_3=(-1,0,-1,-1,0,-1,0,0,0,1,0,1,-1,0,-1,-1,1,1,1,-1,-1,-1,1,1,-1,1,1,-1,1,1)$$

$$\left(C_{\boldsymbol{t}_0}(\tau)+C_{\boldsymbol{t}_1}(\tau)+C_{\boldsymbol{t}_2}(\tau)+C_{\boldsymbol{t}_3}(\tau)\right)_{\tau=0}^{29}=$$
$$(90,0,0,0,0,0,0,0,0,0,0,0,20,0,0,0,0,0,0,0,0,0,0,0,0,0,0,0,0,0)$$

3．三进制非周期 Z-互补集的第三种构造

四相 AZCS 的第三种构造也适用于三进制 AZCS，即对于给定的一个三进制

AZCS，由式（5-22）构造出另一个三进制 AZCS，而且最大零相关区长度增长一倍。给出一个例子如下。

例 6-11　设 $(\boldsymbol{d}_0^0,\boldsymbol{d}_1^0,\boldsymbol{d}_2^0,\boldsymbol{d}_3^0)$ 是一个三进制 $(7,4,6)$-AZCS，即

$$\begin{bmatrix}\boldsymbol{d}_0^0\\ \boldsymbol{d}_1^0\\ \boldsymbol{d}_2^0\\ \boldsymbol{d}_3^0\end{bmatrix}=\begin{bmatrix}1&1&1&1&-1&1&-1\\ 1&1&-1&-1&1&0&0\\ 1&1&1&1&-1&0&1\\ 1&0&-1&-1&1&-1&1\end{bmatrix}$$

$$\left(C_{\boldsymbol{d}_0^0}(\tau)+C_{\boldsymbol{d}_1^0}(\tau)+C_{\boldsymbol{d}_2^0}(\tau)+C_{\boldsymbol{d}_3^0}(\tau)\right)_{\tau=0}^{6}=(24,0,0,0,0,0,1)$$

试用 $(\boldsymbol{d}_0^0,\boldsymbol{d}_1^0,\boldsymbol{d}_2^0,\boldsymbol{d}_3^0)$ 构造一个三进制 $(14,4,12)$-AZCS。

解　根据式（5-22）构造出 $(\boldsymbol{d}_0^1,\boldsymbol{d}_1^1,\boldsymbol{d}_2^1,\boldsymbol{d}_3^1)$，它是一个三进制 $(14,4,12)$-AZCS，即

$$\begin{bmatrix}\boldsymbol{d}_0^1\\ \boldsymbol{d}_1^1\\ \boldsymbol{d}_2^1\\ \boldsymbol{d}_3^1\end{bmatrix}=\begin{bmatrix}1&1&1&1&1&-1&1&-1&-1&1&1&0&-1&0\\ 1&-1&1&-1&1&1&1&1&-1&-1&1&0&-1&0\\ 1&1&1&0&1&-1&1&-1&-1&1&0&-1&1&1\\ 1&-1&1&0&1&1&1&1&-1&-1&0&1&1&-1\end{bmatrix}$$

$$\left(C_{\boldsymbol{d}_0^1}(\tau)+C_{\boldsymbol{d}_1^1}(\tau)+C_{\boldsymbol{d}_2^1}(\tau)+C_{\boldsymbol{d}_3^1}(\tau)\right)_{\tau=0}^{13}=(48,0,0,0,0,0,0,0,0,0,0,0,2,0)$$

类似地，可以得到三进制周期 Z-互补集的 3 种构造。

6.2.3　三进制零相关区互补集伴的构造

很多四相 AZCS 伴的构造方法也适用于三进制 AZCS 伴的构造，本节总结了三进制 AZCS 伴的构造方法。

设 M 个互为伴的三进制 AZCS 的集合 $\{\{\boldsymbol{s}_i^0\},\{\boldsymbol{s}_i^1\},\cdots,\{\boldsymbol{s}_i^m\},\cdots,\{\boldsymbol{s}_i^{M-1}\}\}$，其中 $i=0,1,2,\cdots,P-1$，每个伴是一个 (N,P,Z)-AZCS，它的矩阵表示为

$$\mathbf{TZCS}_{P,N}^{M,Z}=\begin{bmatrix}\boldsymbol{s}_0^0&\boldsymbol{s}_0^1&\cdots&\boldsymbol{s}_0^{M-1}\\ \boldsymbol{s}_1^0&\boldsymbol{s}_1^1&\cdots&\boldsymbol{s}_1^{M-1}\\ \vdots&\vdots&\vdots&\vdots\\ \boldsymbol{s}_{P-1}^0&\boldsymbol{s}_{P-1}^1&\cdots&\boldsymbol{s}_{P-1}^{M-1}\end{bmatrix}$$

其中，$\{\boldsymbol{s}_i^m\}=\{\boldsymbol{s}_0^m,\boldsymbol{s}_1^m,\cdots,\boldsymbol{s}_{P-1}^m\}\ (m=0,1,\cdots,M-1)$ 是三进制 AZCS，它对应矩阵 $\mathbf{TZCS}_{P,N}^{M,Z}$ 的一个列，在该矩阵中列与列之间对应子序列的非周期互相关函数和为零。类似 5.4.2 小节中的四相 AZCS 伴的 3 种构造，只需把式中的 $\mathbf{QZCS}_{P,N}^{M,Z}$ 换成 $\mathbf{TZCS}_{P,N}^{M,Z}$，就可以得到三进制 AZCS 伴的 3 种构造。

1．三进制非周期 Z-互补集伴的第一种构造

四相 AZCS 伴的第一种构造也适用于三进制 AZCS 伴的构造，即对于给定的一个 AZCS 伴的集合 $\mathbf{TZCS}_{P,N}^{M,Z}$，由式（6-7）构造出另一个三进制 AZCS 伴的集合 $\mathbf{TZCS}_{2P,2N}^{2M,Z}$，它是 $2M$ 个互为伴的三进制 AZCS 的集合，每个伴是一个三进制 $(2N,2P,Z)$-AZCS。

$$\mathbf{TZCS}_{2P,2N}^{2M,Z}=\begin{bmatrix}\mathbf{TZCS}_{P,N}^{M,Z}\ \mathbf{TZCS}_{P,N}^{M,Z} & -\mathbf{TZCS}_{P,N}^{M,Z}\ \mathbf{TZCS}_{P,N}^{M,Z}\\ -\mathbf{TZCS}_{P,N}^{M,Z}\ \mathbf{TZCS}_{P,N}^{M,Z} & \mathbf{TZCS}_{P,N}^{M,Z}\ \mathbf{TZCS}_{P,N}^{M,Z}\end{bmatrix} \tag{6-7}$$

其中，$-\mathbf{TZCS}_{P,N}^{M,Z}\ \mathbf{TZCS}_{P,N}^{M,Z}$ 中第 n 个子序列是 $-\mathbf{TZCS}_{P,N}^{M,Z}$ 中第 n 个子序列和 $\mathbf{TZCS}_{P,N}^{M,Z}$ 中第 n 个子序列的级联，$0\leqslant n\leqslant MP-1$；$-\mathbf{TZCS}_{P,N}^{M,Z}$ 表示 $\mathbf{TZCS}_{P,N}^{M,Z}$ 对应位置上负序列形成的矩阵。从 $\mathbf{TZCS}_{P,N}^{M,Z}$ 开始，连续使用式（6-7）r 次，可得 $\mathbf{TZCS}_{2^r P,2^r N}^{2^r M,Z}$，它是 $2^r M$ 个互为伴的三进制 AZCS 的集合，每个伴是一个三进制 $(2^r N,2^r P,Z)$-AZCS。

2．三进制非周期 Z-互补集伴的第二种构造

四相 AZCS 伴的第二种构造也适用于三进制 AZCS 伴的构造，即对于给定的一个三进制 AZCS 伴的集合 $\mathbf{TZCS}_{P,N}^{M,Z}$，由式（6-8）构造出另一个三进制 AZCS 伴的集合 $\mathbf{TZCS}_{2P,2N}^{2M,2Z}$，它是 $2M$ 个互为伴的三进制 AZCS 的集合，每个伴是一个三进制 $(2N,2P,2Z)$-AZCS。

$$\mathbf{TZCS}_{2P,2N}^{2M,2Z}=\begin{bmatrix}I(\mathbf{TZCS}_{P,N}^{M,Z},\mathbf{TZCS}_{P,N}^{M,Z}) & I(\mathbf{TZCS}_{P,N}^{M,Z},\mathbf{TZCS}_{P,N}^{M,Z})\\ I(-\mathbf{TZCS}_{P,N}^{M,Z},\mathbf{TZCS}_{P,N}^{M,Z}) & I(\mathbf{TZCS}_{P,N}^{M,Z},\mathbf{TZCS}_{P,N}^{M,Z})\end{bmatrix} \tag{6-8}$$

其中，$I(-\mathbf{TZCS}_{P,N}^{M,Z},\mathbf{TZCS}_{P,N}^{M,Z})$ 中第 n 个子序列是 $-\mathbf{TZCS}_{P,N}^{M,Z}$ 中第 n 个子序列和 $\mathbf{TZCS}_{P,N}^{M,Z}$ 中第 n 个子序列按位交织得到的，$0\leqslant n\leqslant MP-1$。从 $\mathbf{TZCS}_{P,N}^{M,Z}$ 开始，连续使用式（6-8）r 次，可得 $\mathbf{TZCS}_{2^r P,2^r N}^{2^r M,2^r Z}$，它是 $2^r M$ 个互为伴的三进制 AZCS 的集合，每个伴是一个三进制 $(2^r N,2^r P,2^r Z)$-AZCS。

3．三进制非周期 Z-互补集伴的第三种构造

四相 AZCS 伴的第三种构造也适用于三进制 AZCS 伴的构造，即对于给定的一个三进制 AZCS 伴的集合 $\mathbf{TZCS}_{2P,N}^{M,Z}$，由式（5-22）构造出另一个三进制 AZCS 伴的集合 $\mathbf{TZCS}_{2P,2N}^{M,2Z}$，它是 M 个互为伴的三进制 AZCS 的集合，每个伴是一个三进制 $(2N,2P,2Z)$-AZCS。从 $\mathbf{TZCS}_{2P,N}^{M,Z}$ 开始，连续使用式（5-22）r 次，可得 $\mathbf{TZCS}_{2P,2^r N}^{M,2^r Z}$，它是 M 个互为伴的三进制 AZCS 的集合，每个伴是一个三进制 $(2^r N,2P,2^r Z)$-AZCS。

类似地，可以得到三进制周期零相关区互补集伴的 3 种构造。

6.3　本章小结

本章首先阐述了四电平非周期 Z-互补序列，给出了四电平 AZCS 及其伴的定义，阐述了四电平 AZCP 的初等变换，通过计算机搜索，得到了序列长度小于或等于 9 的四电平 AZCP 的代表及其自相关函数和；比较了二进制 AZCP、四相 AZCP 和四电平 AZCP，结果表明，一般来说，序列长度相同的条件下，四电平 AZCP 和四相 AZCP 的最大零相关区 Z_{max} 都比二进制 AZCP 的最大零相关区要长；给出了四电平 AZCS 及其伴的构造，并给了相应的实例。其次，阐述了三进制非周期 Z-互补序列，给出了三进制 AZCS 及其伴的定义，阐述了三进制 AZCP 的初等变换，通过计算机搜索，得到了序列长度小于或等于 10 的三进制 AZCP 的代表及其自相关函数和；比较了三进制 AZCP 和三进制非周期互补对，结果表明，就数量而言，三进制 AZCP 优于相同长度的三进制非周期互补对，给出了三进制 AZCS 及其伴的构造。

第7章 二值周期互补序列

完备序列，即具有零周期自相关旁瓣的序列，在无线通信和雷达传感中具有广泛应用，如扩频通信、信道估计、同步和目标检测或测距[70]。低复杂度的数字实现需要各种长度的小字符集上的完备序列。然而，它们被限制在一些较短的长度内，如二进制和四相完备序列[178]，以及具有少数零分量的三进制完备序列[177]。虽然各种长度的多相完备序列广泛存在，但是，正如 Mow[80]推测的那样，多相完备序列的长度也受到它的字符集大小的限制。解决这一难题的方法是考虑序列对或序列集的自相关函数和，即用一种序列合作的方式设计序列。具体来说，设计具有零异相周期自相关函数和且尽可能长的序列对，其序列的字符集大小尽可能小，这种序列对称为周期互补对（PCP）。PCP 的推广称为周期互补集（PCS），它具有两个或多个子序列，并且具有零异相周期自相关函数和[91,147]。注意到，PCP 对应着非周期互补对，它称为 Golay 互补对[84]。本节只关注二值字符集上的 PCP 和 PCS 构造。Bomer 等[91]指出了二进制 PCS 和某些差族（DF）之间的等价性。Arasu 等[156]发现了二进制 PCP 的一个必要条件，并证明长度为 36 的 PCP 不存在。1976 年，Yang[179]证明不存在长度为 18 的二进制 PCP。Dokovic 等[158,180-181]发现了长度为 34、50、74、122、164、202、226 的二进制 PCP。对于二进制 PCP，已找到的 100 以内的长度有 2、4、8、10、16、20、26、32、34、40、50、52、58、64、68、72、74、80、82，而长度为 90 的二进制 PCP 目前还不能确定是否存在[181]。本章将给出了一种新的变换，它能够从某些差族中产生二值字符集上的 PCP，这种变换是 1992 年提出的 Golomb 变换[72]的推广。

本章内容是在文献[116]基础上撰写的，首先给出一般二值字符集上的 PCS；其次，给出两个特殊情形下的二值字符集上的 PCS，即二实值字符集上的 PCS 和二复值字符集上的 PCS；最后，重点讨论这两个特殊的二值字符集上的 PCP，即基于两个基的差族构造字符集 $\{1,-c\}$ 和 $\{1,\mathrm{e}^{\mathrm{i}\theta}\}$ 上的二值 PCP，给出了字符集 $\{1,-c\}$ 和 $\{1,\mathrm{e}^{\mathrm{i}\theta}\}$ 上的二值 PCP 的系统构造。

7.1　二值周期互补集

本节首先给出一般二值字符集上的 PCS，其次给出两种特殊情形下的二值字符集上的 PCS，即二实值字符集上的 PCS 和二复值字符集上的 PCS。

7.1.1　二值字符集上的周期互补集

把 2.4.1 节中的二进制序列支撑集进行推广，得到一般二值字符集上的序列支撑集。设含有 k 元素的集合 X，且 $X \subseteq Z_n$，通过式（7-1）所示映射，可以构造出序列 $\boldsymbol{a}=(a_0, a_1, \cdots, a_{N-1})$。

$$a_u=\begin{cases}\alpha, u \in X \\ \beta, u \notin X\end{cases} \tag{7-1}$$

其中，$u \in \{0,1,\cdots,N-1\}$，X 称为字符集 $\{\alpha,\beta\}$ 上序列 $\boldsymbol{a}$ 的支撑集，序列 $\boldsymbol{a}$ 称为集合 X 的特征序列。根据式（7-1），序列 $\boldsymbol{a}$ 含有 k 个分量 α。由于二值字符集上序列 $\boldsymbol{a}$ 的长度为 N，因此序列 $\boldsymbol{a}$ 含有 $N-k$ 个分量 β。根据式（2-16）和式（2-17），序列 $\boldsymbol{a}$ 的周期自相关函数（ACF）可以写为

$$R_{\boldsymbol{a}}(\tau)=\sum_{n=0}^{N-1} a_n a_{n+\tau}^* = \left\langle \boldsymbol{a}, L^\tau \boldsymbol{a} \right\rangle, 0 \leqslant \tau \leqslant N-1 \tag{7-2}$$

其中，$L^\tau \boldsymbol{a}$ 表示对序列 $\boldsymbol{a}$ 的每一个分量向左循环移动 τ 位。于是得到

$$R_{\boldsymbol{a}}(0)=k|\alpha|^2+(N-k)|\beta|^2 \tag{7-3}$$

序列 $\boldsymbol{a}$ 的第 j 个分量与它的移位序列 $L^\tau \boldsymbol{a}$ 的第 $(N-\tau+j)\ (\mathrm{mod}\ N)$ 的分量相同。因此，如果序列 $\boldsymbol{a}$ 的支撑集为集合 X，则 $L^\tau \boldsymbol{a}$ 的支撑集为

$$Y_\tau=((N-\tau)+X)\ (\mathrm{mod}\ N) \tag{7-4}$$

为了方便对上述内容和下文中引理 7-1 证明的理解，下面给出一个实例。

例 7-1　设 $X=\{0,1,2,4\} \subseteq Z_8$，即 $N=8$，$k=4$，求以 X 为支撑集的序列 $\boldsymbol{a}$ 的周期自相关函数值 $R_{\boldsymbol{a}}(2)$。

解　对于时延 $\tau=2$，可得

$$Y_\tau=\{6,7,0,2\} \subseteq Z_8$$

及

$$R_{\boldsymbol{a}}(2)=\sum_{u=0}^{7} a_u a_{u+2}^* \tag{7-5}$$

由于

$$X \cap Y_{\tau} = \{0,2\}$$

故式（7-5）的等号右边所含 $\alpha\alpha^*$ 的个数为 $\lambda_X(N-\tau)=2$ 。

由于

$$X - X \cap Y_{\tau} = \{1,4\}$$

故式（7-5）的等号右边所含 $\alpha\beta^*$ 的个数为 $k-\lambda_X(N-\tau)=2$ 。

由于

$$Y_{\tau} - X \cap Y_{\tau} = \{6,7\}$$

故式（7-5）的等号右边所含 $\beta\alpha^*$ 的个数为 $k-\lambda_X(N-\tau)=2$ 。

由于

$$Z_N - (X \cup Y_2) = \{3,5\}$$

故式（7-5）的等号右边所含 $\beta\beta^*$ 的个数为 $N-2k+\lambda_X(N-\tau)=2$ 。

因此， $R_{\boldsymbol{a}}(2) = 2\alpha\alpha^* + 2\alpha\beta^* + 2\beta\alpha^* + 2\beta\beta^*$ 。

另一方面，由式（7-1）构造的序列 $\boldsymbol{a}$ 和 $L^2\boldsymbol{a}$ 分别为

$$\boldsymbol{a} = (\alpha,\alpha,\alpha,\beta,\alpha,\beta,\beta,\beta)$$

$$L^2\boldsymbol{a} = (\alpha,\beta,\alpha,\beta,\beta,\beta,\alpha,\alpha)$$

根据式（7-2），也可以得到

$$R_{\boldsymbol{a}}(2) = \sum_{n=0}^{N-1} a_n a_{n+\tau}^* = \langle \boldsymbol{a}, L^{\tau}\boldsymbol{a} \rangle = 2\alpha\alpha^* + 2\alpha\beta^* + 2\beta\alpha^* + 2\beta\beta^*$$

下面给出一个引理。

引理 7-1 设序列 $\boldsymbol{a} = (a_0, a_1, \cdots, a_{N-1})$ 是根据式（7-1）构造的，其中含有 k 元素的集合 X 是序列 $\boldsymbol{a}$ 的支撑集。则有

$$R_{\boldsymbol{a}}(\tau) = \lambda_X(N-\tau)|\alpha|^2 + [N-2k+\lambda_X(N-\tau)]|\beta|^2 + [k-\lambda_X(N-\tau)](\alpha\beta^* + \beta\alpha^*) \tag{7-6}$$

证明 当 $1 \leqslant \tau \leqslant N-1$ 时，用 f_0, f_1, f_2, f_3 分别表示式（7-7）所示的 4 个复数对在式（7-2）的求和项中出现的次数，

$$(\alpha,\alpha^*),(\alpha,\beta^*),(\beta,\alpha^*),(\beta,\beta^*) \tag{7-7}$$

于是得

$$R_a(\tau)=f_0(\alpha\alpha^*)+f_1(\alpha\beta^*)+f_2(\beta\alpha^*)+f_3(\beta\beta^*) \tag{7-8}$$

由于集合 X 和 Y_τ 分别是序列 $\boldsymbol{a}$ 和 $L^\tau\boldsymbol{a}$ 的支撑集，当 $u\in X\cap Y_\tau$ 时，序列 $\boldsymbol{a}$ 和 $L^\tau\boldsymbol{a}$ 的第 u 个分量都是 α，根据差函数定义可知，序列 $\boldsymbol{a}$ 中的 α 与序列 $(L^\tau\boldsymbol{a})^*$ 中的 α^* 配对次数为 $\lambda_X(N-\tau)$，也就是说，在式（7-2）的求和项中有 $f_0=\lambda_X(N-\tau)$ 个 $\alpha\alpha^*$。由于序列 $\boldsymbol{a}$ 含有 k 个分量 α，故序列 $\boldsymbol{a}$ 中的 α 与序列 $(L^\tau\boldsymbol{a})^*$ 中的 β^* 配对次数为 $f_1=k-\lambda_X(N-\tau)$，即在式（7-2）的求和项中有 $k-\lambda_X(N-\tau)$ 个 $\alpha\beta^*$。

另一方面，由于在序列 $(L^\tau\boldsymbol{a})^*$ 中的 β^* 总数是 $N-k$，故序列 $\boldsymbol{a}$ 中的 β 与序列 $(L^\tau\boldsymbol{a})^*$ 中的 β^* 配对次数为 $f_3=(N-k)-[k-\lambda_X(N-\tau)]=N-2k+\lambda_X(N-\tau)$，即在式（7-2）的求和项中有 $N-2k+\lambda_X(N-\tau)$ 个 $\beta\beta^*$。由于在序列 $\boldsymbol{a}$ 中的 β 总数是 $N-k$，故序列 $\boldsymbol{a}$ 中的 β 与序列 $(L^\tau\boldsymbol{a})^*$ 中的 α^* 配对次数为 $f_2=(N-k)-[N-2k+\lambda_X(N-\tau)]=k-\lambda_X(N-\tau)$，即在式（7-2）的求和项中有 $k-\lambda_X(N-\tau)$ 个 $\beta\alpha^*$。

根据式（7-8），可得

$$R_a(\tau)=\lambda_X(N-\tau)|\alpha|^2+[N-2k+\lambda_X(N-\tau)]|\beta|^2+[k-\lambda_X(N-\tau)](\alpha\beta^*+\beta\alpha^*)$$

证毕。

下面给出一般二值字符集上 PCS 的定理。

定理 7-1（一般二值字符集上周期互补集）　设 $\boldsymbol{X}=\{X_0,X_1,\cdots,X_{M-1}\}$ 是一个 $(N;(k_0,k_1,\cdots,k_{M-1});\lambda)$-差族（简写为 $(N;(k_0,k_1,\cdots,k_{M-1});\lambda)$-DF）。长度为 N 的序列集 $\boldsymbol{A}=\{\boldsymbol{a}_0,\boldsymbol{a}_1,\cdots,\boldsymbol{a}_{M-1}\}$ 是由差族 $\boldsymbol{X}$ 和式（7-9）构造的。

$$a_u^r=\begin{cases}\alpha,u\in X_r\\ \beta,u\notin X_r\end{cases} \tag{7-9}$$

其中，$0\leqslant r\leqslant M-1,0\leqslant u\leqslant N-1$。如果

$$\lambda|\alpha|^2+\left(MN-2\sum_{r=0}^{M-1}k_r+\lambda\right)|\beta|^2+\left(\sum_{r=0}^{M-1}k_r-\lambda\right)\left(\alpha\beta^*+\beta\alpha^*\right)=0 \tag{7-10}$$

成立，则 $\boldsymbol{A}$ 是一个二值字符集 $\{\alpha,\beta\}$ 上周期互补集。

证明　根据式（7-9）、式（7-3）和引理 7-1 可知

$$R_{a_r}(\tau)=\begin{cases}k_r|\alpha|^2+(N-k_r)|\beta|^2, & \tau=0\\ \lambda_{X_r}(N-\tau)|\alpha|^2+[N-2k_r+\lambda_{X_r}(N-\tau)]|\beta|^2+ & \\ [k_r-\lambda_{X_r}(N-\tau)](\alpha\beta^*+\beta\alpha^*), & 1\leqslant\tau\leqslant N-1\end{cases}$$

根据差族定义，当 $1\leqslant\tau\leqslant N-1$ 时，有

$$\lambda = \sum_{r=0}^{M-1} \lambda_{X_r}(N-\tau)$$

从而可得

$$\sum_{r=0}^{M-1} R_{a_r}(\tau) = \begin{cases} |\alpha|^2 \sum_{r=0}^{M-1} k_r + \left(MN - \sum_{r=0}^{M-1} k_r\right)|\beta|^2, & \tau=0 \\ \lambda|\alpha|^2 + \left(MN - 2\sum_{r=0}^{M-1} k_r + \lambda\right)|\beta|^2 + \\ \left(\sum_{r=0}^{M-1} k_r - \lambda\right)(\alpha\beta^* + \beta\alpha^*), & 1 \leqslant \tau \leqslant N-1 \end{cases} \tag{7-11}$$

如果式（7-10）成立，则有

$$\sum_{r=0}^{M-1} R_{a_r}(\tau) = \begin{cases} |\alpha|^2 \sum_{r=0}^{M-1} k_r + \left(MN - \sum_{r=0}^{M-1} k_r\right)|\beta|^2, & \tau=0 \\ 0, & 1 \leqslant \tau \leqslant N-1 \end{cases}$$

即 $\boldsymbol{A}$ 是一个二值字符集 $\{\alpha, \beta\}$ 上周期互补集。

证毕。

当 $M=1$ 时，定理 7-1 就退化为二值完备序列的充分条件[72]。当 $M \geqslant 2, \alpha=1, \beta=-1$ 时，定理 7-1 就退化为二进制周期互补集的充分条件[91]。

接下来，对于字符集 $\{\alpha, \beta\}$，考虑下面两种情形。

（1）$\alpha=1$，$\beta=-c$，其中，c 是任意正整数。

（2）$\alpha=1$，$\beta=\exp(\mathrm{i}\theta)$，其中，i 是虚数单位，$\theta$ 是相位角。

7.1.2 二实值字符集上的互补集

在定理 7-1 中，选择 $\alpha=1$，$\beta=-c$，其中 c 是任意正整数，可得在字符集 $\{1,-c\}$ 上 PCS 的构造条件。

把 $\alpha=1$，$\beta=-c$ 代入式（7-9）和式（7-11），可得

$$\sum_{r=0}^{M-1} R_{a_r}(\tau) = \begin{cases} \sum_{r=0}^{M-1} k_r + \left(MN - \sum_{r=0}^{M-1} k_r\right)c^2, & \tau=0 \\ \lambda + \left(MN - 2\sum_{r=0}^{M-1} k_r + \lambda\right)c^2 + 2\left(\sum_{r=0}^{M-1} k_r - \lambda\right)c, & 1 \leqslant \tau \leqslant N-1 \end{cases} \tag{7-12}$$

当 $1 \leqslant \tau \leqslant N-1$ 时，令 $\sum_{r=0}^{M-1} R_{a_r}(\tau) = 0$，即

$$\left(MN-2\sum_{r=0}^{M-1}k_r+\lambda\right)c^2+2\left(\sum_{r=0}^{M-1}k_r-\lambda\right)c+\lambda=0 \tag{7-13}$$

解式（7-13）可得

$$c=\frac{\sum_{r=0}^{M-1}k_r-\lambda\pm\sqrt{\left(\sum_{r=0}^{M-1}k_r-\lambda\right)^2-MN\lambda}}{MN-2\sum_{r=0}^{M-1}k_r+\lambda}>0 \tag{7-14}$$

其中，$MN-2\sum_{r=0}^{M-1}k_r+\lambda\neq0$，$\left(\sum_{r=0}^{M-1}k_r-\lambda\right)^2-MN\lambda\geqslant0$，于是得到下面推论。

推论 7-1 设 $\boldsymbol{X}=\{X_0,X_1,\cdots,X_{M-1}\}$ 是一个 $(N;(k_0,k_1,\cdots,k_{M-1});\lambda)$-DF，由差族 $\boldsymbol{X}$ 和式（7-9）构造字符集 $\{1,-c\}$ 上且长度为 N 的序列集 $\boldsymbol{A}=\{\boldsymbol{a}_0,\boldsymbol{a}_1,\cdots,\boldsymbol{a}_{M-1}\}$。如果

$$MN-2\sum_{r=0}^{M-1}k_r+\lambda\neq0$$

$$\left(\sum_{r=0}^{M-1}k_r-\lambda\right)^2-MN\lambda\geqslant0$$

及

$$c=\frac{\sum_{r=0}^{M-1}k_r-\lambda\pm\sqrt{\left(\sum_{r=0}^{M-1}k_r-\lambda\right)^2-MN\lambda}}{MN-2\sum_{r=0}^{M-1}k_r+\lambda}>0$$

成立，则 $\boldsymbol{A}$ 是一个二值字符集 $\{1,-c\}$ 上的周期互补集。

在推论 7-1 中，再假设 $MN=4\left(\sum_{r=0}^{M-1}k_r-\lambda\right)$ 且 $\sum_{r=0}^{M-1}k_r\geqslant2\lambda$，于是有

$$\left(\sum_{r=0}^{M-1}k_r\right)^2-MN\lambda=\left(\sum_{r=0}^{M-1}k_r\right)^2-4\left(\sum_{r=0}^{M-1}k_r-\lambda\right)\lambda=\left(\sum_{r=0}^{M-1}k_r-\lambda\right)^2 \tag{7-15}$$

把式（7-15）代入式（7-14），可得

$$c=1\text{或}\frac{\lambda}{2\sum_{r=0}^{M-1}k_r-3\lambda}$$

即 $\boldsymbol{A}$ 是一个二进制周期互补集或一个二值字符集 $\left\{1,-\dfrac{\lambda}{2\sum_{r=0}^{M-1}k_r-3\lambda}\right\}$ 上的周期互补集。

7.1.3 二复值字符集上的互补集

在定理 7-1 中，选择 $\alpha=1$，$\beta=\exp(\mathrm{i}\theta)$，其中，i 是虚数单位，$\theta$ 是相位角。于是，可得在字符集 $\{1,\exp(\mathrm{i}\theta)\}$ 上 PCS 的构造条件。

把 $\alpha=1$，$\beta=-c$ 代入式（7-9）和式（7-11）可得

$$\sum_{r=0}^{M-1}R_{a_r}(\tau)=\begin{cases}MN, & \tau=0\\ MN-2\left(\sum_{r=0}^{M-1}k_r-\lambda\right)+2\left(\sum_{r=0}^{M-1}k_r-\lambda\right)\cos\theta, & 1\leqslant\tau\leqslant N-1\end{cases}\tag{7-16}$$

当 $1\leqslant\tau\leqslant N-1$ 时，令 $\sum_{r=0}^{M-1}R_{a_r}(\tau)=0$，即

$$MN-2\left(\sum_{r=0}^{M-1}k_r-\lambda\right)+2\left(\sum_{r=0}^{M-1}k_r-\lambda\right)\cos\theta=0\tag{7-17}$$

解式（7-17）可得

$$\cos\theta=1-\frac{MN}{2\left(\sum_{r=0}^{M-1}k_r-\lambda\right)}\tag{7-18}$$

于是得到下面推论。

推论 7-2 设 $\boldsymbol{X}=\{X_0,X_1,\cdots,X_{M-1}\}$ 是一个 $(N;(k_0,k_1,\cdots,k_{M-1});\lambda)$-DF，由差族 $\boldsymbol{X}$ 和式（7-9）构造字符集 $\{1,\exp(\mathrm{i}\theta)\}$ 上且长度为 N 的序列集 $\boldsymbol{A}=\{\boldsymbol{a}_0,\boldsymbol{a}_1,\cdots,\boldsymbol{a}_{M-1}\}$。如果 $\theta=\arccos\left(1-\dfrac{MN}{2\left(\sum_{r=0}^{M-1}k_r-\lambda\right)}\right)$，则 $\boldsymbol{A}$ 是一个二值字符集 $\{1,\exp(\mathrm{i}\theta)\}$ 上的周期互补序列集。

例 7-2 设 $\boldsymbol{X}=\{X_0,X_1,X_2,X_3\}$ 是一个有 $4-(15;7;12)$-DF，其中 $X_0=\{0,1,2,4,5,7,9\}$，$X_1=\{0,1,2,5,7,8,11\}$，$X_2=\{0,1,2,4,5,9,11\}$，$X_3=\{0,1,3,4,6,8,9\}$，求由差族 $\boldsymbol{X}$ 构造的二值 PCS。

解 将差族 $\boldsymbol{X}$ 应用于推论 7-1 和推论 7-2，可得 $c=\frac{1}{2}$、$c=\frac{3}{2}$ 和 $\theta=\arccos\left(-\frac{7}{8}\right)\approx 151^\circ$，对应字符集 $\{1,\beta\}$ 上 PCS 为

$$\boldsymbol{A}=\begin{bmatrix}\boldsymbol{a}_0\\\boldsymbol{a}_1\\\boldsymbol{a}_2\\\boldsymbol{a}_3\end{bmatrix}=\begin{bmatrix}1&1&1&\beta&1&1&\beta&1&\beta&1&\beta&\beta&\beta&\beta&\beta\\1&1&1&\beta&\beta&1&\beta&1&1&\beta&\beta&1&\beta&\beta&\beta\\1&1&1&\beta&1&1&\beta&\beta&\beta&1&\beta&1&\beta&\beta&\beta\\1&1&\beta&1&1&\beta&1&\beta&1&1&\beta&\beta&\beta&\beta&\beta\end{bmatrix}\tag{7-19}$$

当 $\beta=-\frac{1}{2}$ 时，有

$$\left(C_{\boldsymbol{a}_0}(\tau)+C_{\boldsymbol{a}_1}(\tau)+C_{\boldsymbol{a}_2}(\tau)+C_{\boldsymbol{a}_3}(\tau)\right)_{\tau=0}^{14}=(36,0,0,0,0,0,0,0,0,0,0,0,0,0,0)$$

因此，$\boldsymbol{A}$ 是一个二值字符集 $\left\{1,-\frac{1}{2}\right\}$ 上的 PCS。

当 $\beta=\exp\left(\mathrm{i}\arccos\left(-\frac{7}{8}\right)\right)$ 时，有

$$\left(C_{\boldsymbol{a}_0}(\tau)+C_{\boldsymbol{a}_1}(\tau)+C_{\boldsymbol{a}_2}(\tau)+C_{\boldsymbol{a}_3}(\tau)\right)_{\tau=0}^{14}=(60,0,0,0,0,0,0,0,0,0,0,0,0,0,0)$$

因此，$\boldsymbol{A}$ 是一个二值字符集 $\left\{1,\exp\left(\mathrm{i}\arccos\left(-\frac{7}{8}\right)\right)\right\}$ 上的 PCS。

为了比较，在式（7-19）中取 $\beta=-1$，得到二进制序列集

$$\boldsymbol{B}=\begin{bmatrix}\boldsymbol{b}_0\\\boldsymbol{b}_1\\\boldsymbol{b}_2\\\boldsymbol{b}_3\end{bmatrix}=\begin{bmatrix}+&+&+&-&+&+&-&+&-&+&-&-&-&-&-\\+&+&+&-&-&+&-&+&+&-&-&+&-&-&-\\+&+&+&-&+&+&-&-&-&+&-&+&-&-&-\\+&+&-&+&+&-&+&-&+&+&-&-&-&-&-\end{bmatrix}$$

虽然 $\boldsymbol{B}$ 是由差族 $\boldsymbol{X}$ 和式（7-9）构造的，但它不是二进制周期互补序列集，这是因为

$$\left(C_{\boldsymbol{b}_0}(\tau)+C_{\boldsymbol{b}_1}(\tau)+C_{\boldsymbol{b}_2}(\tau)+C_{\boldsymbol{b}_3}(\tau)\right)_{\tau=0}^{14}=$$
$$(60,-4,-4,-4,-4,-4,-4,-4,-4,-4,-4,-4,-4,-4,-4)$$

事实上，对任意一个 $(N;(k_0,k_1,\cdots,k_{M-1});\lambda)$-差族 $\boldsymbol{X}=\{X_0,X_1,\cdots,X_{M-1}\}$，根据式（7-9）构造的二进制序列集 $\boldsymbol{A}=\{\boldsymbol{a}_0,\boldsymbol{a}_1,\cdots,\boldsymbol{a}_{P-1}\}$，即 $\alpha=1$，$\beta=-1$，根据式（7-12）可得

$$\sum_{r=0}^{M-1} R_{a_r}(\tau) = \begin{cases} MN, & \tau=0 \\ MN+4\left(\lambda - \sum_{r=0}^{M-1} k_r\right), & 1 \leqslant \tau \leqslant N-1 \end{cases} \tag{7-20}$$

7.2 二值周期互补对

本节重点讨论二值周期互补对（PCP），因为它们在应用中可能比由两个以上序列组成的互补集（PCS）更有意义。首先给出基于两个基的差族构造字符集 $\{1,-c\}$ 和 $\{1,\exp(\mathrm{i}\theta)\}$ 上二值 PCP 的充分条件。然后，给出了字符集 $\{1,-c\}$ 和 $\{1,\exp(\mathrm{i}\theta)\}$ 上二值互补对的系统构造。

7.2.1 二值周期互补对的一般构造

在推论 7-1 和推论 7-2 中，令 $M=2$，就可得字符集 $\{1,-c\}$ 和 $\{1,\exp(\mathrm{i}\theta)\}$ 上二值 PCP。设 $\boldsymbol{X}=\{X_0,X_1\}$ 是一个 $(N;(k_0,k_1);\lambda)$-DF，根据差族 $\boldsymbol{X}$ 和式（7-9）构造 $\{1,-c\}$ 和 $\{1,\exp(\mathrm{i}\theta)\}$ 上且长度为 N 的序列对 $\boldsymbol{A}=(\boldsymbol{a}_0,\boldsymbol{a}_1)$。如果 $2N-2(k_0+k_1)+\lambda \neq 0$，$((k_0+k_1)-\lambda)^2-2N\lambda \geqslant 0$，且

$$c=\frac{(k_0+k_1-\lambda)\mp\sqrt{(k_0+k_1)^2-2N\lambda}}{2N-2(k_0+k_1)+\lambda}>0 \tag{7-21}$$

成立，则 $\boldsymbol{A}$ 是一个二值字符集 $\{1,-c\}$ 上 PCP。如果

$$\theta=\arccos\left(1-\frac{N}{k_0+k_1-\lambda}\right) \tag{7-22}$$

成立，则 $\boldsymbol{A}$ 是一个二值字符集 $\{1,\exp(\mathrm{i}\theta)\}$ 上 PCP。

例 7-3 设 $\boldsymbol{X}=\{X_0,X_1\}$ 是一个有 $(12;(5,2);2)$-DF，其中，$X_0=\{0,1,2,5,8\}$，$X_1=\{0,2\}$，求由差族 $\boldsymbol{X}$ 构造的二值 PCP。

解 根据式（7-21）可得 $c=\frac{1}{2}$ 或 $\frac{1}{3}$。当 $c=\frac{1}{2}$ 时，根据差族 $\boldsymbol{X}$ 和式（7-9）构造 $\left\{1,-\frac{1}{2}\right\}$ 上 PCP 及其周期自相关函数和分别为

$$\boldsymbol{A}=\begin{bmatrix}\boldsymbol{a}_0\\ \boldsymbol{a}_1\end{bmatrix}=\begin{bmatrix} 1 & 1 & 1 & -\frac{1}{2} & -\frac{1}{2} & 1 & -\frac{1}{2} & -\frac{1}{2} & 1 & -\frac{1}{2} & -\frac{1}{2} & -\frac{1}{2} \\ 1 & -\frac{1}{2} & 1 & -\frac{1}{2} & -\frac{1}{2} & -\frac{1}{2} & -\frac{1}{2} & -\frac{1}{2} & -\frac{1}{2} & -\frac{1}{2} & -\frac{1}{2} & -\frac{1}{2} \end{bmatrix}$$

$$\left(C_{a_0}(\tau)+C_{a_1}(\tau)\right)_{\tau=0}^{11}=\left(\frac{45}{4},0,0,0,0,0,0,0,0,0,0,0\right)$$

为了对比，根据差族 $\boldsymbol{X}$ 和式（7-9）构造 $\{1,-1\}$ 上序列对及其周期自相关函数和分别为

$$\boldsymbol{B}=\begin{bmatrix}\boldsymbol{b}_0\\ \boldsymbol{b}_1\end{bmatrix}=\begin{bmatrix}+&+&+&-&-&+&-&-&+&-&-&-\\ +&-&+&-&-&-&-&-&-&-&-&-\end{bmatrix}$$

$$\left(C_{b_0}(\tau)+C_{b_1}(\tau)\right)_{\tau=0}^{11}=(24,0,0,0,0,0,0,0,0,0,0,0)$$

根据式（7-22）可得 $\theta=\arccos\left(-\frac{7}{5}\right)$，但是 $\arccos\left(-\frac{7}{5}\right)$ 是不存在的，因此，根据差族 $\boldsymbol{X}$ 和式（7-9）无法构造 $\{1,\exp(\mathrm{i}\theta)\}$ 上 PCP。

下面给出一个 $\{1,\exp(\mathrm{i}\theta)\}$ 上 PCP 的实例。

例 7-4　设 $\boldsymbol{X}=\{X_0,X_1\}$ 是一个 2-(5;2;1)-DF，其中 $X_0=\{0,1\}$，$X_1=\{0,2\}$，求由差族 $\boldsymbol{X}$ 构造的 $\{1,\exp(\mathrm{i}\theta)\}$ 上 PCP。

解　根据式（7-21）可得 $c=1+\frac{\sqrt{3}}{6}$ 或 $1-\frac{\sqrt{3}}{6}$。根据式（7-22）可得 $\theta=\arccos\left(-\frac{2}{3}\right)\approx 131.8^\circ$，即 $\beta=\exp(\mathrm{i}\theta)\approx-0.6667+0.7454\mathrm{i}$。当 $\theta=\arccos\left(-\frac{2}{3}\right)\approx 131.8^\circ$ 时，根据差族 $\boldsymbol{X}$ 和式（7-9）构造 $\{1,\exp(\mathrm{i}\theta)\}$ 上 PCP 及其周期自相关函数和分别为

$$\boldsymbol{A}=\begin{bmatrix}\boldsymbol{a}_0\\ \boldsymbol{a}_1\end{bmatrix}=\begin{bmatrix}1&1&\beta&\beta&\beta\\ 1&\beta&1&\beta&\beta\end{bmatrix}$$

$$\left(C_{a_0}(\tau)+C_{a_1}(\tau)\right)_{\tau=0}^{4}=(10,0,0,0,0)$$

根据差族 $\boldsymbol{X}$ 和式（7-9）构造 $\{1,-1\}$ 上序列对及其周期自相关函数和分别为

$$\boldsymbol{B}=\begin{bmatrix}\boldsymbol{b}_0\\ \boldsymbol{b}_1\end{bmatrix}=\begin{bmatrix}+&+&-&-&-\\ +&-&+&-&-\end{bmatrix}$$

$$\left(C_{b_0}(\tau)+C_{b_1}(\tau)\right)_{\tau=0}^{4}=(10,2,2,2,2)$$

7.2.2　二值周期互补对的系统构造

基于 $2-\left(N;\frac{N-1}{2};\frac{N-3}{2}\right)-\mathrm{DF}$[168],下面给出二值 PCP 的系统构造。首先，为

了构造差族，介绍了一些关于分圆的基本知识。设q是一个奇素数的幂，ξ是乘法群F_q^*（它包含有限域F_q的所有非零元素）的一个生成元，假设$q-1=dh$，其中d和h是大于1的整数，用$C_0^{(d)}$表示ξ^d生成的F_q^*的子群，令$C_u^{(d)}=\xi^u C_0^{(d)}$，其中$1\leqslant u\leqslant d-1$，称这些$C_u^{(d)}$为关于乘法群$F_q^*$的$d$阶分圆类。

定理 7-2（Theorem4.1[168]）　设q是一个素数p的幂且$q\equiv 3\ (\mathrm{mod}\ 4)$，由乘法群$F_q^*$的生成元$\xi$构造两个2阶分圆类$C_0^{(2)}$和$C_1^{(2)}$，再设$N=\dfrac{q-1}{2}$和剩余类环$Z_N$的两个子集为

$$X_0=\left\{\frac{\log_\xi x}{2}\middle|x\in\left(C_0^{(2)}-1\right)\cap C_0^{(2)}\right\}$$

$$X_1=\left\{\frac{\log_\xi x-1}{2}\middle|x\in\left(C_0^{(2)}-1\right)\cap C_1^{(2)}\right\}$$

则$\boldsymbol{X}=\{X_0,X_1\}$是一个2-$\left(N;\dfrac{N-1}{2};\dfrac{N-3}{2}\right)$-DF。

推论 7-3　根据定理7-2得到$\boldsymbol{X}=\{X_0,X_1\}$，再根据推论7-1得到字符集$\{1,-c\}$上周期互补对$\boldsymbol{A}=(\boldsymbol{a}_0,\boldsymbol{a}_1)$，其中$c=1\pm\dfrac{2}{\sqrt{N+1}}$。同理，根据推论7-2得到字符集$\{1,\exp(\mathrm{i}\theta)\}$上周期互补对$\boldsymbol{A}=(\boldsymbol{a}_0,\boldsymbol{a}_1)$，其中$\theta=\arccos\left(-\dfrac{N-1}{N+1}\right)$。同时，下面两个式子成立。

$$\lim_{N\to+\infty}c=\lim_{N\to+\infty}\left(1\pm\frac{2}{\sqrt{N+1}}\right)=1$$

$$\lim_{N\to+\infty}\theta=\lim_{N\to+\infty}\arccos\left(-\frac{N-1}{N+1}\right)=\pi$$

推论7-3表明，根据推论7-3构造的二值PCP，当序列长度趋近正无穷大时，二值PCP逼近二进制周期互补对。

例 7-5　设q=23，F_{23}^*的生成元ξ=5，根据定理7-2得到$\boldsymbol{X}=\{X_0,X_1\}$，它是一个2-(11;5;4)-DF，其中，$X_0$={0,1,3,8,10}，$X_1$={0,3,4,8,9}，求由差族$\boldsymbol{X}$构造的$\{1,\exp(\mathrm{i}\theta)\}$上PCP。

解　再根据推论7-3，可得$c=1\pm\dfrac{\sqrt{3}}{3}$，$\theta=\arccos\left(-\dfrac{5}{6}\right)\approx 146.5^\circ$，相应的二值PCP为

$$\boldsymbol{A}=\begin{bmatrix}\boldsymbol{a}_0\\ \boldsymbol{a}_1\end{bmatrix}=\begin{bmatrix}1 & 1 & \beta & 1 & \beta & \beta & \beta & \beta & 1 & \beta & 1\\ 1 & \beta & \beta & 1 & 1 & \beta & \beta & \beta & 1 & 1 & \beta\end{bmatrix}$$

如果 $\beta=\exp(\mathrm{i}\theta)=\exp\left(\mathrm{i}\arccos\left(-\frac{5}{6}\right)\right)\approx-0.8333+0.5528\mathrm{i}$，这个二值 PCP 的周期自相关函数和为

$$\left(C_{\boldsymbol{a}_0}(\tau)+C_{\boldsymbol{a}_1}(\tau)\right)_{\tau=0}^{10}=(22,0,0,0,0,0,0,0,0,0,0)$$

为了对比，根据差族 $\boldsymbol{X}$ 和式（7-9）构造 $\{1,-1\}$ 上序列对及其周期自相关函数和分别为

$$\boldsymbol{B}=\begin{bmatrix}\boldsymbol{b}_0\\ \boldsymbol{b}_1\end{bmatrix}=\begin{bmatrix}+ & + & - & + & - & - & - & - & + & - & +\\ + & - & - & + & + & - & - & - & + & + & -\end{bmatrix}$$

$$\left(C_{\boldsymbol{b}_0}(\tau)+C_{\boldsymbol{b}_1}(\tau)\right)_{\tau=0}^{10}=(22,-2,-2,-2,-2,-2,-2,-2,-2,-2,-2)$$

最后，注意到 $2\text{-}\left(N;\frac{N-1}{2};\frac{N-3}{2}\right)$-DF 也可以通过一些异相非周期函数值为$-2$的二进制序列对得到，它们包括广义 GMW 序列对、双素数序列对、Legendre 序列对[182]和最优二进制周期几乎互补对[183]。

7.3　本章小结

本章阐述了二值 PCS，字符集$\{1,-1\}$上的二进制 PCS 可以看作二值 PCS 的特例。相对于字符集$\{1,-1\}$上二进制 PCP 的可能长度，本章所提出二值 PCP 具有更多的长度。根据文献[180]，二值 PCP 的序列长度（不大于 50）总结为

$$\{2\}\cup\{4,5\}\cup\{7,8,\cdots,13\}\cup\{15,16,\cdots,43\}\cup\{45,46,\cdots,50\}$$

显然，上述二值 PCP 的序列长度的集合包含了二进制 PCP 长度的集合$\{2,4,8,10,16,20,26,32,34,40,50\}$。此外，基于差族导出了二值 PCS 的一个充分条件，给出了字符集 $\{1,-c\}$ 和 $\{1,\exp(\mathrm{i}\theta)\}$ 上的二值 PCS。最后，基于 $2\text{-}\left(v;\frac{N-1}{2};\frac{N-3}{2}\right)$-DF [168]给出了二值 PCP 的系统构造。

第 8 章

零相关区交叉互补对

本章内容是在文献[118]基础上撰写的。首先，引入了一类新的序列对，称为“零相关区交叉互补对”，不仅要求它们的异相非周期自相关函数和在零相关区内处处为零，还要求它们子序列之间的互相关函数和在对应的零相关区内也处处为零。其次，给出零相关区交叉互补对的性质。最后提出了基于选定 Golay 互补对（GCP）的完备零相关区交叉互补对的系统构造。

8.1 零相关区交叉互补对及其性质

零相关区交叉互补对可以作为设计宽带空间调制系统训练序列的关键组成部分。由零相关区交叉互补对导出的宽带空间调制系统的训练序列在频率选择信道中可以产生最优的信道估计性能。本节将给出非周期零相关区交叉互补对（Cross Z-Complementary Pair，CZCP）的精确定义，并且给出非周期零相关区交叉互补对的性质。

8.1.1 零相关区交叉互补对的概念

定义 8-1（非周期零相关区交叉互补对） 设长度为N的两个序列$\boldsymbol{a}=(a_0,a_1,\cdots,a_{N-1})$和$\boldsymbol{b}=(b_0,b_1,\cdots,b_{N-1})$。令$T_1=\{1,2,\cdots,Z\}$，$T_2=\{N-Z,N-Z+1,\cdots,N-1\}$，其中，正整数$Z$满足$1\leqslant Z\leqslant N-1$。若下面两个式子

$$C_{\boldsymbol{a}}(\tau)+C_{\boldsymbol{b}}(\tau)=0,\tau\in T_1\cup T_2 \qquad (8\text{-}1)$$

及

$$C_{\boldsymbol{a},\boldsymbol{b}}(\tau)+C_{\boldsymbol{b},\boldsymbol{a}}(\tau)=0,\tau\in T_2 \qquad (8\text{-}2)$$

成立，则称这个序列对$(\boldsymbol{a},\boldsymbol{b})$为一个非周期零相关区交叉互补对，记为

(N,Z)-CZCP。需要注意，定义 8-1 与非周期零相关区互补对（如式（2-35）所示）的区别。

从定义 8-1 可知，当考虑两个子序列非周期自相关函数和时，每个非周期 CZCP 有两个零自相关区（Zero Autocorrelation Zone，ZACZ），分别称其为“前部 ZACZ”和“尾部 ZACZ”。另外，在考虑每个 CZCP 的两个子序列非周期互相关函数时，它有“尾部零互相关区（Zero Cross- Correlation Zone，ZCCZ）”。

对于复值序列对 $(\boldsymbol{a},\boldsymbol{b})$，式（8-1）和式（8-2）分别等价于

$$\left|C_{\boldsymbol{a}}(\tau)+C_{\boldsymbol{b}}(\tau)\right|=0,\tau\in T_1\cup T_2$$

及

$$\left|C_{\boldsymbol{ab}}(\tau)+C_{\boldsymbol{ba}}(\tau)\right|=0,\tau\in T_2$$

换句话说，定义 8-1 可以写成另一种形式，如定义 8-2 所示。

定义 8-2（非周期零相关区交叉互补对）　设长度为 N 的两个序列 $\boldsymbol{a}=(a_0,a_1,\cdots,a_{N-1})$ 和 $\boldsymbol{b}=(b_0,b_1,\cdots,b_{N-1})$，对于适当正整数 Z，令 $T_1=\{1,2,\cdots,Z\}$，$T_2=\{N-Z,N-Z+1,\cdots,N-1\}$，若下面两个式子

$$\left|C_{\boldsymbol{a}}(\tau)+C_{\boldsymbol{b}}(\tau)\right|=0,\tau\in T_1\cup T_2 \tag{8-3}$$

及

$$\left|C_{\boldsymbol{a},\boldsymbol{b}}(\tau)+C_{\boldsymbol{b},\boldsymbol{a}}(\tau)\right|=0,\tau\in T_2 \tag{8-4}$$

成立，则称这个序列对 $(\boldsymbol{a},\boldsymbol{b})$ 为一个 (N,Z)-CZCP。

类似定义 8-1 和定义 8-2，可以定义周期零相关区交叉互补对。

下面给出一个非周期零相关区交叉互补对的实例。

例 8-1　设长度为 9 的四相序列对 $(\boldsymbol{a},\boldsymbol{b})$，即

$$\begin{bmatrix}\boldsymbol{a}\\ \boldsymbol{b}\end{bmatrix}=\begin{bmatrix}1 & \mathrm{i} & \mathrm{i} & -1 & 1 & -1 & \mathrm{i} & \mathrm{i} & -\mathrm{i}\\ 1 & \mathrm{i} & \mathrm{i} & 1 & \mathrm{i} & 1 & -\mathrm{i} & -\mathrm{i} & \mathrm{i}\end{bmatrix}$$

判断 $(\boldsymbol{a},\boldsymbol{b})$ 是否是四相 $(9,3)$ CZCP。

解　根据式（2-15），分别计算出它们的非周期自相关函数与互相关函数 $C_{\boldsymbol{a}}(\tau)$、$C_{\boldsymbol{b}}(\tau)$、$C_{\boldsymbol{a},\boldsymbol{b}}(\tau)$ 和 $C_{\boldsymbol{b},\boldsymbol{a}}(\tau)$，再计算相应的和，计算结果如表 8-1 所示。

根据定义 8-1 和表 8-1 可知，$(\boldsymbol{a},\boldsymbol{b})$ 是一个 $(9,3)$-CZCP 四相 CZCP。

表 8-1 （a,b）是一个四相(9,3)-CZCP

τ	$C_a(\tau)$	$C_b(\tau)$	$C_a(\tau)+C_b(\tau)$	$C_{a,b}(\tau)$	$C_{b,a}(\tau)$	$C_{a,b}(\tau)+C_{b,a}(\tau)$
0	9	9	18	$-2-i$	$-2+i$	-4
1	$-1-i$	$1+i$	0	2	$2-4i$	$4-4i$
2	$-i$	i	0	1	$1-2i$	$2-2i$
3	$-1-i$	$1+i$	0	$2+2i$	0	$2+2i$
4	$2+i$	i	$2+2i$	$-1-2i$	$1-2i$	$-4i$
5	$1-i$	$-1-i$	$-2i$	$-1+i$	$1+i$	$2i$
6	$-i$	i	0	i	$-i$	0
7	$-1-i$	$1+i$	0	$1+i$	$-1-i$	0
8	i	$-i$	0	$-i$	i	0

8.1.2 零相关区交叉互补对的性质

本节提出非周期零相关区交叉互补对的 3 个主要性质。有关单位根的基础知识已在 3.1.2 节介绍。对于一个大于 1 的正整数 q，$\omega_q=\exp\left(\dfrac{2\pi i}{q}\right)$ 表示一个本原单位根，$E_q=\{\omega_q^0,\omega_q^1,\cdots,\omega_q^{q-1}\}$ 表示 q 次单位根组成的集合。

性质 1 设 q-进制序列对 $(\boldsymbol{a},\boldsymbol{b})$ 是一个 (N,Z)-CZCP，且 $a_i,b_i\in E_q$。令 $\boldsymbol{c}=\dfrac{1}{a_0}\boldsymbol{a}$，$\boldsymbol{d}=\dfrac{1}{b_0}\boldsymbol{b}$，如果

$$c_i=d_i,\ \ c_{N-1-i}=-d_{N-1-i},\ \ i\in\{0,1,\cdots,Z-1\} \tag{8-5}$$

则 $(\boldsymbol{c},\boldsymbol{d})$ 也是一个 (N,Z)-CZCP，并称 $(\boldsymbol{a},\boldsymbol{b})$ 与 $(\boldsymbol{c},\boldsymbol{d})$ 等价。

根据式（8-5）可以证明 $Z\leqslant\dfrac{N}{2}$。

性质 2 设 q-进制序列对 $(\boldsymbol{a},\boldsymbol{b})$ 是一个 (N,Z)-CZCP，则 $(c_1\boldsymbol{b},c_2\boldsymbol{a})$、$(c_1\underline{\boldsymbol{b}},c_2\underline{\boldsymbol{a}})$ 和 $(c_1\underline{\boldsymbol{b}}^*,c_2\underline{\boldsymbol{a}}^*)$ 也是 (N,Z)-CZCP，其中 $c_1,c_2\in E_q$。而且，如果

$$a_i=b_i,\ \ a_{N-1-i}=-b_{N-1-i},\ \ i\in\{0,1,\cdots,Z-1\} \tag{8-6}$$

则

$$C_{\boldsymbol{a},\underline{\boldsymbol{b}}^*}(\tau)+C_{\boldsymbol{b},-\underline{\boldsymbol{a}}^*}(\tau)=0,\ \ \tau\in\{0,1,\cdots,N-1\} \tag{8-7}$$

$$C_{\boldsymbol{b},\underline{\boldsymbol{b}}^*}(\tau)+C_{\boldsymbol{a},-\underline{\boldsymbol{a}}^*}(\tau)=0,\ \ \tau\in T_2 \tag{8-8}$$

性质 3 设 $(\boldsymbol{a},\boldsymbol{b})$ 是字符集 $\{-1,1\}$ 上且偶数长度的二进制序列对，如果

$$a_i + a_{N-1-i} + b_i + b_{N-1-i} = \pm 2,\ i \in \{0,1,\cdots,Z-1\} \tag{8-9}$$

则 $(\boldsymbol{a},\boldsymbol{b})$ 是一个 (N,Z)-CZCP。

类似地，可得周期零相关区交叉互补对的性质。

定义 8-3（完备零相关区交叉互补对） 设 $(\boldsymbol{a},\boldsymbol{b})$ 是一个 q-进制 (N,Z)-CZCP，它的序列长度 N 是偶数，如果 $Z=\dfrac{N}{2}$，则称 $(\boldsymbol{a},\boldsymbol{b})$ 是一个完备的 (N,Z)-CZCP。在这种情形下，称一个完备 $\left(N,\dfrac{N}{2}\right)$-CZCP 为增强的 Golay 互补对。根据性质 1，再由式（8-10）得到一个完备零相关区交叉互补对 $(\boldsymbol{c},\boldsymbol{d})$，即

$$\begin{bmatrix} \boldsymbol{c} \\ \boldsymbol{d} \end{bmatrix} = \begin{bmatrix} c_0 & c_1 & c_2 & \cdots & c_{\frac{N}{2}-1} & c_{\frac{N}{2}} & c_{\frac{N}{2}+1} & \cdots & c_{N-1} \\ c_0 & c_1 & c_2 & \cdots & c_{\frac{N}{2}-1} & -c_{\frac{N}{2}} & -c_{\frac{N}{2}+1} & \cdots & -c_{N-1} \end{bmatrix} \tag{8-10}$$

为了理解零相关区交叉互补对 3 个性质，下面给出一个实例进行说明。

例 8-2 对于例 8-1 中的非周期零相关区交叉互补对 $(\boldsymbol{a},\boldsymbol{b})$，根据性质 2，可得另一个非周期零相关区交叉互补对 $(\boldsymbol{c},\boldsymbol{d})$，且 $\boldsymbol{c} = \underline{\boldsymbol{b}}^*, \boldsymbol{d} = -\underline{\boldsymbol{a}}^*$，即

$$\begin{bmatrix} \boldsymbol{c} \\ \boldsymbol{d} \end{bmatrix} = \begin{bmatrix} -\mathrm{i} & \mathrm{i} & \mathrm{i} & 1 & -\mathrm{i} & 1 & -\mathrm{i} & -\mathrm{i} & 1 \\ -\mathrm{i} & \mathrm{i} & \mathrm{i} & 1 & -1 & 1 & \mathrm{i} & \mathrm{i} & -1 \end{bmatrix}$$

试用该例验证性质 2 的正确性。

解 根据式（2-15），分别计算出它们的非周期自相关函数与互相关函数 $C_c(\tau)$、$C_d(\tau)$、$C_{c,d}(\tau)$ 和 $C_{d,c}(\tau)$，再计算相应的和，其计算结果见表 8-2。

表 8-2 （c,d）也是一个四相(9,3)-CZCP

τ	$C_d(\tau)$	$C_c(\tau)$	$C_c(\tau)+C_d(\tau)$	$C_{d,c}(\tau)$	$C_{c,d}(\tau)$	$C_{c,d}(\tau)+C_{d,c}(\tau)$
0	9	9	18	2−i	2+i	4
1	−1−i	1+i	0	−2+4i	−2	−4−4i
2	−i	i	0	−1+2i	−1	−2+2i
3	−1−i	1+i	0	0	−2−2i	−2−2i
4	2+i	i	2+2i	−1+2i	1+2i	4i
5	1−i	−1−i	−2i	−1−i	1−i	−2i
6	−i	i	0	i	−i	0
7	−1−i	1+i	0	1+i	−1−i	0
8	i	−i	0	−i	i	0

根据定义 8-1 和表 8-2 可知，$(\boldsymbol{c},\boldsymbol{d})$ 也是一个 (9,3)-CZCP 四相 CZCP。综上所述，例 8-2 验证了性质 2 的正确性。

值得注意，性质 3 针对字符集 $\{-1,1\}$ 上且偶数长度的二进制零相关区交叉互补对。对于 q -进制零相关区交叉互补对，当 $q>2$ 时，它的序列长度不需要限制为偶数，即它的序列长度可能是奇数，见例 8-1 和例 8-2。在例 8-1 中，$(\boldsymbol{a},\boldsymbol{b})$ 是一个四相 (9,3)-CZCP，$\boldsymbol{a}$ 与 $\boldsymbol{b}$ 的前 3 个分量相同，后 3 个分量互为负元素，这验证了性质 1 中的式（8-5）。

利用性质 1～性质 3，通过计算机搜索得到了长度不超过 26 的二进制 (N,Z)-CZCP 的代表，如表 8-3 所示，从表 8-3 可知，并不是所有的二进制 (N,Z)-CZCP 都是二进制完备 (N,Z)-CZCP。

表 8-3 字符集{0,1}上二进制(*N*,*Z*)-CZCP 的代表

N	Z	二进制 CZCP 代表$(\boldsymbol{a},\boldsymbol{b})$	$\lvert C_a(\tau)+C_b(\tau)\rvert$；$\lvert C_{a,b}(\tau)+C_{b,a}(\tau)\rvert$
2	1	(00,01)	(4,0)；(0,0)
4	2	(0001,0010)	$(8,0,\boldsymbol{0}_2)$；$(0,4,\boldsymbol{0}_2)$
6	2	(000010,001001)	$(12,0,0,4,\boldsymbol{0}_2)$；$(0,4,4,0,\boldsymbol{0}_2)$
8	4	(00010010,00011101)	$(16,0,0,0,\boldsymbol{0}_4)$；$(0,4,0,4,\boldsymbol{0}_4)$
10	4	(0010000011,0010101100)	$(20,0,0,0,0,0,\boldsymbol{0}_4)$；$(0,4,4,0,4,4,\boldsymbol{0}_4)$
12	5	(000010011010,000011000101)	$(24,0,0,0,0,0,4,\boldsymbol{0}_5)$；$(0,8,0,4,0,4,0,\boldsymbol{0}_5)$
14	6	(00010100000110,00010110111001)	$(28,0,0,0,0,0,0,4,\boldsymbol{0}_6)$；$(0,4,4,0,4,0,4,0,\boldsymbol{0}_6)$
16	8	(0001001001000111, 0001001010001111)	$(32,0,0,0,0,0,0,0,\boldsymbol{0}_8)$；$(0,4,0,12,0,4,0,4,\boldsymbol{0}_8)$
18	7	(001000011111001010, 001000001100110101)	$(36,0,0,0,0,0,0,0,6,0,2,\boldsymbol{0}_7)$；$(0,12,0,0,4,0,4,0,2,4,2,\boldsymbol{0}_7)$
20	10	(01100000010110101110, 01100000011001010001)	$(40,0,0,0,0,0,0,0,0,0,2,\boldsymbol{0}_{10})$；$(0,12,0,4,0,4,8,4,8,4,\boldsymbol{0}_{10})$
22	9	(0000101001110000100110, 0000101000101111011001)	$(44,0,0,0,0,0,0,0,0,0,2,2,2,\boldsymbol{0}_9)$；$(4,0,8,4,0,4,8,4,0,4,2,2,2,\boldsymbol{0}_9)$
24	11	(000000111001101101101010, 000000111000110010010101)	$(48,0,0,0,0,0,0,0,0,0,0,0,2,\boldsymbol{0}_{11})$；$(0,24,0,12,0,4,0,4,0,4,0,4,0,\boldsymbol{0}_{11})$
26	12	(00001001101010110100011000, 00001001101000001011100111)	$(52,0,0,0,0,0,0,0,0,0,0,0,0,0,\boldsymbol{0}_{12})$；$(0,4,4,8,4,8,4,8,4,0,4,8,4,4,\boldsymbol{0}_{12})$

8.2　完备零相关区交叉互补对的构造

基于增强的 Golay 互补对，本节将给出两个完备零相关区交叉互补对的系统构造。

8.2.1　完备零相关区交叉互补对的第一种构造

定理 8-1（完备零相关区交叉互补对的第一种构造）　设 $(\boldsymbol{e}, \boldsymbol{f})$ 是一个长度为 $\frac{N}{2}$（N 为偶数）的 q-进制 Golay 互补对。基于这个 Golay 互补对 $(\boldsymbol{e}, \boldsymbol{f})$ 的序列对的集合（集合中每个元素都是一个序列对，而且用矩阵形式给出，每行表示一个子序列）为

$$A=\left\{\begin{bmatrix}(\omega_q^{v_1}\boldsymbol{e})(\omega_q^{v_1+v}\boldsymbol{f})\\(\omega_q^{v_2}\boldsymbol{e})(-\omega_q^{v_2+v}\boldsymbol{f})\end{bmatrix},\begin{bmatrix}(\omega_q^{v_1}\boldsymbol{e})(-\omega_q^{v_1+v}\boldsymbol{f})\\(\omega_q^{v_2}\boldsymbol{e})(\omega_q^{v_2+v}\boldsymbol{f})\end{bmatrix},\right.$$
$$\left.\begin{bmatrix}(\omega_q^{v_1}\boldsymbol{f})(\omega_q^{v_1+v}\boldsymbol{e})\\(\omega_q^{v_2}\boldsymbol{f})(-\omega_q^{v_2+v}\boldsymbol{e})\end{bmatrix},\begin{bmatrix}(\omega_q^{v_1}\boldsymbol{f})(-\omega_q^{v_1+v}\boldsymbol{e})\\(\omega_q^{v_2}\boldsymbol{f})(\omega_q^{v_2+v}\boldsymbol{e})\end{bmatrix}\right\}\tag{8-11}$$

其中，$v_1,v_2,v\in Z_q$（q 为偶数），$v_1-v_2\in\left\{0,\frac{q}{2}\right\}(\bmod q)$，$(\omega_q^{v_1}\boldsymbol{e})(\omega_q^{v_1+v}f)$ 表示两个序列的级联，$\omega_q^{v_1}\boldsymbol{e}$ 表示数乘序列。若 $(\boldsymbol{a},\boldsymbol{b})\in A$，则 $(\boldsymbol{a},\boldsymbol{b})$ 是一个完备 q-进制 (N,Z)-CZCP。

证明　不妨设 $\boldsymbol{a}=(\omega_q^{v_1}\boldsymbol{e})(\omega_q^{v_1+v}\boldsymbol{f})$，$\boldsymbol{b}=(\omega_q^{v_2}\boldsymbol{e})(-\omega_q^{v_2+v}\boldsymbol{f})$，类似二进制或四相非周期 Z-互补对的第一种构造，由于 $(\boldsymbol{e},\boldsymbol{f})$ 是一个 q-进制 Golay 互补对，故 $(\boldsymbol{a},\boldsymbol{b})$ 也是一个 q-进制 Golay 互补对。

当 $\frac{N}{2}\leqslant\tau\leqslant N-1$ 时，有

$$\begin{aligned}&C_{\boldsymbol{a},\boldsymbol{b}}(\tau)+C_{\boldsymbol{b},\boldsymbol{a}}(\tau)=\\&-C_{(\omega_q^{v_1}\boldsymbol{e}),(\omega_q^{v_2+v}\boldsymbol{f})}(\tau)+C_{(\omega_q^{v_2}\boldsymbol{e}),(\omega_q^{v_1+v}\boldsymbol{f})}(\tau)=\\&[-\omega_q^{v_1-v_2}+\omega_q^{v_2-v_1}]\omega_q^{-v}C_{\boldsymbol{e},\boldsymbol{f}}(\tau)\end{aligned}\tag{8-12}$$

若 $v_1,v_2,v\in Z_q$，$v_1-v_2\in\left\{0,\frac{q}{2}\right\}(\bmod q)$，则定义 8-1 中的式（8-2）成立，因此 $(\boldsymbol{a},\boldsymbol{b})$ 是一个完备 q-进制 (N,Z)-CZCP。

同理，可以证明这个序列对的集合 A 中任取一个序列对都是 q-进制 (N,Z)-CZCP。

证毕。

例 8-3 设$(\boldsymbol{e},\boldsymbol{f})$是一个长度为11的四相 Golay 互补对，其中

$$\begin{cases} \boldsymbol{e}=\omega_4^{(0,1,2,0,2,1,3,2,1,1,0)} \\ \boldsymbol{f}=\omega_4^{(0,0,3,3,3,0,0,1,2,0,2)} \end{cases}$$

即

$$\begin{bmatrix} \boldsymbol{e} \\ \boldsymbol{f} \end{bmatrix}=\begin{bmatrix} 1 & \mathrm{i} & -1 & 1 & -1 & \mathrm{i} & -\mathrm{i} & -1 & \mathrm{i} & \mathrm{i} & 1 \\ 1 & 1 & -\mathrm{i} & -\mathrm{i} & -\mathrm{i} & 1 & 1 & \mathrm{i} & -1 & 1 & -1 \end{bmatrix}$$

根据式（2-15），分别计算出它们的非周期自相关函数与互相关函数$C_e(\tau)$、$C_f(\tau)$和$C_e(\tau)+C_f(\tau)$，其计算结果如表 8-4 所示。

表 8-4 (e,f)是一个四相 Golay 互补对

τ	$C_e(\tau)$	$C_f(\tau)$	$C_e(\tau)+C_f(\tau)$
0	11	11	22
1	$-2+2\mathrm{i}$	$2-2\mathrm{i}$	0
2	-1	1	0
3	$1+\mathrm{i}$	$-1-\mathrm{i}$	0
4	$-\mathrm{i}$	i	0
5	0	0	0
6	-1	1	0
7	$1+\mathrm{i}$	$-1-\mathrm{i}$	0
8	$-\mathrm{i}$	i	0
9	0	0	0
10	1	-1	0

表 8-4 验证了$(\boldsymbol{e},\boldsymbol{f})$是一个四相 Golay 互补对。试基于$(\boldsymbol{e},\boldsymbol{f})$，利用定理 8-1 构造出一个完备$q$-进制(22,11)-CZCP。

解 基于$(\boldsymbol{e},\boldsymbol{f})$，利用定理 8-1 构造出另一个序列对$(\boldsymbol{a},\boldsymbol{b})$，即

$$\begin{cases} \boldsymbol{a}=\boldsymbol{e}(\omega_4^d \boldsymbol{f}) \ =\omega_4^{(0,1,2,0,2,1,3,2,1,1,0,1,1,0,0,0,1,1,2,3,1,3)} \\ \boldsymbol{b}=\boldsymbol{e}(-\omega_4^d \boldsymbol{f})=\omega_4^{(0,1,2,0,2,1,3,2,1,1,0,3,3,2,2,2,3,3,0,1,3,1)} \end{cases} \tag{8-13}$$

根据式（2-15），分别计算出式（8-13）中$\boldsymbol{a}$和$\boldsymbol{b}$的非周期自相关函数与互相关函数$C_a(\tau)$、$C_b(\tau)$、$C_{a,b}(\tau)$和$C_{b,a}(\tau)$，再计算相应的和，$\left(C_a(\tau)+C_b(\tau)\right)_{\tau=0}^{21}$和

$\left(C_{\boldsymbol{a},\boldsymbol{b}}(\tau)+C_{\boldsymbol{b},\boldsymbol{a}}(\tau)\right)_{\tau=0}^{21}$ 分别为

$$\left(C_{\boldsymbol{a}}(\tau)+C_{\boldsymbol{b}}(\tau)\right)_{\tau=0}^{21}=(44,\boldsymbol{0}_{1\times 21})$$

$$\left(C_{\boldsymbol{a},\boldsymbol{b}}(\tau)+C_{\boldsymbol{b},\boldsymbol{a}}(\tau)\right)_{\tau=0}^{21}=(0,-8+8\mathrm{i},-4,4+4\mathrm{i},-4\mathrm{i},0,-4,4+4\mathrm{i},-4\mathrm{i},0,4,\boldsymbol{0}_{1\times 11})$$

其中，$\boldsymbol{0}_{1\times 21}$ 表示长度为 21 的行向量，且每个分量为 0，$\boldsymbol{0}_{1\times 11}$ 表示长度为 11 的行向量，且每个分量为 0。因此，$(\boldsymbol{a},\boldsymbol{b})$ 是一个完备 q -进制 (22,11)-CZCP 。

8.2.2　完备零相关区交叉互补对的第二种构造

在给出完备零相关区交叉互补对的第二种构造之前，先给出一个引理和一个定义，这个引理是在引理 4-3 基础上产生的。

引理 8-1（GDJ 互补对的构造[150]）　设一个 q -进制的广义布尔函数为

$$g(\boldsymbol{x})=\frac{q}{2}\sum_{k=1}^{u-1}x_{\pi(k)}x_{\pi(k+1)}+\sum_{k=1}^{u}w_k x_k+w \tag{8-14}$$

其中，q 为正偶数，π 是集合 $(1,2,\cdots,u)$ 的一个置换，$w_k,w\in Z_q$ 。则对任意 $w'\in Z_q$ ，$\varphi_q(\boldsymbol{g})$ 和 $\varphi_q(\boldsymbol{g}+\frac{q}{2}\boldsymbol{x}_{\pi(1)}+w'\boldsymbol{1})$ 形成一个 Z_q 上且长度 2^u 的 GDJ 互补对，其中，$\varphi_q(\boldsymbol{g})$ 是把 Z_q 上的 q -进制序列 $\boldsymbol{g}$ 转化为复值 q -进制序列得到的。

根据定义 4-6（广义布尔函数），定义 Z_q 上 q -进制序列 $\boldsymbol{g}=(g_0,g_1,\cdots,g_{2^u-1})$ 后，可以进一步得到复值 q -进制序列 $\varphi_q(\boldsymbol{g})=(\omega_q^{g_0},\omega_q^{g_1},\cdots,\omega_q^{g_{2^u-1}})$ 。

定义 8-4　设 Z_q 上 q -进制序列 $\boldsymbol{g}$ 和 $\boldsymbol{h}$ 是分别根据广义布尔函数 g 和 h 产生的，用 $\rho_q(g,h)$ 表示这两个序列对应复值序列的非周期相关函数为

$$\rho_q(g,h)(\tau)=C_{\varphi_q(\boldsymbol{g})\varphi_q(\boldsymbol{h})}(\tau) \tag{8-15}$$

定理 8-2（完备零相关区交叉互补对的第二种构造）　在引理 8-1 中，设 $\pi(1)=u$ ，$w'\in\left\{0,\frac{q}{2}\right\}(\bmod q)$ ，则对任意 $w'\in Z_q$ ，$\varphi_q(\boldsymbol{g})$ 和 $\varphi_q\left(\boldsymbol{g}+\frac{q}{2}\boldsymbol{x}_{\pi(1)}+w'\boldsymbol{1}\right)$ 形成一个 Z_q 上且长度 2^u 的 GDJ 互补对。令 $\boldsymbol{a}=\varphi_q(\boldsymbol{g})$ 和 $\boldsymbol{b}=\varphi_q\left(\boldsymbol{g}+\frac{q}{2}\boldsymbol{x}_{\pi(1)}+w'\boldsymbol{1}\right)$ ，则 $(\boldsymbol{a},\boldsymbol{b})$ 是一个完备 q -进制 CZCP。

证明　设 $\boldsymbol{g}_1$ 和 $\boldsymbol{g}_2$ 分别是序列 $\boldsymbol{g}$ 前半段和后半段，即 $\boldsymbol{g}_1$ 和 $\boldsymbol{g}_2$ 级联得到 $\boldsymbol{g}$ ，$\boldsymbol{g}_1'$ 和 $\boldsymbol{g}_2'$ 分别是序列 $\boldsymbol{g}+\frac{q}{2}\boldsymbol{x}_{\pi(1)}+w'\boldsymbol{1}$ 前半段和后半段，即 $\boldsymbol{g}=\boldsymbol{g}_1\boldsymbol{g}_2$ ，$\boldsymbol{g}+\frac{q}{2}\boldsymbol{x}_{\pi(1)}+w'\boldsymbol{1}=\boldsymbol{g}_1'\boldsymbol{g}_2'$ 。用 $\boldsymbol{g}_1$、$\boldsymbol{g}_2$、$\boldsymbol{g}_1'$ 和 $\boldsymbol{g}_2'$ 分别表示序列 $\boldsymbol{g}_1$、$\boldsymbol{g}_2$、$\boldsymbol{g}_1'$ 和 $\boldsymbol{g}_2'$ 的广义布尔函数。

令 $x_{\pi(1)}=0$， $x_{\pi(1)}=1$ 代入式（8-14），注意到 $\pi(1)=u$，于是有

$$g_1=\frac{q}{2}\sum_{k=2}^{u-1}x_{\pi(k)}x_{\pi(k+1)}+\sum_{k=1}^{u}w_kx_k+w$$

$$g_2=g_1+\frac{q}{2}x_{\pi(2)}+w_u$$

$$g_1'=g_1+w'$$

$$g_2'=g_1+\frac{q}{2}x_{\pi(2)}+w_u+w'+\frac{q}{2}$$

因此，要证明则 $(\boldsymbol{a},\boldsymbol{b})$ 是一个完备 q -进制 CZCP，只需证明式（8-2）成立。

根据定义 8-4，当 $2^{u-1}\leqslant\tau<2^u$ 时，进行如下计算。

$$\begin{aligned}
&C_{\boldsymbol{a},\boldsymbol{b}}(\tau)+C_{\boldsymbol{b},\boldsymbol{a}}(\tau)=\\
&\rho_q\left(g,g+\frac{q}{2}x_{\pi(1)}+w'\right)(\tau)+\rho_q\left(g+\frac{q}{2}x_{\pi(1)}+w',g\right)(\tau)=\\
&\rho_q\left(g_1,\underbrace{g_1+\frac{q}{2}x_{\pi(2)}+w_u+w'+\frac{q}{2}}_{g_2'}\right)(\tau-2^{u-1})+\rho_q\left(\underbrace{g_1+w'}_{g_1'},\underbrace{g_1+\frac{q}{2}x_{\pi(2)}+w_u}_{g_2}\right)(\tau-2^{u-1})=\\
&-\omega_q^{-w'}\rho_q\left(g_1,g_1+\frac{q}{2}x_{\pi(2)}+w_u\right)(\tau-2^{u-1})+\omega_q^{w'}\rho_q\left(g_1,g_1+\frac{q}{2}x_{\pi(2)}+w_u\right)(\tau-2^{u-1})=\\
&(-\omega_q^{-w'}+\omega_q^{w'})\rho_q\left(g_1,g_1+\frac{q}{2}x_{\pi(2)}+w_u\right)(\tau-2^{u-1})
\end{aligned}$$

由于 $w'\in\{0,\frac{q}{2}\}(\bmod q)$，故 $(-\omega_q^{-w'}+\omega_q^{w'})=0$，故 $C_{\boldsymbol{a},\boldsymbol{b}}(\tau)+C_{\boldsymbol{b},\boldsymbol{a}}(\tau)=0$。因此，$(\boldsymbol{a},\boldsymbol{b})$ 是一个完备 q -进制 CZCP。

证毕。

例 8-4 设 $q=4,u=4,\pi=(4,2,3,1),(w_1,w_2,w_3.w_4)=(3,2,0,1),w=0,w'=2$，根据引理 8-1，可得四相 Golay 互补对 $(\boldsymbol{a},\boldsymbol{b})$，即

$$\begin{cases}\boldsymbol{a}=\omega_4^{(0,3,2,1,0,1,0,1,1,0,1,0,1,2,3,0)}\\ \boldsymbol{b}=\omega_4^{(2,1,0,3,2,3,2,3,1,0,1,0,1,2,3,0)}\end{cases}\tag{8-16}$$

试判断 $(\boldsymbol{a},\boldsymbol{b})$ 是否是一个完备 q -进制 (16,8)-CZCP。

解 根据式（2-15），分别计算式（8-16）中 $\boldsymbol{a}$ 和 $\boldsymbol{b}$ 的非周期自相关函数与互

相关函数 $C_a(\tau)$、$C_b(\tau)$、$C_{a,b}(\tau)$ 和 $C_{b,a}(\tau)$，再计算相应的和，$\left(C_a(\tau)+C_b(\tau)\right)_{\tau=0}^{15}$ 和 $\left(C_{a,b}(\tau)+C_{b,a}(\tau)\right)_{\tau=0}^{15}$ 分别为

$$\left(C_a(\tau)+C_b(\tau)\right)_{\tau=0}^{15}=(32,\boldsymbol{0}_{1\times 15})$$

$$\left(C_{a,b}(\tau)+C_{b,a}(\tau)\right)_{\tau=0}^{15}=(0,-12\mathrm{i},0,4\mathrm{i},0,4\mathrm{i},0,4\mathrm{i},\boldsymbol{0}_{1\times 8})$$

因此 $(\boldsymbol{a},\boldsymbol{b})$ 是一个完备 q-进制 (16,8)-CZCP。

二进制 Golay 互补对的长度为 $2^{\alpha}10^{\beta}26^{\gamma}$ [70]，其中 α,β,γ 都是非负整数且满足 $\alpha+\beta+\gamma\geqslant 1$。在完备零相关区交叉互补对的第二种构造中可以看到，完备的 CZCP（即增强的 Golay 互补对）的长度为 $2^{\alpha+1}10^{\beta}26^{\gamma}$，其中 $\alpha+\beta+\gamma\geqslant 0$。对于长度为 2 的完备的 CZCP，完备零相关区交叉互补对的第二种构造可视为第一种构造的广义布尔函数解释。通过计算式（8-14）的广义布尔函数的所有可能排列和线性系数，可以表明完备零相关区交叉互补对的第二种构造能够产生 $2\times\frac{(u-1)!}{2}q^{u+1}=q^{u+1}(u-1)!$ 完备的 CZCP。需要指出，CZCP 和 Golay 互补对是两个不同的序列对，其交点由 $Z=\frac{N}{2}$ 的完备 CZCP（即增强的 Golay 互补对）给出。CZCP 和 Golay 互补对都由它们的非周期相关函数和来定义，但 CZCP 和 Golay 互补对的不同之处在于，前者限制了两个子序列的互相关函数和，后者对两个子序列的互相关函数和没有限制。零相关区交叉互补对的概念可以推广到零相关区交叉互补集。

8.3 本章小结

本章阐述了一类新的序列对，即非周期零相关区交叉互补对（CZCP）。零相关区交叉互补对在零相关区都显示零异相非周期自相关和（Aperiodic Auto-Correlation Sum，AACS）与零非周期互相关和（ACCS）。与 Golay 互补对（GCP）的两个子序列必须通过两个非干扰信道发送（因此只有 AACS 在 GCP 中起作用）不同，完备 CZCP 的设计应该同时最小化 ISI（由 AACS 决定）和两子序列干扰（由 ACCS 决定）。通过对 CZCP 的结构性质的研究发现完全 CZCP 等价于 GCP 的一个子集，CZCP 的两个子序列的前半部分完全相同（如式（8-10）所示），后半部分则相反。基于这一发现，得到长度为 $2^{\alpha+1}10^{\beta}26^{\gamma}$ 的完备二进制 CZCP 的系统构造，其中 α,β,γ 都是非负整数。将零相关区交叉互补对的概念扩展到零相关区交叉互补集（CZCS），它由两个或多个子序列组成。其次，明确了 CZCP 在宽带空间调制系统的信道训练序列设计中起着重要的作用。需要注意的

是，现有的传统 MIMO 系统的密集训练序列不适用于宽带空间调制系统，因为每个时隙只有一个发射天线激活。利用 CZCP，可以给出一个设计最优宽带空间调制系统的训练矩阵的通用框架。在文献[118]中已经证明，在准静态频率选择信道中，这些训练矩阵可导致最小的信道估计均方误差。作为未来工作的一部分，可能会设计出更多针对 CZCP/CZCS（完全或非完全）的系统构造（如递归展开算法）。当无法获得完美的 CZCP/CZCS 时，将很有兴趣了解关于不同序列长度和字符集大小的近乎完备的 CZCP/CZCS 是什么。

参考文献

[1] PETERSON R L, ZIEMER R E. 扩频通信导论[M]. 沈丽丽, 侯永宏, 马兰, 等译. 北京: 电子工业出版社, 2006.

[2] 聂景楠. 多址通信及其接入控制技术[M]. 北京: 人民邮电出版社, 2006.

[3] PICKHOLTZ R L, MILSTEIN L B, SCHILLING D L. Spread spectrum for mobile communications[J]. IEEE Transactions on Vehicular Technology, 1991, 40(2): 313-322.

[4] OMURA J K, YANG P T. Spread spectrum S-CDMA for personal communication services[C]//Proceedings of MILCOM 92 Conference Record. Piscataway: IEEE Press, 1992 : 269-273.

[5] GAUDENZI R D, ELIA C, VIOLA R. Bandlimited quasi-synchronous CDMA: a novel satellite access technique for mobile and personal communication systems[J]. IEEE Journal on Selected Areas in Communications, 1992, 10(2): 328-343.

[6] DASILVA V M, SOUSA E S. Multicarrier orthogonal CDMA signals for quasi-synchronous communication systems[J]. IEEE Journal on Selected Areas in Communications, 1994, 12(5): 842-852.

[7] FAN P Z, SUEHIRO N, KUROYANAGI N, et al. Class of binary sequences with zero correlation zone[J]. Electronics Letters, 1999, 35(10): 777.

[8] 唐小虎. 低/零相关区理论与扩频通信系统序列设计[D]. 成都:西南交通大学, 2001.

[9] HOUTUM W J V. Quasi-synchronous code-division multiple access with high-order modulation[J]. IEEE Transactions on Communications, 2001, 49(7): 1240-1249.

[10] 郝莉. 基于广义正交序列的 DS-CDMA 系统及其性能分析[D]. 成都: 西南交通大学, 2003.

[11] CHOI K, LIU H P. Quasi-synchronous CDMA using properly scrambled Walsh codes as user-spreading sequences[J]. IEEE Transactions on Vehicular Technology, 2010, 59(7): 3609-3617.

[12] LEE W C Y. Overview of cellular CDMA[J]. IEEE Transactions on Vehicular

Technology, 1991, 40(2): 291-302.

[13] PURSLEY M B. Performance evaluation for phase-coded spread-spectrum multiple-access communication-part I: system analysis[J]. IEEE Transactions on Communications, 1977, , 25(8): 795-799.

[14] PURSLEY M, SARWATE D. Performance evaluation for phase-coded spread-spectrum multiple-access communication-part II: code sequence analysis[J]. IEEE Transactions on Communications, 1977, 25(8): 800-803.

[15] LI P, LIU L, WU K Y, et al. Interleave-division multiple-access[J]. IEEE Transactions on Wireless Communications, 2006, 5(4): 938-947.

[16] CHOI Y J, PARK S, BAHK S. Multichannel random access in OFDMA wireless networks[J]. IEEE Journal on Selected Areas in Communications, 2006, 24(3): 603-613.

[17] MOLTENI D, NICOLI M, SPAGNOLINI U. Performance of MIMO-OFDMA systems in correlated fading channels and non-stationary interference[J]. IEEE Transactions on Wireless Communications, 2011, 10(5): 1480-1494.

[18] WELCH L. Lower bounds on the maximum cross correlation of signals (Corresp.)[J]. IEEE Transactions on Information Theory, 1974, 20(3): 397-399.

[19] SARWATE D. Bounds on crosscorrelation and autocorrelation of sequences (Corresp.) [J]. IEEE Transactions on Information Theory, 1979, 25(6): 720-724.

[20] LEVENSHTEIN V I. New lower bounds on aperiodic crosscorrelation of binary codes[J]. IEEE Transactions on Information Theory, 1999, 45(1): 284-288.

[21] KUMAR P V, LIU C M. On lower bounds to the maximum correlation of complex roots-of-unity sequences[J]. IEEE Transactions on Information Theory, 1990, 36(3): 633-640.

[22] DENG X M, FAN P Z. Spreading sequence sets with zero correlation zone[J]. Electronics Letters, 2000, 36(11): 993.

[23] TANG X H, FAN P Z, LI D B, et al. Binary array set with zero correlation zone[J]. Electronics Letters, 2001, 37(13): 841.

[24] TANG X H, FAN P Z. A class of pseudonoise sequences over GF(P) with low correlation zone[J]. IEEE Transactions on Information Theory, 2001, 47(4): 1644-1649.

[25] HAO L, FAN P Z. On the performance of synchronous DS-CDMA systems with generalized orthogonal spreading codes[J]. Chinese Journal of Electronics, 2003, 12(2): 219-224.

[26] TANG X H, FAN P Z, MATSUFUJI S. Lower bounds on correlation of spreading sequence set with low or zero correlation zone[J]. Electronics Letters, 2000, 36(6): 551.

[27] TANG X H, FAN P Z. Bounds on aperiodic and odd correlations of spreading sequences with low and zero correlation zone[J]. Electronics Letters, 2001, 37(19):

1201.

[28] PENG D Y, FAN P Z. Generalised Sarwate bounds on periodic autocorrelations and cross-correlations of binary sequences[J]. Electronics Letters, 2002, 38(24): 1521.

[29] PENG D. Bounds on aperiodic autocorrelation and crosscorrelation of binary LCZ/ZCZ sequences[J]. IEICE Transactions on Fundamentals of Electronics, Communications and Computer Sciences, 2005, E88-A(12): 3636-3644.

[30] FENG L F, FAN P Z. Generalized bounds on the partial periodic correlation of complex roots of unity sequence set[J]. Journal of Zhejiang University SCIENCE A, 2008, 9(2): 207-210.

[31] LIU Z L, GUAN Y L, NG B C, et al. Correlation and set size bounds of complementary sequences with low correlation zone[J]. IEEE Transactions on Communications, 2011, 59(12): 3285-3289.

[32] LIU Z L, GUAN Y L, MOW W H. A tighter correlation lower bound for quasi-complementary sequence sets[J]. IEEE Transactions on Information Theory, 2014, 60(1): 388-396.

[33] LIU Z L, GUAN Y L, MOW W H. Asymptotically locally optimal weight vector design for a tighter correlation lower bound of quasi-complementary sequence sets[J]. IEEE Transactions on Signal Processing, 2017, 65(12): 3107-3119.

[34] LIU B, ZHOU Z C, PARAMPALLI U. A tighter correlation lower bound for quasi-complementary sequence sets with low correlation zone[C]//Proceedings of Ninth International Workshop on Signal Design and its Applications in Communications (IWSDA). Piscataway: IEEE Press, 2019: 1-5.

[35] GOLD R. Maximal recursive sequences with 3-valued recursive cross-correlation functions (Corresp.)[J]. IEEE Transactions on Information Theory, 1968, 14(1): 154-156.

[36] SARWATE D V, PURSLEY M B. Crosscorrelation properties of pseudorandom and related sequences[J]. Proceedings of the IEEE, 1980, 68(5): 593-619.

[37] ROTHAUS O S. Modified gold codes[J]. IEEE Transactions on Information Theory, 1993, 39(2): 654-656.

[38] YU N Y, GONG G. A new binary sequence family with low correlation and large size[J]. IEEE Transactions on Information Theory, 2006, 52(4): 1624-1636.

[39] FONG M H, BHARGAVA V K, WANG Q. Concatenated orthogonal/PN spreading sequences and their application to cellular DS-CDMA systems with integrated traffic[J]. IEEE Journal on Selected Areas in Communications, 1996, 14(3): 547-558.

[40] ADACHI F, SAWAHASHI M, OKAWA K. Tree-structured generation of orthogonal spreading codes with different lengths for forward link of DS-CDMA mobile radio[J]. Electronics Letters, 1997, 33(1): 27.

[41] KASAMI T, LIN S, WEI V, et al. Coding for the binary symmetric broadcast channel with two receivers[J]. IEEE Transactions on Information Theory, 1985, 31(5):

616-625.

[42] ZENG X Y, LIU J Q, HU L. Generalized kasami sequences: the large set[J]. IEEE Transactions on Information Theory, 2007, 53(7): 2587-2598.

[43] ANTWEILER M, BOMER L. Merit factor of Chu and Frank sequences[J]. Electronics Letters, 1990, 26(25): 2068.

[44] FAN P Z, DARNELL M, HONARY B. Crosscorrelations of Frank sequences and Chu sequences[J]. Electronics Letters, 1994, 30(6): 477-478.

[45] WOLFMANN J. Almost perfect autocorrelation sequences[J]. IEEE Transactions on Information Theory, 1992, 38(4): 1412-1418.

[46] HOHOLDT T, JUSTESEN J. Ternary sequences with perfect periodic autocorrelation (Corresp.)[J]. IEEE Transactions on Information Theory, 1983, 29(4): 597-600.

[47] JEDWAB J, MITCHELL C. Constructing new perfect binary arrays[J]. Electronics Letters, 1988, 24(11): 650-652.

[48] WILD P. Infinite families of perfect binary arrays[J]. Electronics Letters, 1988, 24(14): 845.

[49] ANTWEILER M F M, BOMER L, LUKE H D. Perfect ternary arrays[J]. IEEE Transactions on Information Theory, 1990, 36(3): 696-705.

[50] OLSEN J, SCHOLTZ R, WELCH L. Bent-function sequences[J]. IEEE Transactions on Information Theory, 1982, 28(6): 858-864.

[51] BOZTAS S, KUMAR P V. Binary sequences with Gold-like correlation but larger linear span[J]. IEEE Transactions on Information Theory, 1994, 40(2): 532-537.

[52] UDAYA P, SIDDIQI M. Optimal biphase sequences with large linear complexity derived from sequences over Z4[J]. IEEE Transactions on Information Theory, 1996, 42(1): 206-216.

[53] TANG X H, UDAYA P, FAN P Z. Generalized binary udaya–siddiqi sequences[J]. IEEE Transactions on Information Theory, 2007, 53(3): 1225-1230.

[54] BOZTAS S, HAMMONS R, KUMAR P Y. 4-phase sequences with near-optimum correlation properties[J]. IEEE Transactions on Information Theory, 1992, 38(3): 1101-1113.

[55] TANG X H, UDAYA P. A note on the optimal quadriphase sequences families[J]. IEEE Transactions on Information Theory, 2007, 53(1): 433-436.

[56] KUMAR P V, MORENO O. Prime-phase sequences with periodic correlation properties better than binary sequences[J]. IEEE Transactions on Information Theory, 1991, 37(3): 603-616.

[57] KUMAR P V, HELLESETH T, CALDERBANK A R, et al. Large families of quaternary sequences with low correlation[J]. IEEE Transactions on Information Theory, 1996, 42(2): 579-592.

[58] JANG J W, KIM Y S, NO J S, et al. New family of p-ary sequences with optimal

correlation property and large linear span[J]. IEEE Transactions on Information Theory, 2004, 50(8): 1839-1843.

[59] TANG X H, MOW W H. Design of spreading codes for quasi-synchronous CDMA with intercell interference[J]. IEEE Journal on Selected Areas in Communications, 2006, 24(1): 84-93.

[60] APPUSWAMY R, CHATURVEDI A K. A new framework for constructing mutually orthogonal complementary sets and ZCZ sequences[J]. IEEE Transactions on Information Theory, 2006, 52(8): 3817-3826.

[61] TANG X H, FAN P Z, LINDNER J. Multiple binary ZCZ sequence sets with good cross-correlation property based on complementary sequence sets[J]. IEEE Transactions on Information Theory, 2010, 56(8): 4038-4045.

[62] MATSUFUJI S, KUROYANAGI N, SUEHIRO N. Two types of polyphase sequence sets for approximately synchronized CDMA Systems[J]. IEICE Transactions on Fundamentals of Electronics, Communications and Computer Sciences, 2003, E86-A (1): 229-234.

[63] TORII H, NAKAMURA M, SUEHIRO N. A new class of zero-correlation zone sequences[J]. IEEE Transactions on Information Theory, 2004, 50(3): 559-565.

[64] MATSUFUJI S. Families of sequence pairs with zero correlation zone[J]. IEICE Transactions on Fundamentals of Electronics, Communications and Computer Sciences, 2006, E89-A(11): 3013-3017.

[65] TANG X H, MOW W H. A new systematic construction of zero correlation zone sequences based on interleaved perfect sequences[J]. IEEE Transactions on Information Theory, 2008, 54(12): 5729-5734.

[66] LONG B Q, ZHANG P, HU J D. A generalized QS-CDMA system and the design of new spreading codes[J]. IEEE Transactions on Vehicular Technology, 1998, 47(4): 1268-1275.

[67] GONG G, GOLOMB S W, SONG H Y. A note on low-correlation zone signal sets[J]. IEEE Transactions on Information Theory, 2007, 53(7): 2575-2581.

[68] ZHOU Z C, TANG X H, GONG G. A new class of sequences with zero or low correlation zone based on interleaving technique[J]. IEEE Transactions on Information Theory, 2008, 54(9): 4267-4273.

[69] ZHOU Z C, TANG X H, PENG D Y. New optimal quadriphase zero correlation zone sequence sets with mismatched filtering[J]. IEEE Signal Processing Letters, 2009, 16(7): 636-639.

[70] FAN P Z, DARNELL M D. Sequence design for communications applications[M]. New York: Wiley and RSP, 1996.

[71] LUKE H D. Sequences and arrays with perfect periodic correlation[J]. IEEE Transactions on Aerospace and Electronic Systems, 1988, 24(3): 287-294.

[72] GOLOMB S W. Two-valued sequences with perfect periodic autocorrelation[J].

IEEE Transactions on Aerospace and Electronic Systems, 1992, 28(2): 383-386.

[73] GODFREY K R. Three-level m sequences[J]. Electronics Letters, 1966, 2(7): 241.

[74] CHANG J A. Ternary sequence with zero correlation[J]. Proceedings of the IEEE, 1967, 55(7): 1211-1213.

[75] SHEDD D, SARWATE D. Construction of sequences with good correlation properties (Corresp.)[J]. IEEE Transactions on Information Theory, 1979, 25(1): 94-97.

[76] HEIMILLER R. Phase shift pulse codes with good periodic correlation properties[J]. IRE Transactions on Information Theory, 1961, 7(4): 254-257.

[77] FRANK R, ZADOFF S, HEIMILLER R. Phase shift pulse codes with good periodic correlation properties (Corresp.)[J]. IRE Transactions on Information Theory, 1962, 8(6): 381-382.

[78] FRANK R. Comments on 'polyphase codes with good periodic correlation properties' by Chu, David C[J]. IRE Transactions on Information Theory, 1973, 8(6): 244.

[79] CHU D. Polyphase codes with good periodic correlation properties (Corresp.)[J]. IEEE Transactions on Information Theory, 1972, 18(4): 531-532.

[80] MOW W H. A new unified construction of perfect root-of-unity sequences[C]// Proceedings of ISSSTA'95 International Symposium on Spread Spectrum Techniques and Applications. Piscataway: IEEE Press, 1996, 3: 955-959.

[81] KRENGEL E I. Perfect polyphase sequences with small alphabet[J]. Electronics Letters, 2008, 44(17): 1013.

[82] LI X D, FAN P Z, MOW W H, et al. Multilevel perfect sequences over integers[J]. Electronics Letters, 2011, 47(8): 496.

[83] LI X D, FAN P Z, MOW W H. Existence of ternary perfect sequences with a few zero elements[C]//Proceedings of the Fifth International Workshop on Signal Design and Its Applications in Communications. Piscataway: IEEE Press, 2011: 88-91.

[84] GOLAY M. Complementary series[J]. IRE Transactions on Information Theory, 1961, 7(2): 82-87.

[85] TURYN R. Ambiguity functions of complementary sequences (Corresp.)[J]. IEEE Transactions on Information Theory, 1963, 9(1): 46-47.

[86] TSENG C C, LIU C. Complementary sets of sequences[J]. IEEE Transactions on Information Theory, 1972, 18(5): 644-652.

[87] SIVASWAMY R. Multiphase complementary codes[J]. IEEE Transactions on Information Theory, 1978, 24(5): 546-552.

[88] DARNELL M, KEMP A H. Synthesis of multilevel complementary sequences[J]. Electronics Letters, 1988, 24(19): 1251.

[89] KEMP A H, DARNELL M. Synthesis of uncorrelated and nonsquare sets of multilevel complementary sequences[J]. Electronics Letters, 1989, 25(12): 791.

[90] BUDISIN S Z. New multilevel complementary pairs of sequences[J]. Electronics Letters, 1990, 26(22): 1861.

[91] BOMER L, ANTWEILER M. Periodic complementary binary sequences[J]. IEEE Transactions on Information Theory, 1990, 36(6): 1487-1494.

[92] FENG K, JAU-SHYONG P, XIANG Q. On aperiodic and periodic complementary binary sequences[J]. IEEE Transactions on Information Theory, 1999, 45(1): 296-303.

[93] FAN P Z, YUAN W N, TU Y F. Z-complementary binary sequences[J]. IEEE Signal Processing Letters, 2007, 14(8): 509-512.

[94] 袁伟娜. 基于新型训练序列的多天线移动通信信道估计[D]. 成都: 西南交通大学, 2007.

[95] LI X D, FAN P Z, TANG X H, et al. Constructions of quadriphase Z-complementary sequences[C]//Proceedings of Fourth International Workshop on Signal Design and its Applications in Communications. Piscataway: IEEE Press, 2009: 36-39.

[96] LI X D, FAN P Z, TANG X H, et al. Quadriphase Z-complementary sequences[J]. IEICE Transactions on Fundamentals of Electronics, Communications and Computer Sciences, 2010, E93-A(11): 2251-2257.

[97] LI X D, LI X D, HAO L. Synthesis of four-level Z-complementary sequences[C]//Proceedings of 3rd International Congress on Image and Signal Processing. Piscataway: IEEE Press, 2010: 4463-4466.

[98] LI X D, FAN P Z, TANG X H, et al. Existence of binary Z-complementary pairs[J]. IEEE Signal Processing Letters, 2011, 18(1): 63-66.

[99] LIU Z L, PARAMPALLI U, GUAN Y L. Optimal odd-length binary Z-complementary pairs[J]. IEEE Transactions on Information Theory, 2014, 60(9): 5768-5781.

[100] LIU Z L, PARAMPALLI U, GUAN Y L. On even-period binary Z-complementary pairs with large ZCZs[J]. IEEE Signal Processing Letters, 2014, 21(3): 284-287.

[101] LI Y B, XU C Q. ZCZ aperiodic complementary sequence sets with low column sequence PMEPR[J]. IEEE Communications Letters, 2015, 19(8): 1303-1306.

[102] LI X D, MOW W H, NIU X H. New construction of Z-complementary pairs[J]. Electronics Letters, 2016, 52(8): 609-611.

[103] CHEN C Y. A novel construction of Z-complementary pairs based on generalized Boolean functions[J]. IEEE Signal Processing Letters, 2017, 24(7): 987-990.

[104] XIE C L, SUN Y J. Constructions of even-period binary Z-complementary pairs with large ZCZs[J]. IEEE Signal Processing Letters, 2018, 25(8): 1141-1145.

[105] WU S W, CHEN C Y. Optimal Z-complementary sequence sets with good peak-to-average power-ratio property[J]. IEEE Signal Processing Letters, 2018, 25(10): 1500-1504.

[106] LI Y B, TIAN L Y, XU C Q. Constructions of asymptotically optimal aperiodic

quasi-complementary sequence sets[J]. IEEE Transactions on Communications, 2019, 67(11): 7499-7511.

[107] SARKAR P, MAJHI S, LIU Z L. Optimal Z-complementary code set from generalized Reed-Muller codes[J]. IEEE Transactions on Communications, 2019, 67(3): 1783-1796.

[108] SHEN B S, YANG Y, ZHOU Z C, et al. New optimal binary Z-complementary pairs of odd length 2^m+3[J]. IEEE Signal Processing Letters, 2019, 26(12): 1931-1934.

[109] LIU T, XU C Q, LI Y B. Binary complementary sequence set with low correlation zone[J]. IEEE Signal Processing Letters, 2020, 27: 1550-1554.

[110] ZENG F X, HE X P, ZHANG Z Y, et al. Optimal and Z-optimal type-II odd-length binary Z-complementary pairs[J]. IEEE Communications Letters, 2020, 24(6): 1163-1167.

[111] YU T, DU X Y, LI L P, et al. Constructions of even-length Z-complementary pairs with large zero correlation zones[J]. IEEE Signal Processing Letters, 2021, 28: 828-831.

[112] GU Z, ZHOU Z C, WANG Q, et al. New construction of optimal type-II binary Z-complementary pairs[J]. IEEE Transactions on Information Theory, 2021, 67(6): 3497-3508.

[113] YU T, YANG M, MESNAGER S, et al. Constructions of Z-optimal type-II quadriphase Z-complementary pairs[J]. Discrete Mathematics, 2022, 345(2): 112685.

[114] LI Y B, XU C Q, JING N, et al. Constructions of Z-periodic complementary sequence set with flexible flock size[J]. IEEE Communications Letters, 2014, 18(2): 201-204.

[115] KE P H, ZHOU Z C. A generic construction of Z-periodic complementary sequence sets with flexible flock size and zero correlation zone length[J]. IEEE Signal Processing Letters, 2015, 22(9): 1462-1466.

[116] LI X D, LIU Z L, GUAN Y L, et al. Two-valued periodic complementary sequences[J]. IEEE Signal Processing Letters, 2017, 24(9): 1270-1274.

[117] LUO G J, CAO X W, SHI M J, et al. Three new constructions of asymptotically optimal periodic quasi-complementary sequence sets with small alphabet sizes[J]. IEEE Transactions on Information Theory, 2021, 67(8): 5168-5177.

[118] LIU Z L, YANG P, GUAN Y L, et al. Cross Z-complementary pairs for optimal training in spatial modulation over frequency selective channels[J]. IEEE Transactions on Signal Processing, 2020, 68: 1529-1543.

[119] FAN C L, ZHANG D Y, ADHIKARY A R. New sets of binary cross Z-complementary sequence pairs[J]. IEEE Communications Letters, 2020, 24(8): 1616-1620.

[120] YANG M, TIAN S C, LI N, et al. New sets of quadriphase cross Z-complementary pairs for preamble design in spatial modulation[J]. IEEE Signal Processing Letters, 2021, 28: 1240-1244.

[121] FAN P Z, HAO L. Generalized orthogonal sequences and their applications in synchronous CDMA systems[J]. IEICE Transactions on Fundamentals of Electronics Communications and Computer Sciences, 2000, E83A(11): 2054-2066.

[122] LEE W C Y. The most spectrum-efficient duplexing system:CDD[J]. IEEE Communication Magazine, 2002, 40(3): 163-166.

[123] PARK S I, PARK S R, SONG I, et al. Multiple-access interference reduction for QS-CDMA systems with a novel class of polyphase sequences[J]. IEEE Transactions on Information Theory, 2000, 46(4): 1448-1458.

[124] FAN P Z, MOW W H. On optimal training sequence design for multiple-antenna systems over dispersive fading channels and its extensions[J]. IEEE Transactions on Vehicular Technology, 2004, 53(5): 1623-1626.

[125] HAYASHI T. On optimal construction of two classes of ZCZ codes[J]. IEICE Transactions on Fundamentals of Electronics, Communications and Computer Sciences, 2006, E89-A(9): 2345-2350.

[126] HU H G, GONG G. New sets of zero or low correlation zone sequences via interleaving techniques[J]. IEEE Transactions on Information Theory, 2010, 56(4): 1702-1713.

[127] YANG S A,WU J S. Optimal binary training sequence design for multiple-antenna systems over dispersive fading channels[J]. IEEE Transactions on Vehicular Technology, 2002, 51(5): 1271-1276.

[128] SUEHIRO N. A signal design without co-channel interference for approximately synchronized CDMA systems[J]. IEEE Journal on Selected Areas in Communications, 1994, 12(5): 837-841.

[129] CLARK A P, ZHU Z C, JOSHI J K. Fast start-up channel estimation[J]. IEE Proceedings F Communications, Radar and Signal Processing, 1984, 131(4): 375.

[130] LEVANON N, FREEDMAN A. Periodic ambiguity function of CW signals with perfect periodic autocorrelation[J]. IEEE Transactions on Aerospace and Electronic Systems, 1992, 28(2): 387-395.

[131] GOLAY M J E. Multi-slit spectrometry[J]. Journal of the Optical Society of America, 1949, 39(6): 437.

[132] SUEHIRO N, HATORI M. N-shift cross-orthogonal sequences[J]. IEEE Transactions on Information Theory, 1988, 34(1): 143-146.

[133] WANG H M, GAO X Q, JIANG B, et al. Efficient MIMO channel estimation using complementary sequences[J]. IET Communications, 2007, 1(5): 962.

[134] TSENG S M, BELL M R. Asynchronous multicarrier DS-CDMA using mutually orthogonal complementary sets of sequences[J]. IEEE Transactions on Communications, 2000, 48(1): 53-59.

[135] CHEN H H, CHIU H W, GUIZANI M. Orthogonal complementary codes for interference-free CDMA technologies[J]. IEEE Wireless Communications, 2006,

13(1): 68-79.

[136] CHEN H H. The next generation CDMA technologies[M]. Chichester: John Wiley & Sons, 2007.

[137] FENG L F, FAN P Z, TANG X H, et al. Generalized pairwise Z-complementary codes[J]. IEEE Signal Processing Letters, 2008, 15: 377-380.

[138] FENG L F, FAN P Z, TANG X H. A general construction of OVSF codes with zero correlation zone[J]. IEEE Signal Processing Letters, 2007, 14(12): 908-911.

[139] YUAN W N, TU Y F, FAN P Z. Optimal training sequences for cyclic-prefix-based single-carrier multi-antenna systems with space-time block-coding[J]. IEEE Transactions on Wireless Communications, 2008, 7(11): 4047-4050.

[140] 涂宜锋. 广义正交互补序列设计、分析与应用[D]. 成都：西南交通大学, 2010.

[141] 柯召，孙琦. 数论讲义-下册[M]. 2 版. 北京：高等教育出版社, 2003.

[142] 闵嗣鹤，严士健. 初等数论[M]. 3 版. 北京：高等教育出版社, 2003.

[143] BORWEIN P B, FERGUSON R A. A complete description of Golay pairs for lengths up to 100[J]. Mathematics of Computation, 2004, 73(246): 967-985.

[144] TURYN R J. Hadamard matrices, Baumert-Hall units, four-symbol sequences, pulse compression, and surface wave encodings[J]. Journal of Combinatorial Theory, Series A, 1974, 16(3): 313-333.

[145] GRIFFIN M. There are no Golay complementary sequences of length[J]. Aequationes Mathematicae, 1977, 15(1): 53-59.

[146] ELIAHOU S, KERVAIRE M, SAFFARI B. A new restriction on the lengths of golay complementary sequences[J]. Journal of Combinatorial Theory, Series A, 1990, 55(1): 49-59.

[147] FRANK R. Polyphase complementary codes[J]. IEEE Transactions on Information Theory, 1980, 26(6): 641-647.

[148] GIBSON R G, JEDWAB J. Quaternary Golay sequence pairs II: odd length[J]. Designs, Codes and Cryptography, 2011, 59(1-3): 147-157.

[149] GAVISH A, LEMPEL A. On ternary complementary sequences[J]. IEEE Transactions on Information Theory, 1994, 40(2): 522-526.

[150] DAVIS J A, JEDWAB J. Peak-to-mean power control in OFDM, Golay complementary sequences, and Reed-Muller codes[J]. IEEE Transactions on Information Theory, 1999, 45(7): 2397-2417.

[151] ROBING C, TAROKH V. A construction of OFDM 16-QAM sequences having low peak powers[J]. IEEE Transactions on Information Theory, 2001, 47(5): 2091-2094.

[152] LEE H, GOLOMB S H. A new construction of 64-QAM Golay complementary sequences[J]. IEEE Transactions on Information Theory, 2006, 52(4): 1663-1670.

[153] LI Y. A construction of general QAM Golay complementary sequences[J]. IEEE Transactions on Information Theory, 2010, 56(11): 5765-5771.

[154] POPOVIĆ B M. Complementary sets based on sequences with ideal periodic

autocorrelation[J]. Electronics Letters, 1990, 26(18): 1428.
[155] SARWATE D V. Sets of complementary sequences[J]. Electronics Letters, 1983, 19(18): 711.
[156] ARASU K T, XIANG Q. On the existence of periodic complementary binary sequences[J]. Designs, Codes and Cryptography, 1992, 2(3): 257-262.
[157] LUKE H D. Binary odd-periodic complementary sequences[J]. IEEE Transactions on Information Theory, 1997, 43(1): 365-367.
[158] DOKOVIC D Z. Note on periodic complementary sets of binary sequences[J]. Designs, Codes and Cryptography, 1998, 13(3): 251-256.
[159] PATERSON K G. Generalized Reed-Muller codes and power control in OFDM modulation[J]. IEEE Transactions on Information Theory, 2000, 46(1): 104-120.
[160] RATHINAKUMAR A, CHATURVEDI A K. Complete mutually orthogonal golay complementary sets from reed–muller codes[J]. IEEE Transactions on Information Theory, 2008, 54(3): 1339-1346.
[161] CHEN C Y, WANG C H, CHAO C C. Complete complementary codes and generalized Reed-Muller codes[J]. IEEE Communications Letters, 2008, 12(11): 849-851.
[162] HAN C G, SUEHIRO N, HASHIMOTO T. A systematic framework for the construction of optimal complete complementary codes[J]. IEEE Transactions on Information Theory, 2011, 57(9): 6033-6042.
[163] DING C S, HELLESETH T, LAM K Y. Several classes of binary sequences with three-level autocorrelation[J]. IEEE Transactions on Information Theory, 1999, 45(7): 2606-2612.
[164] DING C, FENG T. A generic construction of complex codebooks meeting the Welch bound[J]. IEEE Transactions on Information Theory, 2007, 53(11): 4245-4250.
[165] LIU Z L, PARAMPALLI U, GUAN Y L, et al. Constructions of optimal and near-optimal quasi-complementary sequence sets from singer difference sets[J]. IEEE Wireless Communications Letters, 2013, 2(5): 487-490.
[166] DING C S, YIN J X. Constructions of almost difference families[J]. Discrete Mathematics, 2008, 308(21): 4941-4954.
[167] QIU L, WU D H. Constructions of (q, K, λ, t, Q) almost difference families[J]. Frontiers of Mathematics in China, 2014, 9(2): 377-386.
[168] DING C S. Two constructions of (v, (v−1)/2,(v−3)/2) difference families[J]. Journal of Combinatorial Designs, 2008, 16(2): 164-171.
[169] PENG D Y, FAN P Z. Generalised Sarwate bounds on the aperiodic correlation of sequences over complex roots of unity[J]. IEE Proceedings-Communications, 2004, 151(4): 375.
[170] BERLEKAMP E R. Algebraic coding theory[M]. New York: McGraw-Hill, 1968.
[171] SPASOJEVIC P, GEORGHIADES C N. Complementary sequences for ISI channel

estimation[J]. IEEE Transactions on Information Theory, 2001, 47(3): 1145-1152.

[172] GONG G, HUO F, YANG Y. Large zero autocorrelation zones of golay sequences and their applications[C]//Proceedings of IEEE Transactions on Communications. Piscataway: IEEE Press, 2012: 3967-3979.

[173] SCHMIDT K U. On cosets of the generalized first-order Reed-Muller code with low PMEPR[J]. IEEE Transactions on Information Theory, 2006, 52(7): 3220-3232.

[174] CHUNG J H, YANG K. New design of quaternary low-correlation zone sequence sets and quaternary hadamard matrices[J]. IEEE Transactions on Information Theory, 2008, 54(8): 3733-3737.

[175] ZHANG J R, LI X D, HE M X. Equivalent transformation pairs of a q-ary sequence and its complex polyphase form and their application[J]. The Open Cybernetics & Systemics Journal, 2014, 8(1): 745-748.

[176] LI X D, WANG J, NIU X H. Constructions of ternary Z-complementary sequences[J]. Journal of Software Engineering, 2016, 10(3): 291-296.

[177] LI X D, HE M X, WANG J. Ternary perfect sequences with a few zero elements[J]. Information Technology Journal, 2013, 12(18): 4705-4709.

[178] LUKE H D, SCHOTTEN H D, HADINEJAD-MAHRAM H. Binary and quadriphase sequences with optimal autocorrelation properties: a survey[J]. IEEE Transactions on Information Theory, 2003, 49(12): 3271-3282.

[179] YANG C H. Maximal binary matrices and sum of two squares[J]. Mathematics of Computation, 1976, 30(133): 148-153.

[180] DOKOVIC D Z, KOTSIREAS I S. Cyclic (v; r, s;λ) difference families with two base blocks and $v \leqslant 50$[J]. Annals of Combinatorics, 2011, 15(2): 233-254.

[181] DOKOVIC D Z, KOTSIREAS I S. Some new periodic Golay pairs[J]. Numerical Algorithm, 2015, 69(3): 523-530.

[182] TANG X H, GONG G. New constructions of binary sequences with optimal autocorrelation value/magnitude[J]. IEEE Transactions on Information Theory, 2010, 56(3): 1278-1286.

[183] ADHIKARY A R, LIU Z L, GUAN Y L, et al. Optimal binary periodic almost-complementary pairs[J]. IEEE Signal Processing Letters, 2016, 23(12): 1816-1820.